天目山
常见植物图鉴

张光富　编著

高等教育出版社·北京

内容简介

本书基于作者多年的教学实践和高等院校生物学综合实习教学改革成果而编写。书中收录了浙江天目山生物学野外实习基地维管植物183科720属1250种（纸质图书收录878种，与纸质教材配套的数字课程收录372种）。每种植物都配有能够反映其分类学形态特征或野生生境的彩色照片，并有简明扼要的关键识别特征描述，同时列出每种植物的地理分布及主要用途。书中科的编排，蕨类植物采用秦仁昌系统（1978），裸子植物采用郑万钧系统（1978），被子植物采用恩格勒系统（1964）。书中对不同等级的保护植物和珍稀濒危植物均作了相应的标记，书后还附有物种中文名和学名索引，便于读者查阅。

本书可作为高等院校生物学野外实习的教材及参考书，也可供相关领域科研工作者或植物学爱好者使用、参考。

图书在版编目（CIP）数据

天目山常见植物图鉴 / 张光富编著. -- 北京：高等教育出版社，2020.8
ISBN 978-7-04-054394-0

Ⅰ. ①天… Ⅱ. ①张… Ⅲ. ①天目山-植物-图集 Ⅳ. ①Q948.525.5-64

中国版本图书馆CIP数据核字（2020）第111305号

TIANMUSHAN CHANGJIAN ZHIWU TUJIAN

策划编辑	田 红	责任编辑	田 红	封面设计	王凌波	版式设计	锋尚设计
责任印制	田 甜						

出版发行	高等教育出版社	网 址	http://www.hep.edu.cn
社 址	北京市西城区德外大街4号		http://www.hep.com.cn
邮政编码	100120	网上订购	http://www.hepmall.com.cn
印 刷	北京信彩瑞禾印刷厂		http://www.hepmall.com
开 本	889mm×1194mm 1/32		http://www.hepmall.cn
印 张	14.75		
字 数	610千字（包含数字课程）	版 次	2020年8月第1版
购书热线	010-58581118	印 次	2020年8月第1次
咨询电话	400-810-0598	定 价	86.00元

本书如有缺页、倒页、脱页等质量问题，请到所购图书销售部门联系调换
版权所有 侵权必究
物 料 号 54394-00

前言

天目山位于浙江省西北部杭州市临安区境内，由东西两峰组成，东天目主峰大仙顶海拔 1480 m，西天目主峰仙人顶海拔 1506 m。两峰对峙，峰顶各有一池，宛若双眸仰望苍穹，因而得名"天目"。该名始于汉，显于梁，古称"浮玉"。天目山国家级自然保护区以西天目山为核心区域，地理位置为 30°18′N—30°25′N，119°23′E—119°9′E，总面积 4284 hm^2。该地处于温暖湿润的亚热带季风气候区，地带性植被为常绿阔叶林，主要植被为亚热带常绿、落叶阔叶混交林，是中国中亚热带植物最丰富的地区之一。其植物区系起源古老、成分复杂、物种丰富。根据《天目山植物志》，天目山仅维管植物就有 190 科 899 属 2066 种（包括种下等级）。"天目千重秀，林海十里深"，这里不仅是天然的"物种基因宝库"，还蕴藏着古银杏、金钱松、天目铁木和柳杉群落等罕见的"大树王国"，以及倒挂莲花、大树王、禅源寺和开山老殿等丰富的自然或人文景观。天目山地理位置优越，自然条件独特，生物资源极其丰富，是一块具有物种多样性、遗传多样性、生态系统多样性和文化多样性的独特宝地。

由于资源丰富，天目山长期以来不仅吸引了众多国内外植物学家前来考察和采集标本，同时也是 70 余所高等院校和科研单位的野外生物学实践教学或科研基地。北魏郦道元的《水经注》就曾有关于天目山林木、山川的记载。明代李时珍数次赴天目山采集草药，在《本草纲目》中记载采自天目山的药材达 800 余种。20 世纪 20 年代，秦仁昌、钟补求、郑万钧、钟观光、胡先骕、钱崇澍、梁希、H. Migo 等在天目山不断发现新种，有 87 份标本被定为模式标本。最近几十年来，华东地区每年有数十所大中专院校的学生来天目山进行植物学、林学、生药学、气象学、昆虫学、动物学等多学科的教学、科研实习。天目山不仅是国务院批准设立的国家级自然保护区（1986），还被联合国教科文组织接纳为"人与生物圈"保护区网络成员（1996）。同时，还被国家科委等单位授予"国家级生物学野外实习基地""全国青少年科技教育基地"和"全国科普教育基地"。

天目山是华东地区重要的植物学野外实习基地，先后出版过几部有关天目山植物资源的教学参考书籍。冯志坚、周秀佳、马炜梁等于1992年编写了《植物学野外实习手册》，该书主要以天目山植物为例，介绍了实习基地的选择、实习基地的自然资源概况以及该区的主要高等植物名录。使用较多的是2009年出版丁炳扬、傅承新和杨淑贞主编的《天目山植物学实习手册（第2版）》，本人参与其中部分章节编写，但是此书中的植物图片为黑白图。《天目山野外实习常见植物图集》（王幼芳、李宏庆、朱瑞良主编，2012）收录植物449种，包括藻类、真菌、地衣、苔藓、蕨类和种子植物。由于涉及的类群多，该书收录的维管植物种类有限，但目前在浙江天目山地区野外实习的高校绝大多数只涉及维管植物，而极少涉及低等植物，因此该书作用有限。加之该图集出版已近十年之久，不少内容有待更新。南京师范大学袁生教授于2010年在高等教育出版社出版了《天目山微生物学实习手册》，该书对低等植物和大型真菌的野外实习有较多论述。目前天目山实习的主要参考书为4卷本的《天目山植物志》（丁炳扬等，2010），内容包括蕨类植物、裸子植物和被子植物。但是该书每种植物的形态描述文字繁多，未对关键识别特征进行标注，图片主要为黑白线条图，仅在每卷的最后附有数张彩色植物照片，对植物的原生生境特点展示不足。因此，目前迫切需要一本关于该区维管植物野外实习的彩色图鉴。

  本书基于作者多年的教学实践和高等院校生物学综合实习教学改革成果而编写。书中收录了浙江天目山生物学野外实习基地维管植物183科720属1250种（包括种下等级）。其中878种收录于纸质图书，372种收录于与纸质图书配套的数字课程中（http://abook.hep.com.cn/54394）每种植物都配有能够反映其分类学形态特征或野生生境的彩色照片，并有简明扼要的关键识别特征描述，同时列出每种植物的地理分布及主要用途。书中科的编排，蕨类植物采用秦仁昌系统（1978），裸子植物采用郑万钧系统（1978），被子植物采用恩格勒系统（1964）。书中对不同等级的保护植物和珍稀濒危植物均做了相应的标记，书后还附有物种中文名和学名索引，便于读者查阅。

本书具有以下特色。首先，本书便于野外教学参考和使用。本书作者长期从事植物学教学与科研工作，具有丰富的野生植物识别经验和扎实的植物分类学基础，对于野外实践教学有着较为深刻的理解。物种照片能够反映其关键形态特征和生境，植物形态特征描述简明扼要，分布地点具体明确，价值用途简洁明了。其次，本书收录的维管植物种类的科属较为丰富，并且极具代表性——注重选择不同演化谱系、重点保护物种和常见乡土植物，基本囊括了天目山地区常见的蕨类植物、裸子植物和被子植物。该书将成为该地区迄今为止维管植物种类（包括科、属）收录最为丰富的彩色图鉴。书中还含有少量未被《天目山植物志》收录的植物种类，如厚萼凌霄（*Campsis radicans*）。第三，对于书中的植物形态描述、花果期及主要用途等，作者均进行了仔细考证与核对，并且纠正了少数种类在《中国植物志》或地方植物志（如《天目山植物志》)中的错误描述。例如《中国植物志》第15卷（P34）和 *Flora of China*（Vol. 24, P219）将鹿药（*Maianthemum japonicum*）花的特征写为"花单生"（"flowers solitary"），实际上应该为"花两性；圆锥花序"。同时，参考新近的分类学研究进展，对部分种类的分类地位或命名进行适当调整。

因此，本书具有严谨的科学性和较高的学术水准，并且力求突出彩色植物图鉴知识性与实用性的有机统一。本书可作为高等院校生物学野外实习的教材及参考书，也可供相关领域科研工作者或植物学爱好者使用、参考。

本书的出版，得到了江苏省高等教育教改课题和南京师范大学"重中之重"教改课题的资助。本书在编写过程中，南京师范大学的陈国祥教授、戴传超教授、周长发教授和曹祥荣教授给予热心鼓励和大力支持；植物实习组同事龚祝楠教授、徐勤松教授、陆长梅副教授和沙莎老师进行有益讨论。承蒙浙江省森林资源监测中心陈征海研究员审阅初稿、江西农业大学李波教授审阅蓼科部分种类。中国科学技术大学沈显生教授、武汉大学汪小凡教授、浙江大学邱英雄教授、李攀博士、浙江农林大学李根有教授和江苏省中国科学院植物研究所熊豫宁先生对书稿提出宝贵意见或建议。天目山国家级自然保护区管理局为野外植物考察与拍照提供便利。南京师范大学研究生蒋若衍、刘洁、朱伟、邵丽鸳等协助校对部分文稿。在此，作者谨向上述提及的个人和单位致以诚挚的谢意！

由于作者水平有限，加之时间仓促，书中不足或疏漏之处在所难免，恳请读者批评指正。

张光富

2019 年 6 月

目　录

前言

1 蕨类植物/1

石杉科 Huperziaceae / 2
卷柏科 Selaginellaceae / 2
阴地蕨科 Botrychiaceae / 4
紫萁科 Osmundaceae / 4
里白科 Gleicheniaceae / 5
海金沙科 Lygodiaceae / 6
膜蕨科 Hymenophyllaceae / 6
稀子蕨科 Monachosoraceae / 7
姬蕨科 Dennstaedtiaceae / 7
鳞始蕨科 Lindsaeaceae / 8
蕨科 Pteridiaceae / 8
凤尾蕨科 Pteridaceae / 9
中国蕨科 Sinopteridaceae / 9
铁线蕨科 Adiantaceae / 11
裸子蕨科 Hemionitidaceae / 11
蹄盖蕨科 Athyriaceae / 12
金星蕨科 Thelypteridaceae / 13
铁角蕨科 Aspleniaceae / 15
球子蕨科 Onocleaceae / 16
岩蕨科 Woodsiaceae / 17
乌毛蕨科 Blechnaceae / 17
鳞毛蕨科 Dryopteridaceae / 18
肾蕨科 Nephrolepidaceae / 21
水龙骨科 Polypodiaceae / 21
蘋科 Marsileaceae / 24
槐叶蘋科 Salviniaceae / 24

2 裸子植物/25

苏铁科 Cycadaceae / 26
银杏科 Ginkgoaceae / 26
松科 Pinaceae / 27
杉科 Taxodiaceae / 33
柏科 Cupressaceae / 36
罗汉松科 Podocarpaceae / 39
三尖杉科 Cephalotaxaceae / 40
红豆杉科 Taxaceae / 41

3 被子植物（双子叶植物）/43

三白草科 Saururaceae / 44
金粟兰科 Chloranthaceae / 44
杨柳科 Salicaceae / 45
杨梅科 Myricaceae / 46
胡桃科 Juglandaceae / 46
桦木科 Betulaceae / 49
壳斗科 Fagaceae / 51
榆科 Ulmaceae / 59
桑科 Moraceae / 66
荨麻科 Urticaceae / 70
铁青树科 Olacaceae / 76
檀香科 Santalaceae / 77
桑寄生科 Loranthaceae / 77
马兜铃科 Aristolochiaceae / 78
蓼科 Polygonaceae / 79
藜科 Chenopodiaceae / 87
苋科 Amaranthaceae / 91
紫茉莉科 Nyctaginaceae / 94
番杏科 Aizoaceae / 95
商陆科 Phytolaccaceae / 96
马齿苋科 Portulacaceae / 96
石竹科 Caryophyllaceae / 98
睡莲科 Nymphaeaceae / 103
领春木科 Eupteleaceae / 104
连香树科 Cercidiphyllaceae / 104
毛茛科 Ranunculaceae / 105
木通科 Lardizabalaceae / 115
小檗科 Berberidaceae / 118
防己科 Menispermaceae / 120
木兰科 Magnoliaceae / 123

蜡梅科 Calycanthaceae / 130
樟科 Lauraceae / 130
罂粟科 Papaveraceae / 140
山柑科 Capparaceae / 143
十字花科 Cruciferae / 143
景天科 Crassulaceae / 150
虎耳草科 Saxifragaceae / 153
海桐花科 Pittosporaceae / 159
金缕梅科 Hamamelidaceae / 160
杜仲科 Eucommiaceae / 164
悬铃木科 Platanaceae / 164
蔷薇科 Rosaceae / 165
豆科 Fabaceae / 190
酢浆草科 Oxalidaceae / 209
牻牛儿苗科 Geraniaceae / 210
芸香科 Rutaceae / 211
苦木科 Simaroubaceae / 216
楝科 Meliaceae / 217
远志科 Polygalaceae / 218
大戟科 Euphorbiaceae / 219
虎皮楠科 Daphniphyllaceae / 228
黄杨科 Buxaceae / 228
漆树科 Anacardiaceae / 230
冬青科 Aquifoliaceae / 231
卫矛科 Celastraceae / 233
省沽油科 Staphyleaceae / 236
槭树科 Aceraceae / 238
七叶树科 Hippocastanaceae / 241
无患子科 Sapindaceae / 242
清风藤科 Sabiaceae / 243

凤仙花科 Balsaminaceae / 245
鼠李科 Rhamnaceae / 246
葡萄科 Vitaceae / 251
杜英科 Elaeocarpaceae / 254
椴树科 Tiliaceae / 255
锦葵科 Malvaceae / 257
梧桐科 Sterculiaceae / 258
猕猴桃科 Actinidiaceae / 259
山茶科 Theaceae / 261
藤黄科 Guttiferae / 264
柽柳科 Tamaricaceae / 267
堇菜科 Violaceae / 267
大风子科 Flacourtiaceae / 270
旌节花科 Stachyuraceae / 270
秋海棠科 Begoniaceae / 271
仙人掌科 Cactaceae / 271
瑞香科 Thymelaeaceae / 272
胡颓子科 Elaeagnaceae / 273
千屈菜科 Lythraceae / 274
石榴科 Punicaceae / 275
蓝果树科 Nyssaceae / 275
八角枫科 Alangiaceae / 277
桃金娘科 Myrtaceae / 277
野牡丹科 Melastomataceae / 278
柳叶菜科 Onagraceae / 278
小二仙草科 Haloragaceae / 279
五加科 Araliaceae / 280
伞形科 Umbelliferae / 284
山茱萸科 Cornaceae / 289
鹿蹄草科 Pyrolaceae / 292
杜鹃花科 Ericaceae / 292

紫金牛科 Myrsinaceae / 294
报春花科 Primulaceae / 295
柿科 Ebenaceae / 297
山矾科 Symplocaceae / 298
安息香科 Styracaceae / 300
木犀科 Oleaceae / 301
马钱科 Loganiaceae / 305
龙胆科 Gentianaceae / 306
夹竹桃科 Apocynaceae / 307
萝藦科 Asclepidaceae / 309
旋花科 Convolvulaceae / 311
紫草科 Boraginaceae / 314
马鞭草科 Verbenaceae / 316
唇形科 Labiatae / 319
茄科 Solanaceae / 328
玄参科 Scrophulariaceae / 332
紫葳科 Bignoniaceae / 339
胡麻科 Pedaliaceae / 340
列当科 Orobanchaceae / 340
苦苣苔科 Gesneriaceae / 341
爵床科 Acanthaceae / 342
透骨草科 Phrymaceae / 344
车前科 Plantaginaceae / 345
茜草科 Rubiaceae / 346
忍冬科 Caprifoliaceae / 351
败酱科 Valerianaceae / 356
川续断科 Dipsacaceae / 357
葫芦科 Cucurbitaceae / 357
桔梗科 Campanulaceae / 361
菊科 Compositae / 363

4 被子植物（单子叶植物）/387

香蒲科 Typhaceae / 388
泽泻科 Alismataceae / 388
水鳖科 Hydrocharitaceae / 389
禾本科 Gramineae / 389
莎草科 Cyperaceae / 406
棕榈科 Palmae / 409
天南星科 Araceae / 409
谷精草科 Eriocaulaceae / 414
鸭跖草科 Commelinaceae / 414
雨久花科 Pontederiaceae / 416
灯心草科 Juncaceae / 417

百部科 Stemonaceae / 417
百合科 Liliaceae / 418
石蒜科 Amaryllidaceae / 432
薯蓣科 Dioscoreaceae / 434
鸢尾科 Iridaceae / 435
芭蕉科 Musaceae / 436
姜科 Zingiberaceae / 437
美人蕉科 Cannaceae / 437
竹芋科 Marantaceae / 438
兰科 Orchidaceae / 439

收录物种一览表数字课程（http://abook.hep.com.cn/54394）

中文名索引 / 445
学名索引 / 452

IV

蕨类植物 1

四川石杉
Huperzia sutchueniana

石杉科 Huperziaceae
石杉属 *Huperzia*

> **识别要点：** 中小型土生蕨类。植株高10~20 cm。茎直立或斜升，顶端常生有芽孢。叶螺旋状排列，近平展，披针形，无柄，边缘有疏锯齿，先端渐尖；基部的叶宽于茎上部的叶。孢子囊生于枝茎上部的孢子叶的叶腋，不形成孢子囊穗；孢子囊肾形，两端超出叶缘，孢子一型。> **分布：** 见于狮子口和西关等地，生于海拔100~1500 m的林缘、灌草丛或苔藓层中。我国长江流域及其以南地区均有分布。> **用途：** 全草入药；插花材料。

2

江南卷柏
Selaginella moellendorffii

卷柏科 Selaginellaceae
卷柏属 *Selaginella*

> **识别要点：** 中小型土生或石生蕨类。植株高20~55 cm。主茎直立，基部生根，下部不分枝，上部3~4回分枝。叶草质或纸质，光滑，具白边；下部茎上叶一型，疏生；枝上叶二型，有细齿；茎枝上的叶干后不皱缩。孢子囊穗单生枝顶，四棱形；孢子叶同型。> **分布：** 见于红庙、朱陀岭和进山门等地，生于山地林下、路旁阴湿处及溪边。我国长江流域及其以南地区和陕西、甘肃均有分布。东南亚地区也有。
> **用途：** 全草入药；观赏蕨类。

卷柏
Selaginella tamariscina

卷柏科 Selaginellaceae
卷柏属 *Selaginella*

> **识别要点**：旱生蕨类。植株莲座状，高10~35 cm。主茎粗壮，短小，侧生分枝丛生，干时内卷如拳。叶二型，质厚，光滑，边缘具白边。孢子囊穗单生于枝顶，四棱形；孢子叶同型；孢子异型。> **分布**：见于倒挂莲花等地，生于海拔100~1500 m的向阳山坡岩石上或岩石旁土中。分布几遍全国。全世界广泛分布。> **用途**：全草入药；栽培供观赏。

翠云草
Selaginella uncinata

卷柏科 Selaginellaceae
卷柏属 *Selaginella*

> **识别要点**：小型土生蕨类。植株长可达1 m。主茎伏地，先直立后攀缘状，分枝处常有不定根。主茎叶2列，侧枝叶密生4列；叶薄草质，光滑，具虹彩，全缘；隐蔽生长环境中上面蓝绿色，下面淡绿色，裸露生长环境中上面常呈红褐色。孢子囊穗单生于枝顶，四棱形。> **分布**：见于禅源寺、狮子口、大树王和开山老殿等地，生于海拔1000 m以下的林下草丛中。我国长江流域及其以南地区和陕西省均有分布。
> **用途**：全草入药。

阴地蕨
Botrychium ternatum

阴地蕨科 Botrychiaceae
阴地蕨属 *Botrychium*

> **识别要点**：中型土生蕨类。植株高约40 cm。叶异型；叶脉不明显；不育叶自总柄基部以上2~4 cm处生出，阔三角形，三回羽状分裂，小羽片长卵形或卵形，厚革质；能育叶生于总柄顶端。11月见孢子囊穗，圆锥状或总状，二回或三回羽状。> **分布**：见于倒挂莲花、火焰山脚等地，生于丘陵灌丛阴地、山坡林下或山坡草丛中。我国黄河流域及其以南地区有分布。越南、朝鲜和日本等国也有。> **用途**：全草入药。

紫萁
Osmunda japonica

紫萁科 Osmundaceae
紫萁属 *Osmunda*

> **识别要点**：中型土生蕨类。植株高约50 cm。根状茎粗壮，斜升。叶簇生，异型，直立；叶片三角状广卵形；二回羽状复叶，羽片3~5对，长圆形，以关节与叶轴相连，叶脉羽状分离；能育叶和不育叶分开，有时不育叶的顶端变为能育叶。孢子囊序穗状或复穗状，熟时枯死。> **分布**：见于朱陀岭、西坑、红庙和开山老殿等地，生于林缘及林下较湿润处。我国华东、华南、华中和西南等地均有分布。朝鲜、日本和印度也有。> **用途**：嫩叶可食；根状茎可入药。

芒萁
Dicranopteris pedata

里白科 Gleicheniaceae
芒萁属 *Dicranopteris*

> **识别要点**：中大型土生蕨类。植株高40~90 cm。根状茎横走，被毛。叶远生，纸质，下面灰白色或灰蓝色；叶柄长20~50 cm；叶轴一至二回或多回分叉，各分叉腋间有一休眠芽，密被绒毛，并有1对叶状苞片，基部两侧有1对篦齿状托叶；末回羽片长15~25 cm；裂片披针形。孢子囊群圆形，孢子囊5~8个。> **分布**：见于朱陀岭、一都村等地，生于海拔1000 m以下的路边、疏林下或灌丛中。我国华东、华南、华中等地有分布。越南、朝鲜、印度和日本也有。> **用途**：全草可入药。

光里白
Diplopterygium laevissimum

里白科 Gleicheniaceae
里白属 *Diplopterygium*

> **识别要点**：大型土生蕨类。植株高1~1.5 m。根状茎长而横走，连同叶柄基部常被鳞片。叶远生，近革质；三回羽裂，羽片对生，卵状长圆形；小羽片互生，斜向上，侧脉二叉；叶柄长30~50 cm。孢子囊群小，圆形，着生于分叉侧脉的上侧一脉，由3~4个孢子囊组成。> **分布**：见于五里亭和七里亭等地，生于海拔800 m以下的林下或林缘。我国长江流域及其以南地区有分布。日本、菲律宾和越南也有。> **用途**：观赏蕨类，其羽片为极好的切叶。

海金沙
Lygodium japonicum

海金沙科 Lygodiaceae
海金沙属 *Lygodium*

>**识别要点**：大型攀缘土生蕨类。植株长达数米。叶纸质，对生于茎上短枝两侧；不育羽片二回羽状，小羽片掌状或3裂，裂片短而宽，中间1片长约3 cm，宽约6 mm，边缘有浅钝齿；能育羽片三角形，末回小羽片或裂片边缘疏生流苏状孢子囊穗。孢子囊穗暗褐色，疏松。>**分布**：见于禅源寺、红庙、七里亭等地，生于林缘、疏林下和灌丛中。我国南方地区和陕西、河南有分布。>**用途**：全草入药；可供绿化观赏。

6

团扇蕨
Gonocormus minutum

膜蕨科 Hymenophyllaceae
团扇蕨属 *Gonocormus*

>**识别要点**：小型附生蕨类。植株高1~1.5 cm。根状茎丝状纤细，黑褐色，密被暗褐色短毛。叶远生，团扇形，质薄，半透明，两面光滑无毛，掌状分裂，裂片大致整齐；生囊苞的裂片通常较不育叶短或等长。孢子囊群生于短裂片顶端。>**分布**：见于三里亭等地，生于林下阴湿处或水分淋漓的岩石上。我国长江流域及其以南和东北地区有分布。日本、俄罗斯和非洲等地也有。>**用途**：可作盆景配植。

穴子蕨
Monachosorum maximowiczii

稀子蕨科 Monachosoraceae
稀子蕨属 *Monachosorum*

>识别要点：中小型石生蕨类。植株高20~40 cm。叶簇生，膜质至草质，狭长披针形，中脉明显，侧脉纤细，单一，一回羽状；羽片披针形，无柄。叶轴顶部延长成细鞭状，顶端着地生根。孢子囊群圆形，小，生于小脉顶端，无盖。
>分布：见于仙人顶等地，生于海拔约1300 m处的林下岩石旁土中或岩石上。我国长江中下游地区均有分布。日本也有。>用途：观赏蕨类。

溪洞碗蕨
Dennstaedtia wilfordii

姬蕨科 Dennstaedtiaceae
碗蕨属 *Dennstaedtia*

>识别要点：中型土生蕨类。植株高40~50 cm。根状茎横走。叶近簇生，长圆状披针形，长约25 cm，宽6~8 cm；二至三回羽状深裂；叶柄长约14 cm，基部呈紫色，无毛，有光泽。孢子囊群生于小脉顶端，囊群盖碗形，常反卷呈烟斗状。>分布：见于开山老殿等地，生于林下湿润处、溪边或石缝中。我国黄河流域及其以南和东北地区有分布。朝鲜、日本和俄罗斯也有。>用途：不明。

乌蕨
Odontosoria chinensis

鳞始蕨科 Lindsaeaceae
乌蕨属 *Odontosoria*

> **识别要点**：中型土生蕨类。植株高30~60 cm。根状茎短而横走，密生红棕色钻状鳞片。叶近生或近簇生，厚草质，无毛，披针形或长圆状披针形，长20~40 cm，宽4~25 cm；二至四回羽状细裂。孢子囊群顶生于1条小脉上；囊群盖厚纸质，杯形，口部全缘或有点啮蚀状，宿存。> **分布**：见于大有村、西坞等地，生于公路边岩石上或路边林缘。我国长江流域及其以南地区均有分布。> **用途**：全草入药。

蕨
Pteridium aquilinum var. *latiusculum*

蕨科 Pteridiaceae
蕨属 *Pteridium*

> **识别要点**：大型土生蕨类。植株高达1 m或更高。根状茎长而横走，黑色，连同叶柄基部密被长毛，后渐脱落。叶片阔三角形或长圆状三角形，三至四回羽裂；叶柄粗壮，光滑，淡褐色。孢子囊群线形，生于小脉顶端的联结脉上，有变形的叶缘反折而成假盖。> **分布**：天目山常见种，生于海拔1500 m以下的林下、林缘、荒地或路旁。我国各地均有分布。世界热带和温带地区广布。> **用途**：全草入药；嫩叶可作蔬菜，称"蕨菜"。

井栏边草
Pteris multifida

凤尾蕨科 Pteridaceae
凤尾蕨属 *Pteris*

> **识别要点：** 中型土生蕨类。植株高30~75 cm。根状茎直立，顶端有钻形鳞片。叶异型，簇生，草质，无毛；能育叶长卵形，一回羽状，下部羽片2~3叉，除基部1对有柄外，其他各对基部下延，在叶轴两侧形成狭翅。孢子囊群线形；囊群盖线形，膜质，全缘。> **分布：** 见于天目村、朱陀岭和禅源寺等地，生于墙脚、林下、林缘或岩缝等地。我国黄河流域及其以南地区均有分布。越南、菲律宾和日本也有。> **用途：** 全草入药；可作地被植物。

银粉背蕨
Aleuritopteris argentea

中国蕨科 Sinopteridaceae
粉背蕨属 *Aleuritopteris*

> **识别要点：** 中小型旱生蕨类。植株高15~30 cm。根状茎短，直立。叶簇生，纸质或薄革质，五角形，背面有乳白色或乳黄色粉粒；叶柄栗棕色，有光泽。孢子囊群生于叶脉顶端，熟时汇合成线形；囊群盖膜质，全缘。> **分布：** 见于青龙山等地，生于海拔500 m以下的岩石缝隙中或岩石洞边，喜生于疏松的钙质土壤中。我国各地广泛分布。印度、日本和俄罗斯等国也有。> **用途：** 全草入药；亦可盆栽。

毛轴碎米蕨
Cheilanthes chusana

中国蕨科 Sinopteridaceae
碎米蕨属 *Cheilanthes*

> **识别要点**：中小型石生蕨类。植株高12~35 cm。根状茎直立，有褐棕色狭披针形鳞片。叶簇生，厚草质，披针形，二回羽状深裂；叶柄、叶轴深栗色。7~10月见孢子囊群，圆形；囊群盖由变形的叶缘反卷而成，彼此分离，膜质，全缘。
> **分布**：见于禅源寺等地，生于林下阴湿石缝中。我国黄河流域及其以南地区均有分布。越南、朝鲜和日本等国也有。
> **用途**：全草入药。

野雉尾金粉蕨
Onychium japonicum

中国蕨科 Sinopteridaceae
金粉蕨属 *Onychium*

> **识别要点**：中型土生蕨类。植株高30~55 cm。根状茎横走。叶近簇生，草质；不育叶和能育叶同形，但裂片较短而狭，能育叶四至五回羽状深裂；叶脉在不育裂片上1条，在能育小羽片或裂片上羽状；叶轴和羽轴上有浅沟，下面凸起；叶柄灰绿色，基部褐色。孢子囊群线形；囊群盖短线形，膜质，全缘。> **分布**：见于天目村、禅源寺和开山老殿等地，生于海拔1000 m以下的灌草丛或岩石上。我国黄河流域及其以南地区均有分布。日本、菲律宾等国也有。
> **用途**：全草入药；可作庭园绿化地被植物。

铁线蕨
Adiantum capillus-veneris

铁线蕨科 Adiantaceae
铁线蕨属 *Adiantum*

> **识别要点：** 中小型土生蕨类。植株高15~40 cm。根状茎长而横走，密被鳞片。叶近生，草质，两面无毛，卵状三角形，二至四回羽状，羽片互生，裂片斜扇形或斜方形；叶柄细，栗黑色。孢子囊群圆形，生于小脉顶端；囊群盖由变形裂片顶部反折而成，圆肾形至长圆形。> **分布：** 见于禅源寺等地，生于海拔100~400 m的岩石旁或风化的岩石上。我国黄河流域及其以南地区均有分布。世界温带地区广布。
> **用途：** 全草入药；可供观赏。

凤丫蕨
Coniogramme japonica

裸子蕨科 Hemionitidaceae
凤丫蕨属 *Coniogramme*

> **识别要点：** 中型土生蕨类。植株高55~100 cm。叶远生，长圆状三角形；小羽片或中部以上的羽片狭长披针形，浅锯齿状边缘软骨质；主脉两侧多形成1~2行网眼，网眼外小脉分离，小脉顶端水囊体纺锤形，不达锯齿基部；叶柄有纵沟，基部疏被鳞片，向上光滑。孢子囊群线形，沿侧脉延伸至近叶边。> **分布：** 见于禅源寺、朱陀岭、大树王、西关等地，生于海拔100~1000 m的林下或林缘近水处。我国长江流域及其以南地区有分布。朝鲜、日本也有。> **用途：** 全草入药；可供观赏。

日本安蕨
Anisocampium niponicum

蹄盖蕨科 Athyriaceae
安蕨属 *Anisocampium*

> **识别要点**：中型土生蕨类。植株高40~80 cm。根状茎粗短而斜升。叶疏生，草质，卵形至长卵形，顶部急缩，下部羽片仅1~2对稍缩短，羽片有柄，叶柄仅稍短于叶片；叶柄基部鳞片浅褐色。孢子囊长圆形，沿侧脉上侧着生，常呈马蹄形，有弯钩；囊群盖同型，膜质。> **分布**：见于武山村、禅源寺、朱陀岭和开山老殿等地，生于海拔1200 m以下的石隙或草丛中。除西北地区外，我国各地有分布。朝鲜和日本也有。
> **用途**：根状茎、叶柄基部及嫩叶均可入药。

华中对囊蕨
Deparia shennongense

蹄盖蕨科 Athyriaceae
对囊蕨属 *Deparia*

> **识别要点**：中型土生蕨类。植株高30~80 cm。根状茎粗而直立或斜升，先端连同叶柄基部被膜质、阔披针形、褐色或带黑褐色的大鳞片。叶簇生，倒披针形，先端渐尖，向基部逐渐变狭；一回羽状，羽片深羽裂。孢子囊群盖同型，在叶片和羽片顶部偶呈弯钩形，灰褐色，边缘稍啮蚀或近全缘。
> **分布**：见于开山老殿、地藏殿等地，生于海拔1000~1500 m的林下或林缘湿润地。我国长江流域及其以南地区和陕西省有分布。> **用途**：栽培供观赏。

东亚羽节蕨
Gymnocarpium oyamense

蹄盖蕨科 Athyriaceae
羽节蕨属 *Gymnocarpium*

>**识别要点**：中型土生蕨类。植株高20~45 cm。根状茎细长而横走，被红褐色阔披针形鳞片，老时几光滑。叶远生，厚草质，斜展，卵状三角形；一回羽裂，先端渐尖，基部呈心形。孢子囊群长圆形，生于裂片上的小脉中部，位于主脉两侧，彼此远离，无盖。>**分布**：见于三里亭、七里亭和西关等地，生于海拔300~900 m的林下岩石旁。我国安徽、浙江、江西、四川、云南、贵州和陕西有分布。日本、菲律宾也有。
>**用途**：不明。

13

渐尖毛蕨
Cyclosorus acuminatus

金星蕨科 Thelypteridaceae
毛蕨属 *Cyclosorus*

>**识别要点**：中型土生蕨类。植株高40~70 cm。根状茎长而横走。叶远生，厚纸质，阔披针形，宽14~17 cm，基部不变狭，两面疏被毛；二回羽裂，先端尾状渐尖并羽裂；羽片披针形，羽裂1/2~1/3，裂片斜上，骤尖头；叶柄深禾秆色，略有柔毛。孢子囊群生于侧脉中部以上；囊群盖大，圆肾形。
>**分布**：见于禅源寺、朱陀岭、仙人顶、黄沙坞等地，生于海拔1500 m以下的山坡林下、路边、石隙中。我国黄河流域及其以南地区有分布。日本也有。>**用途**：全草入药。

针毛蕨
Macrothelypteris oligophlebia

金星蕨科 Thelypteridaceae
针毛蕨属 *Macrothelypteris*

>识别要点：中大型土生蕨类。植株高60~150 cm。根状茎短而斜升，连同叶柄基部被深棕色、披针形、边缘具疏毛的鳞片。叶簇生，草质，干后黄绿色，两面光滑无毛或仅沿小羽脉及脉略有灰白色短柔毛；三回羽裂，羽片约14对。孢子囊群小，圆形，生于侧脉近顶部；囊群盖小。>分布：见于后山门、西关、开山老殿等地，生于山谷水沟边、林下或林缘。我国安徽、浙江、江西、河南、湖北、湖南和广西有分布。日本也有。>用途：根状茎可入药；栽培供观赏。

金星蕨
Parathelypteris glanduligera

金星蕨科 Thelypteridaceae
金星蕨属 *Parathelypteris*

>识别要点：中型土生蕨类。植株高35~55 cm。根状茎长而横走，顶端略有披针形鳞片。叶近生，厚革质，背面有橙黄色球形腺体及短柔毛，顶端渐尖并羽裂，基部不变狭。孢子囊群小，生于侧脉近顶端处。>分布：见于天目村、白虎山、半月池和开山老殿等地，生于海拔1100 m以下的林下及林缘。我国黄河以南地区有分布。越南、印度、朝鲜和日本也有。>用途：叶可入药。

延羽卵果蕨
Phegopteris decursive-pinnata

金星蕨科 Thelypteridaceae
卵果蕨属 *Phegopteris*

> **识别要点：** 中型土生蕨类。植株高30~70 cm。根状茎短而直立，连同叶柄基部被红棕色、具长缘毛的狭披针形鳞片。叶片披针形或椭圆状披针形，叶脉羽状，侧脉单一，伸达叶边；羽片彼此以狭翅相连，中部以下多对羽片渐次缩短，基部1对呈耳状。孢子囊群近圆形，生于侧脉顶端以下。
> **分布：** 见于南大门、青龙山、幻住庵和横塘等地，生于海拔900 m以下的溪边、岩石或林缘潮湿处。河南、陕西和长江以南地区有分布。日本、朝鲜和越南也有。> **用途：** 全草入药。

15

虎尾铁角蕨
Asplenium incisum

铁角蕨科 Aspleniaceae
铁角蕨属 *Asplenium*

> **识别要点：** 中型石生蕨类。植株高达30 cm。叶簇生，薄草质，中部以上最宽，叶脉先端有明显水囊，伸入齿牙；二回羽裂，羽片长卵形至披针形，有短柄，羽片边缘有粗齿牙，下部羽片远生，渐次缩小成卵形，浅裂；叶柄绿色或浅栗色。孢子囊群长圆形，生于小脉上侧分枝近基部。> **分布：** 见于禅源寺、开山老殿、仙人顶、西关等地，生于海拔1500 m以下的石缝岩隙中。我国黄河流域及其以南地区有分布。日本、朝鲜和俄罗斯也有。> **用途：** 全草入药；栽培供观赏。

钝齿铁角蕨
Asplenium tenuicaule var. *subvarians*

———

铁角蕨科 Aspleniaceae
铁角蕨属 *Asplenium*

> 识别要点：小型石生蕨类。植株高3.5~14 cm。叶簇生，薄草质，披针形；二至三回羽状；小羽片顶端有少数钝齿；叶柄纤细，两侧有绿色狭翅。孢子囊群长圆形；囊群盖圆形。
> 分布：见于西坞、西关、东关等地，生于海拔500~1000 m的林下湿润岩石上。我国长江流域及其以北地区有分布。日本、朝鲜也有。 > 用途：不明。

东方荚果蕨
Pentarhizidium orientale

———

球子蕨科 Onocleaceae
东方荚果蕨属 *Pentarhizidium*

> 识别要点：中大型土生蕨类。植株高60~110 cm。叶簇生，纸质，二型；不育叶长圆形，二回羽状深裂，叶柄长25~45 cm；能育叶和不育叶等长或略短，长圆形，一回羽状，羽片两边强烈反卷并包住囊群成荚果状。孢子囊群熟时汇合成线形；囊群盖膜质。 > 分布：见于开山老殿、大横路、剪刀峇、仙人顶和阳山坪等地，生于海拔1500 m以下的林下或林缘。分布几遍全国。日本、朝鲜、俄罗斯和印度也有。
> 用途：根状茎可入药；可供观赏。

膀胱蕨
Protowoodsia manchuriensis

岩蕨科 Woodsiaceae
膀胱蕨属 *Protowoodsia*

>识别要点：小型石生蕨类。植株高可达20 cm。叶簇生；二回羽状深裂，羽片羽状深裂，中部羽片最大，下部羽片渐缩成耳形；裂片长圆形，基部1对最大，叶脉顶端有细长水囊，不达叶边；叶柄无关节。囊群盖球圆形或膀胱形。
>分布：见于七里亭、五世同堂和开山老殿等地，生于海拔700~1100 m的林下岩石上。我国长江流域及其以北地区有分布。日本、朝鲜和俄罗斯也有。>用途：栽培供观赏。

狗脊
Woodwardia japonica

乌毛蕨科 Blechnaceae
狗脊属 *Woodwardia*

>识别要点：大中型土生蕨类。植株高可达130 cm。叶簇生，厚纸质或近革质，长圆形或披针形；二回羽裂，羽片7~13对，下部羽片向基部变狭，1/2羽裂或深裂；裂片三角形，基部下侧的缩短成圆耳形。孢子囊群线形，生于主脉两侧相对的网眼上；囊群盖长肾形，革质。>分布：天目山常见种，生于海拔1000 m以下的山坡林地及溪沟两旁的阴湿处。我国长江流域以南地区有分布。日本也有。>用途：根状茎可入药；可食或酿酒；栽培供观赏；酸性土指示植物。

刺头复叶耳蕨
Arachniodes aristata

鳞毛蕨科 Dryopteridaceae
复叶耳蕨属 *Arachniodes*

> **识别要点**：中型土生蕨类。植株高30~90 cm。根状茎长而横走，顶端连同叶柄基部密被红棕色鳞片。叶远生，近革质，广卵形或卵状三角形；三回羽状，羽片镰刀状披针形，基部1对特大；小羽片边缘有芒刺状锯齿。孢子囊群圆形，生于小脉顶端；囊群盖圆肾形，早落。
> **分布**：见于交口村、五里亭，生于海拔200~900 m的林下。我国华东地区以及云南、河南、广东、广西和贵州有分布。印度、日本和澳大利亚等国也有。 > **用途**：根状茎入药；可供观赏。

贯众
Cyrtomium fortunei

鳞毛蕨科 Dryopteridaceae
贯众属 *Cyrtomium*

> **识别要点**：中型土生蕨类。植株高30~60 cm。根状茎粗短，连同叶柄基部密生褐色阔卵形或披针形的大鳞片。叶簇生，坚硬草质，长圆状披针形或披针形；一回羽状；侧生羽片镰刀状披针形，基部上侧呈耳状凸起，下侧圆楔形，边缘有缺刻状细锯齿。孢子囊群圆形；囊群盖圆盾形，棕色，全缘。 > **分布**：见于禅源寺、朱陀岭等地，生于海拔300~900 m的林下岩石边。我国黄河流域及其以南地区有分布。日本、朝鲜、越南和泰国也有。 > **用途**：根状茎可入药。

红盖鳞毛蕨
Dryopteris erythrosora

鳞毛蕨科 Dryopteridaceae
鳞毛蕨属 *Dryopteris*

> **识别要点：** 中型土生蕨类。植株高40~80 cm。叶簇生，薄纸质，阔长圆形；二回羽状，羽片约15对，小羽片披针形，边缘羽状浅裂至深裂，顶端渐尖头，羽轴和小羽片中脉密被泡状鳞片；叶轴带红晕，长38 cm。孢子囊群靠近中脉着生；囊群盖圆肾形，全缘，中央具红点，边缘灰白色，干后反卷。
> **分布：** 见于青龙山等地，生于海拔300~400 m的林下湿地或水沟边。我国长江流域及其以南地区有分布。日本、朝鲜也有。 > **用途：** 栽培供观赏或作切叶。

黑足鳞毛蕨
Dryopteris fuscipes

鳞毛蕨科 Dryopteridaceae
鳞毛蕨属 *Dryopteris*

> **识别要点：** 中型土生蕨类。植株高50~90 cm。根状茎直立，连同叶柄基部密生黑褐色披针形全缘鳞片。叶簇生，纸质，阔卵状长圆形；二回羽状，羽片10~13；小羽片三角状卵形，边缘有锯齿或羽状浅裂，顶端钝圆；叶柄基部黑褐色。孢子囊群圆形，靠近主脉两侧各1行；囊群盖膜质，全缘。
> **分布：** 见于朱陀岭、四面峰、开山老殿和横塘等地，生于海拔140~1500 m的林下潮湿处。我国长江流域及其以南地区有分布。日本、朝鲜和中南半岛也有。 > **用途：** 根状茎可入药。

鞭叶耳蕨

Polystichum lepidocaulon

鳞毛蕨科 Dryopteridaceae
耳蕨属 *Polystichum*

> **识别要点:** 中型土生蕨类。植株高35~50 cm。根状茎短。叶簇生,厚纸质,二型;不育叶远较长,叶轴顶端伸长成长鞭形,鞭着地生根,形成新植株;能育叶一回羽状,叶柄长22~45 cm。孢子囊群圆形,生于小脉中部,在主脉两侧各排成2行,无盖。> **分布:** 见于太子庵、禅源寺等地,生于海拔200~500 m的林缘阴湿处和水沟边。我国江苏、浙江、安徽、江西、福建、湖南和台湾有分布。日本、朝鲜也有。
> **用途:** 可供观赏。

戟叶耳蕨

Polystichum tripteron

鳞毛蕨科 Dryopteridaceae
耳蕨属 *Polystichum*

> **识别要点:** 中型土生蕨类。植株高30~60 cm。根状茎直立,连同叶柄基部密生棕褐色鳞片。叶簇生,草质,戟状披针形,沿叶脉疏生浅棕色小鳞片;掌状3出,羽片3枚,侧生1对明显较小,小羽片镰刀状披针形,具粗齿或浅裂并具芒状小刺尖。孢子囊群圆形,生于上侧小脉顶端;囊群盖圆钝形。> **分布:** 见于开山老殿、地藏殿、横塘等地,生于海拔400~1500 m的林下岩石旁阴湿处。我国黄河流域及其以南地区有分布。日本、朝鲜和俄罗斯也有。> **用途:** 根状茎入药;栽培供观赏。

肾蕨
Nephrolepis cordifolia

肾蕨科 Nephrolepidaceae
肾蕨属 *Nephrolepis*

> **识别要点**：中型附生或土生蕨类。植株高30~60 cm。根状茎有直立的主轴，主轴发出长约35 cm的匍匐茎，匍匐茎上生圆形块茎。叶簇生，草质，无毛，披针形；一回羽状，羽片无柄，基部有关节，边缘有疏圆钝齿，顶端钝。孢子囊群生于每组侧脉上侧小脉的顶端；囊群盖圆肾形。> **分布**：栽培于大有村等地。我国长江流域及其以南地区有分布。全世界热带及亚热带地区广布。> **用途**：观赏蕨类；块茎可食，亦可入药。

21

抱石莲
Lemmaphyllum drymoglossoides

水龙骨科 Polypodiaceae
伏石蕨属 *Lemmaphyllum*

> **识别要点**：小型附生蕨类。植株高2~5 cm。根状茎细长横走，疏生鳞片。叶远生，异型，肉质，几无柄；不育叶短小，长圆形、近圆形或倒披针形；能育叶较长，倒披针形或舌形，有时与不育叶同型。孢子囊群圆形，生于叶背中部以上，沿中脉两侧各排成1行。> **分布**：见于横塘、一都村和西关等地，生于海拔200~1400 m的山谷或溪边阴湿岩石和树皮上。我国黄河流域及其以南地区有分布。> **用途**：全草入药；栽培供观赏。

瓦韦
Lepisorus thunbergianus

水龙骨科 Polypodiaceae
瓦韦属 *Lepisorus*

> **识别要点**：中小型附生蕨类。植株高14~30 cm。根状茎横走，粗壮，密被鳞片。叶疏生或近生，纸质或近革质，线状披针形，长11~20 cm，中脉两面隆起，小脉不明显；有短柄或几无柄。孢子囊群大，圆形，生于中脉和叶边之间，稍近叶边，沿中脉两侧各排成1行；隔丝棕褐色，边缘浅波状。
> **分布**：天目山常见种，生于海拔200~1200 m的林下岩石或树干上。我国长江流域及其以南地区有分布。日本、朝鲜也有。> **用途**：全草入药；栽培供观赏。

日本水龙骨
Polypodium niponica

水龙骨科 Polypodiaceae
水龙骨属 *Polypodium*

> **识别要点**：中型附生蕨类。植株高20~55 cm。根状茎长而横走，灰绿色，除顶端有褐棕色鳞片外，常光秃而被白粉。叶远生，草质，长圆状披针形，长14~35 cm；叶脉网状，沿主脉两侧各成1行网眼，每网眼内有小脉1条。孢子囊群圆形，生于内藏小脉顶端，沿中脉两侧各有1行，靠近中脉。> **分布**：见于交口村、里曲湾等地，生于海拔200~800 m的林下、林缘、沟边的树干或岩石上。我国黄河流域及其以南地区有分布。日本、越南和印度也有。> **用途**：根状茎入药；栽培供观赏。

石韦
Pyrrosia lingua

水龙骨科 Polypodiaceae
石韦属 *Pyrrosia*

> **识别要点**：中型附生蕨类。植株高13~48 cm。根状茎长而横走，密被盾状着生的鳞片。叶远生，革质，平坦，披针形，基部楔形，全缘，上面近无毛，侧脉明显；叶柄短于叶。孢子囊群满布于叶片下面的全部或上部，幼时密被星芒状毛。> **分布**：见于忠烈祠、四面峰、西关等地，生于海拔300~1200 m的岩石或溪边石坎上。我国黄河流域及其以南地区有分布。印度、朝鲜和日本也有。> **用途**：叶可入药；地被植物。

庐山石韦
Pyrrosia shearer

水龙骨科 Polypodiaceae
石韦属 *Pyrrosia*

> **识别要点**：中型附生蕨类。植株高18~70 cm。根状茎粗壮，横走。叶同型，簇生，阔披针形，向基部稍变宽，为近圆形或不等的圆耳形；叶柄粗壮。孢子囊群小，圆形，不规则点状满布叶背，排成紧密多行，无盖。> **分布**：见于火焰山、大树王等地，生于海拔450~1550 m的林下岩石或树干上。我国长江流域及其以南地区有分布。> **用途**：叶可入药；栽培供观赏。

蘋
Marsilea quadrifolia

蘋科 Marsileaceae
蘋属 *Marsilea*

> **识别要点**：浅水生蕨类。植株高5~20 cm。根状茎细长，横走，有分枝，茎节向下生须根。不育叶叶柄长，顶端生倒三角形小叶片4，"田"字形排列，全缘。孢子果卵圆形，1~3枚簇生于短柄上。> **分布**：见于天目村、武山村等地，生于水田或一年内有季节性干旱的浅水沟渠。我国华北、华中、华东、华南和西南等地区有分布。全世界温带和热带广布。
> **用途**：全草入药；嫩茎叶可食。

槐叶蘋
Salvinia natans

槐叶蘋科 Salviniaceae
槐叶蘋属 *Salvinia*

> **识别要点**：小型浮水蕨类。茎细长，褐色，有毛。叶3片轮生，漂浮水面的叶形如槐叶，长圆形至椭圆形，全缘，表面绿色，密被乳头状突起，叶脉斜出，小脉上有白色刚毛5~8束；沉水叶细裂成须根状，悬垂水中。孢子果4~8个，簇生于沉水叶的基部。> **分布**：见于山麓农家，生于池塘、沟渠等浅水水域。分布几遍全国。欧洲、印度、越南和日本也有。
> **用途**：全草入药；可作饲料或绿肥。

裸子植物 2

苏铁
Cycas revoluta

苏铁科 Cycadaceae
苏铁属 *Cycas*

>**识别要点**：常绿乔木，雌雄异株。茎圆柱形，有明显螺旋状排列的菱形叶柄残痕。一回羽状复叶从茎顶部生出；羽片革质，达100对以上，边缘向下反卷，深绿色，中脉显著。雄球花圆柱形，长30~70 cm；大孢子叶密生黄褐色绒毛；胚珠2~6枚，近球形，生于大孢子叶柄的两侧。种子红褐色，扁球形。花期6~7月，种子10月成熟。>**分布**：栽培于禅源寺及各宾馆。原产于我国福建、台湾和广东。>**用途**：观赏树种；髓部和种子可食。国家Ⅰ级重点保护野生植物。

银杏
Ginkgo biloba

银杏科 Ginkgoaceae
银杏属 *Ginkgo*

>**识别要点**：落叶乔木，雌雄异株。短枝密被叶痕。叶片扇形或倒三角形，叶脉二叉分出。球花均生于短枝叶腋，雄球花有短梗，雄蕊花丝短；雌球花有长梗。种子核果状，熟时橙黄色，外有白粉。花期3~4月，种子9~10月成熟。>**分布**：见于禅源寺、五里亭、开山老殿等地，生于海拔300~1200 m的沟谷丛林中。我国长江流域及其以南地区有分布。>**用途**：绿化、观赏或材用树种；叶和种子入药。国家Ⅰ级重点保护野生植物。

日本冷杉
Abies firma

松科 Pinaceae
冷杉属 *Abies*

>**识别要点**：常绿乔木。大枝轮生，小枝平滑；冬芽有少量树脂。叶片线形，先端钝或微凹或二叉分裂，背面有2条灰白色气孔带，树脂道4个。球果圆柱形，种鳞扇状四方形，苞鳞露出。花期3~4月，球果10月成熟。>**分布**：栽培于画眉山庄、忠烈祠、开山老殿等地。原产于日本。我国多地有栽培。>**用途**：材用或观赏树种。

雪松
Cedrus deodara

松科 Pinaceae
雪松属 *Cedrus*

>**识别要点**：常绿乔木。树皮裂成鳞状块片；小枝常下垂。叶片针形，横切面三角形，在短枝上簇生，在长枝上稀疏互生。雌雄球花分别单生于不同大枝上的短枝顶端；雄球花圆柱形，雌球花长卵形。球果直立，种鳞倒三角形，顶端宽平。花期2~3月，球果翌年10月成熟。>**分布**：栽培于太子庵、禅源寺、后山门、幻住庵等地。原产于阿富汗、印度、喜马拉雅山西部和喀喇昆仑山。我国广泛栽培。>**用途**：园林绿化观赏树种。

云杉
Picea asperata

松科 Pinaceae
云杉属 *Picea*

>**识别要点**：常绿乔木。小枝具显著木钉状叶枕；芽鳞先端不反曲。叶片线形，横切面菱形，四面有气孔线。球果圆柱状矩圆形或圆柱形，熟时淡褐色或栗褐色；苞鳞三角状匙形；种子倒卵圆形。花期4~5月，球果9~10月成熟。
>**分布**：栽培于幻住庵、半月池和开山老殿等地。我国甘肃、陕西和四川有分布。>**用途**：庭园观赏树种。

华山松
Pinus armandii

松科 Pinaceae
松属 *Pinus*

>**识别要点**：常绿乔木。一年生枝绿色或灰绿色，无毛。针叶常5针1束，边缘具细锯齿；横切面三角形；叶鞘早落。雄球花黄色，卵状圆柱形。球果圆锥状长卵圆形，成熟时黄色或褐黄色，种鳞张开，种子脱落，种子倒卵圆形，黄褐色、暗褐色或黑色。花期4~5月，球果翌年9~10月成熟。
>**分布**：栽培于开山老殿、幻住庵和天目山庄。原产于我国西南、华北和西北地区。>**用途**：材用树种；种子可食，亦可榨油。

白皮松
Pinus bungeana

松科 Pinaceae
松属 *Pinus*

>**识别要点**：常绿乔木。内皮白色，白褐相间呈斑鳞状。冬芽红褐色，无树脂。针叶3针1束，粗硬，叶背及腹面两侧均有气孔线，先端尖，边缘有细锯齿；树脂道4~7，边生；叶鞘早落。球果常单生，熟时淡黄褐色；种子倒卵圆形；种翅长，有关节，易脱落。花期4~5月，球果翌年10~11月成熟。>**分布**：栽培于大有村和一都苗圃。我国河北、山西、陕西、甘肃、河南、湖北和四川有分布。>**用途**：材用或庭园树种；种子可食。

湿地松
Pinus elliottii

松科 Pinaceae
松属 *Pinus*

>**识别要点**：常绿乔木。针叶2~3针混生，刚硬，深绿色，微有光泽，具气孔线，边缘有锯齿；树脂道2~9个，内生，叶鞘宿存。球果圆锥形或窄卵圆形，熟后易脱落。鳞盾亮褐色；种子黑色，有灰色斑点；种翅易脱落。花期3~4月，球果翌年10月成熟。>**分布**：栽培于太子庵和火焰山。原产于北美东南部潮湿的低海拔地区。>**用途**：优良采脂、材用和观赏树种。

马尾松
Pinus massoniana

松科 Pinaceae
松属 *Pinus*

> **识别要点**:常绿乔木。针叶2针1束,细柔,微扭曲,两面有气孔线,边缘有细锯齿,树脂道4~8个,边生;叶鞘宿存。球果卵圆形或圆锥状卵圆形,熟时栗褐色;鳞盾平或微厚,微有横脊;鳞脐微凹,无刺尖。花期4~5月,球果翌年10月成熟。> **分布**:天目山常见种,生于海拔700 m以下光照充足的山坡、山岗上。我国华东、华中和华南地区均有分布。> **用途**:材用或采脂树种;花粉可食。

日本五针松
Pinus parviflora

松科 Pinaceae
松属 *Pinus*

> **识别要点**:常绿乔木。小枝黄褐色,有疏毛。针叶5针1束,微弯曲,较短,边缘具细锯齿,背面暗绿色,无气孔线;树脂道2,边生;叶鞘早落。球果卵圆形或卵状椭圆形;鳞盾淡褐色或暗灰褐色;种子为不规则倒卵圆形,近褐色,具黑色斑纹,有长翅。花期4~5月,球果翌年10月成熟。
> **分布**:栽培于禅源寺。原产于日本。> **用途**:观赏树种。

黄山松
Pinus taiwanensis

松科 Pinaceae
松属 *Pinus*

>**识别要点**：常绿乔木。针叶2针1束，稍硬直，边缘有细锯齿，两面有气孔线；树脂道3~9个，中生；叶鞘宿存。球果卵圆形，熟时褐色或暗褐色，后渐变成暗灰褐色，常宿存于树上6~7年；鳞盾稍肥厚，横脊显著；鳞脐具短刺。花期4~5月，球果翌年10月成熟。>**分布**：天目山常见种，生于海拔700 m以上光照充足的山坡或山冈。我国华中、华东地区均有分布。>**用途**：材用或采脂树种；松针可提取芳香油。

黑松
Pinus thunbergii

松科 Pinaceae
松属 *Pinus*

>**识别要点**：常绿乔木。冬芽银白色。针叶2针1束，粗硬，边缘有细锯齿，树脂道6~11个，中生。球果熟时褐色，圆锥状卵圆形或卵圆形，有短梗，向下弯垂；鳞盾突起，横脊显著；鳞脐微凹，有短刺；种子倒卵状椭圆形；种翅灰褐色，有深色条纹。花期4~5月，球果10月成熟。>**分布**：栽培于幻住庵。原产于日本和朝鲜。>**用途**：材用树种；也可作嫁接砧木。

金钱松

Pseudolarix amabilis

松科 Pinaceae
金钱松属 *Pseudolarix*

> **识别要点**：落叶乔木。枝分长短枝。叶片线形，柔软，表面中脉不突起；长枝之叶辐射状伸展，短枝之叶轮状平展簇生。球果卵圆形或倒卵圆形，有短梗；种鳞卵状披针形，成熟时脱落；种翅三角状披针形，连同种子几乎与种鳞等长。花期4月，球果10月成熟。> **分布**：见于南大门、五里亭和开山老殿等地，天目山有世界上最高大的金钱松。我国长江流域地区有分布。> **用途**：优良材用树种；世界五大庭园树种之一。国家Ⅱ级重点保护野生植物。

铁杉

Tsuga chinensis

松科 Pinaceae
铁杉属 *Tsuga*

> **识别要点**：常绿乔木。小枝细；叶枕凹槽内有短毛。叶片线形，排列成2列，先端钝圆有凹缺，中脉上面隆起，有明显的粉白色气孔带；叶柄曲膝状弯曲。球果卵圆形或长卵圆形；中部种鳞常呈圆楔形或楔状矩圆形；种翅连同种子短于种鳞。花期4月，球果10月成熟。> **分布**：栽培于鲍家村。我国黄河流域及其以南地区有分布。> **用途**：优良材用树种。

日本柳杉
Cryptomeria japonica

杉科 Taxodiaceae
柳杉属 *Cryptomeria*

> **识别要点**：常绿乔木。大枝常轮状着生，水平开展或微下垂；小枝下垂，叶钻形，直而斜伸，先端不内曲。雄球花长椭圆形或圆柱形，雄蕊具4~5花药，药隔三角状；雌球花圆球形。球果近球形，种鳞20~30枚，种子棕褐色，边缘有窄翅。花期4月，球果10月成熟。> **分布**：栽培于后山门、开山老殿、横塘等地。原产于日本。> **用途**：材用或观赏树种。

柳杉
Cryptomeria japonica var. *sinensis*

杉科 Taxodiaceae
柳杉属 *Cryptomeria*

> **识别要点**：常绿乔木。大枝近轮生；小枝细长，常下垂。叶锥形，先端内弯。球果圆球形或扁球形；种鳞约20枚，先端齿裂较短；苞鳞具尖头。种子褐色，三角状扁圆形，边缘有窄翅；子叶3枚。花期4月，球果10~11月成熟。
> **分布**：天目山常见种，有成片古老大树，生于海拔1200 m以下的山坡、沟谷或路旁。原产于我国浙江、福建和江西等省。> **用途**：观赏树种；树皮可入药。

杉木
Cunninghamia lanceolata

杉科 Taxodiaceae
杉木属 *Cunninghamia*

>**识别要点**：常绿乔木。侧枝的叶扭转排成2列；叶片披针形，革质，有细锯齿，顶端锐尖，表面绿色，有光泽。球果下垂，近球形或卵球形；苞鳞革质，边缘有不规则细锯齿，不脱落；种鳞小，每种鳞具种子3；种子扁平，两侧边缘有窄翅。花期3~4月，球果10月成熟。>**分布**：天目山有自然分布的古老大树，并有成片人工林，多生于海拔1300 m以下的肥沃山坡。原产于我国秦岭和大别山以南地区。越南也有。
>**用途**：亚热带重要的优良用材树种；树皮可提取栲胶。

水杉
Metasequoia glyptostroboides

杉科 Taxodiaceae
水杉属 *Metasequoia*

>**识别要点**：落叶乔木。冬芽卵形，显著，芽鳞12~16枚，交互对生。叶片线形，交互对生，基部扭转，排成两列。花单性，单生于叶腋；雄蕊20，交互对生；雌球花有短柄，珠鳞22~28枚，交互对生，每珠鳞有直立胚珠5~9枚。球果下垂；种鳞木质，盾形，顶部宽。花期3月，球果11月成熟。
>**分布**：栽培于禅源寺、开山老殿及山麓农家。我国湖北、湖南和重庆有分布。>**用途**：著名庭园观赏树种及城乡绿化和造林树种；材用树种。国家Ⅱ级重点保护野生植物。

金松
Sciadopitys verticillata

杉科 Taxodiaceae
金松属 *Sciadopitys*

> **识别要点**：常绿乔木。叶二型，线形叶由2片稍畸形发育的针状叶合生而成，两面中央有一条纵槽，着生于不发育的短枝顶端，呈簇生状；鳞形叶为暗褐色。雄球花密集，簇生枝顶；雌球花单生枝顶。球果卵状椭圆形；种鳞木质，宽圆；种子有狭翅。花期4月，球果翌年10月成熟。> **分布**：栽培于幻住庵。原产于日本。> **用途**：庭园树种。

35

落羽杉
Taxodium distichum

杉科 Taxodiaceae
落羽杉属 *Taxodium*

> **识别要点**：落叶乔木。具膝状呼吸根。叶线形，螺旋状互生，基部扭转成2列，与无芽的侧生小枝于当年冬季脱落。球果近球形，具短梗，淡褐色，有白粉；种鳞木质，盾形；种子不规则三角形，有锐棱。花期3~4月，球果10~11月成熟。
> **分布**：栽培于忠烈祠和一都苗圃。原产于北美东南部。
> **用途**：材用树种；低湿地区的绿化造林树种。

池杉
Taxodium distichum var. *imbricatum*

杉科 Taxodiaceae
落羽杉属 *Taxodium*

> **识别要点**：落叶乔木。树干基部膨大，生于水湿地的多具呼吸根。叶锥形或线形，在枝上螺旋状伸展，不为2列；锥形叶贴近小枝；线形叶稍展。球果圆球形，褐色，有短梗；种鳞木质，盾形；种子不规则三角形，红褐色，边缘有锐脊。花期3~4月，球果10~11月成熟。> **分布**：栽培于忠烈祠、后山门、里横塘和一都苗圃等地。原产于北美东南部。
> **用途**：低湿地区的造林树种；庭园观赏树种。

日本扁柏
Chamaecyparis obtusa

柏科 Cupressaceae
扁柏属 *Chamaecyparis*

> **识别要点**：常绿乔木。生鳞叶的小枝下面被白粉。鳞叶肥厚，先端钝；两侧鳞叶较中间鳞叶稍短。球果圆球形，熟时红褐色；种鳞4对，顶部五角形、平或中央微凹，凹内有一小尖头。种子近圆形；子叶2枚。花期4月，球果10月成熟。> **分布**：栽培于禅源寺、半月池、开山老殿和横塘等地。原产于日本。> **用途**：材用树种；能抗SO_2，适宜于工厂区内栽植。

柏木
Cupressus funebris

柏科 Cupressaceae
柏木属 *Cupressus*

> **识别要点**：常绿乔木。小枝细长下垂，有叶的小枝扁平，排成一平面。鳞叶顶端尖，中间的叶背部有腺点，两侧的叶对折。球果圆球形，熟时褐色，外无白粉；种鳞4对。子叶2。花期3~4月，球果翌年5~6月成熟。> **分布**：见于禅源寺、火焰山等地，多生于海拔500 m以下的石灰岩山地。我国长江流域及其以南地区均有分布。> **用途**：材用或观赏树种；枝叶可提取芳香油。

圆柏
Juniperus chinensis

柏科 Cupressaceae
刺柏属 *Juniperus*

> **识别要点**：常绿乔木，雌雄异株，少同株。大枝平展，生鳞叶的小枝近圆柱形。叶二型，刺叶常3叶轮生，基部下延生长；鳞叶交互对生或3叶轮生，先端钝，背面中部具腺点。球花单生于短枝顶端。球果2年成熟，暗褐色，外有白粉。种子1~4粒，卵形，扁。花期4月，球果翌年秋末成熟。
> **分布**：见于五世同堂等地。原产于我国秦岭以南地区。日本和朝鲜也有。> **用途**：材用或观赏树种；枝叶可入药；根、叶、种子可提取柏木油。

刺柏
Juniperus formosana

柏科 Cupressaceae
刺柏属 *Juniperus*

> **识别要点**：常绿乔木。叶刺状，3叶轮生，披针形，基部有关节，不下延，上面平凹，绿色，两侧各有1条白色气孔带，气孔带较绿色边带稍宽，下面绿色，有光泽，具纵脊。球花单生叶腋，珠鳞3，轮生。球果浆果状；种鳞肉质，合生；苞鳞与种鳞结合，仅顶端分离，成熟时不裂或顶端开裂。种子半月形，具3棱。花期4~5月，球果翌年10~11月成熟。
> **分布**：零星见于海拔1200 m以下的山地。原产于我国淮河以南地区及台湾。 > **用途**：材用或观赏树种。

铺地柏
Juniperus procumbens

柏科 Cupressaceae
刺柏属 *Juniperus*

> **识别要点**：常绿匍匐灌木。枝条沿地面扩展，稍向上升。刺叶3枚轮生，顶端有角质锐尖头，基部下延，背面沿中脉有纵槽，近基部有白点2。球果近球形，蓝色，外有白粉；种鳞肉质，合生；苞鳞与种鳞结合，成熟时不裂。种子有棱脊。花期4~5月，球果多翌年秋季成熟。 > **分布**：栽培于太子庵、禅源寺、后山门树木园及附近村庄。原产于日本。
> **用途**：观赏树种。

侧柏
Platycladus orientalis

柏科 Cupressaceae
侧柏属 *Platycladus*

> **识别要点**：常绿乔木。生鳞叶的小枝细，向上直展或斜展，扁平，排成一平面。叶鳞形，小，背面中间有条状腺槽，尖头的下方有腺点。花单性，球花单生于枝顶。球果成熟前近肉质，蓝绿色，被白粉，成熟后木质，开裂，红褐色；种鳞4对。花期3~4月，球果10月成熟。
> **分布**：栽培于禅源寺和山麓农家。原产于我国浙江、福建和江西。朝鲜和俄罗斯也有。> **用途**：材用或园林绿化树种。

竹柏
Nageia nagi

罗汉松科 Podocarpaceae
竹柏属 *Nageia*

> **识别要点**：常绿乔木。叶对生，革质，长卵形，具多数平行细脉，无中脉。雄球花穗状圆柱形，单生叶腋，常呈分枝状，总梗粗短，基部有少数三角状苞片；雌球花单生叶腋，苞片不膨大成肉质种托。种子圆球形，被白粉。花期3~4月，种子10月成熟。> **分布**：栽培于画眉山庄。原产于我国浙江、福建、江西、湖南、广东、海南、广西、贵州和四川。日本也有。> **用途**：园林绿化树种。

短叶罗汉松

Podocarpus macrophyllus var. *maki*

罗汉松科 Podocarpaceae
罗汉松属 *Podocarpus*

> **识别要点：** 常绿乔木，雌雄异株。叶线状披针形，螺旋状着生，长2.5~7 cm，宽3~7 mm，先端尖，基部楔形，有短柄，中脉在两面隆起。雄球花穗状，簇生叶腋；雌球花单生叶腋，有梗。种子卵圆形，熟时肉质；假种皮紫黑色，有白粉，种托肉质，圆柱形，红色或紫红色。花期4~5月，种子8~9月成熟。> **分布：** 栽培于禅源寺等地。我国长江以南各地有栽培。原产于日本。> **用途：** 优良材用树种和园林绿化树种；种托熟时可食。

三尖杉

Cephalotaxus fortunei

三尖杉科 Cephalotaxaceae
三尖杉属 *Cephalotaxus*

> **识别要点：** 常绿乔木，雌雄异株，少同株。叶披针状线形，排成2列，在小枝上排列稀疏，微弯，上部渐窄，基部楔形或宽楔形，背面气孔带白色。雄球花有梗，药隔三角形；雌球花生于小枝基部苞片腋部，每苞片有胚珠2。种子核果状，全包于肉质假种皮内。花期4月，种子翌年8~10月成熟。
> **分布：** 天目山常见种，生于海拔1000 m以下的山坡林下、山谷、溪边潮湿的阔叶混交林中。原产于我国黄河流域以南各地。> **用途：** 根、茎和叶含有三尖杉酯类和高三尖杉酯类生物碱，可治白血病。

粗榧
Cephalotaxus sinensis

三尖杉科 Cephalotaxaceae
三尖杉属 *Cephalotaxus*

> **识别要点：** 常绿小乔木或灌木，雌雄异株，少同株。叶线形，在小枝上排列紧密，通常直，基部近圆形或圆楔形，背面气孔带白色。雌球花数对交互对生，生于小枝基部苞片腋部，每苞片有胚珠2。种子核果状，全包于肉质假种皮内。花期3~4月，种子翌年10~11月成熟。> **分布：** 天目山常见种，生于海拔1000 m以下的疏林中。我国长江流域以南地区有分布。> **用途：** 药用价值同三尖杉；材用、绿化树种；种子可榨油；树皮可提取栲胶。

41

南方红豆杉
Taxus wallichiana var. *mairei*

红豆杉科 Taxaceae
红豆杉属 *Taxus*

> **识别要点：** 常绿乔木，雌雄异株。叶镰刀形，2列，背面中脉带上密生均匀而微小的圆形角质乳头状突起点，与气孔带异色。球花单生叶腋；雄球花有盾状雄蕊。种子坚果状，革质，生于杯状、红色、肉质的假种皮中。花期3~4月，种子11月成熟。
> **分布：** 栽培于太子庵、后山门树木园、忠烈祠和开山老殿等地。原产于我国长江流域以南各地。印度、缅甸和越南也有。> **用途：** 材用或园林绿化树种。国家Ⅰ级重点保护野生植物。

榧树

Torreya grandis

红豆杉科 Taxaceae
榧属 *Torreya*

> **识别要点**：常绿乔木，雌雄异株，少同株。二、三年小枝黄绿色或淡褐黄色。叶线形，顶端急尖，有刺状短尖头，中脉不明显，有光泽。雄球花单生叶腋，有短柄；雌球花无柄，成对生于叶腋，基部有苞片，胚珠直立。种子核果状，全包于肉质假种皮内。花期4月，种子翌年10月成熟。
> **分布**：见于区内海拔800 m以下的低山谷地混交林中；栽培于禅源寺、忠烈祠和后山门等地。原产于我国江苏、安徽和浙江等省。> **用途**：材用和绿化树种；种子可食或榨油。国家Ⅱ级重点保护野生植物。

被子植物 3
双子叶植物

蕺菜
(鱼腥草)

Houttuynia cordata

三白草科 Saururaceae
蕺菜属 *Houttuynia*

> **识别要点**：多年生草本，有腥臭味。茎有明显的节，下部伏地生根，上部直立。叶片心形，背面淡绿或带紫红色；托叶膜质，线形，下部与叶柄合生成鞘状。穗状花序在枝顶端与叶对生，基部白色花瓣状苞片4；花小，无花被，雄蕊3，花丝下部与子房合生。蒴果球形。花期5~7月，果期7~10月。
> **分布**：天目山常见种，生于沟边、林缘阴湿地。我国长江以南地区均有分布。日本亦有。> **用途**：全草入药；幼嫩茎根可食。

44

丝穗金粟兰

Chloranthus fortunei

金粟兰科 Chloranthaceae
金粟兰属 *Chloranthus*

> **识别要点**：多年生草本。茎圆柱形，无毛。叶对生，常4枚；叶柄基部常合生成鞘状。穗状花序单生；花白色，无花被，苞片2~4裂；雄蕊3，顶端延伸成丝状，白色，长1~2 cm，下部合生成1体，药隔合生；子房倒卵形。核果倒卵形，淡黄绿色；种子胚乳丰富。花期4~5月，果期6~7月。> **分布**：见于三里亭、西关等地，生于阴湿的低山坡、溪沟边和林下草丛。我国华东地区有分布。越南和日本也有。> **用途**：全草入药；也可盆栽供观赏。

响叶杨
Populus adenopoda

杨柳科 Salicaceae
杨属 *Populus*

> **识别要点**：落叶乔木；雌雄异株。叶片卵形，边缘锯齿内弯有腺体；叶柄扁，顶端有1对显著的腺体；托叶线形，早落。柔荑花序下垂，花盘呈歪斜杯状；花轴密生短绒毛；子房长卵形。蒴果卵圆形，2裂，有短柄。花期3~4月，果期4~5月。> **分布**：天目山常见种，生于海拔250~1500 m向阳林中。我国华东、华中、西北和西南丘陵地区均有分布。> **用途**：速生绿化或材用树种。

毛白杨
Populus tomentosa

杨柳科 Salicaceae
杨属 *Populus*

> **识别要点**：落叶乔木；雌雄异株。树冠卵圆锥形；树干皮孔显著。叶片三角状卵形或卵形，基部近心形、圆形或平截，边缘有不规则波状齿缺，背面幼时密生灰白色绒毛；叶柄幼时有灰色绒毛。柔荑花序下垂，花盘呈歪斜杯状；花轴密生短绒毛；苞片褐色，边缘细裂；雄蕊7~10。蒴果长卵形，熟时2裂。花期3月，果期4~5月。> **分布**：栽培于忠烈祠后。分布于黄河以北至长江中下游地区。> **用途**：优良的速生绿化及材用树种。

杨梅
Myrica rubra

杨梅科 Myricaceae
杨梅属 *Myrica*

>**识别要点**：常绿灌木或小乔木；雌雄异株。树冠圆球形。嫩枝叶常被圆形腺鳞。叶革质，全缘，背面密生金黄色腺体。雄花序穗状，单生或数条丛生叶腋；雌花序单生叶腋；无花被；雄蕊4~6；子房1室，卵形。核果球形，有小疣状突起，熟时深红、紫红或白色，味酸甜。花期3~4月，果期6~7月。>**分布**：见于青龙山、一里亭和三里亭等地，生于海拔600 m以下的山坡和山沟阔叶林中。我国长江以南地区均有分布。日本、朝鲜和菲律宾也有。>**用途**：江浙著名果树；叶可提芳香油；树皮、根皮和叶可提制栲胶。

山核桃
Carya cathayensis

胡桃科 Juglandaceae
山核桃属 *Carya*

>**识别要点**：落叶乔木。枝髓实心，裸芽。一回奇数羽状复叶，小叶5~7，边缘有细锯齿。雄柔荑花序3条成1束，下垂；雌花1~3朵成穗状。核果倒卵形或近球形，密生黄色鳞片状毛，顶端具短凸尖；外果皮干后革质，4瓣裂开；隔膜内及壁内无空隙。花期4~5月，果期9月。>**分布**：栽培于大有村、禅源寺和后山门等地，多生于海拔300~800 m的山坡林。浙江、安徽、江西和湖北等地有分布。>**用途**：著名干果树以及木本油料树种。

青钱柳
Cyclocarya paliurus

胡桃科 Juglandaceae
青钱柳属 *Cyclocarya*

> **识别要点**：落叶乔木。裸芽；枝髓片状分隔。奇数羽状复叶，互生稀近对生，叶片椭圆形或长椭圆状披针形，边缘有细锯齿，叶上面中脉密被淡褐色毛及腺鳞；叶轴有白色弯曲毛及褐色腺鳞。柔荑花序下垂；雌花1~3朵成穗状。坚果具圆盘状翅，柱头及花被片宿存。花期5~6月，果期9月。
> **分布**：见于南大门、禅源寺和朱陀岭等地，生于山坡、溪边和山谷阔叶林。我国秦岭以南各地均有分布。> **用途**：材用树种；树皮可提制栲胶；嫩叶可作甜茶。

47

胡桃楸
（华东野核桃）
Juglans mandshurica

胡桃科 Juglandaceae
胡桃属 *Juglans*

> **识别要点**：落叶乔木。鳞芽；枝髓片状分隔。奇数羽状复叶，对生或近对生，叶片卵形或卵状长圆形，边缘有细锯齿，上面密被星状毛，下面有短柔毛及星状毛；叶柄及叶轴有黄色短毛。雄花呈柔荑花序；雌花序穗状，密被红色腺毛。核果卵状球形或卵形，密被腺毛。花期3~4月，果期9~10月。> **分布**：见于一里亭、里曲湾和三里亭等地，生于海拔300~1100 m的针阔混交林或阔叶林中。我国长江以南地区均有分布。> **用途**：种仁可榨油；材用树种；可作核桃的砧木。

化香树
Platycarya strobilacea

胡桃科 Juglandaceae
化香属 *Platycarya*

> **识别要点：** 落叶小乔木。枝髓实心。奇数羽状复叶互生，小叶边缘有重锯齿，表面暗绿色，背面黄绿色。雌雄同穗状花序，直立，雄花序在上，雌花序在下。果序球果状，长椭圆形，暗褐色；坚果扁平，有2狭翅。花期5~6月，果期10月。
> **分布：** 天目山常见种，生于山谷和路旁平地向阳处。我国华东、华南、华中和西南各地区及台湾北部有分布。朝鲜和日本亦有。> **用途：** 荒山先锋树种；重要鞣料和纤维植物；根、叶、果可入药。

枫杨
Pterocarya stenoptera

胡桃科 Juglandaceae
枫杨属 *Pterocarya*

> **识别要点：** 落叶乔木。裸芽；髓部薄片状。叶互生，长椭圆形，表面有细小疣状突起，脉上有星状毛；叶轴有翅。雄柔荑花序下垂，单生叶腋内；雌柔荑花序倒垂，顶生。坚果长椭圆形，果翅2，斜上伸展。花期5~6月，果期10月。> **分布：** 天目山常见种，生于海拔1200 m以下的溪边林。我国华东、华南、华中、华北和西南以及台湾各地均有分布。朝鲜亦有。> **用途：** 绿化树种；材用树种；树皮和枝叶可入药亦可提制栲胶；种子可榨油。

桤木

Alnus cremastogyne

桦木科 Betulaceae
桤木属 *Alnus*

>**识别要点:** 落叶乔木。芽具柄,有2枚芽鳞;树皮平滑。叶片倒卵形至倒卵状长圆形或椭圆形。雌雄花序单生于叶腋;雄花被片4,雌花无花被。果序长圆形,单生于叶腋,下垂;果序梗细瘦,下垂,长2~8 cm;果苞木质;小坚果卵形,果翅膜质,宽为果的1/2。花期5~7月,果期8~9月。>**分布:** 栽培于雨华亭。原产于四川、贵州、陕西、甘肃、河南和云南等省,我国多地有栽培。>**用途:** 绿化树种;材用树种;嫩叶可代茶叶。

华千金榆
(南方千金榆)

Carpinus cordata var. *chinensis*

桦木科 Betulaceae
鹅耳枥属 *Carpinus*

>**识别要点:** 落叶乔木。小枝密被短柔毛并疏生长柔毛。叶片卵形至椭圆状卵形,长7~12 cm,基部心形,边缘有不规则刺毛状重锯齿;叶柄密生长、短柔毛。雄花单生于苞鳞腋内,无花被;雌花序柔荑状,有花被。小坚果长圆形,棕色,无毛;果序密生柔毛;果苞中脉在中央,内缘基部有1内折全包小坚果的裂片。花期5~6月,果期7~8月。>**分布:** 见于西关、西坑和告岭村等地,生于海拔1000 m以上的山坡林、山谷林、路边灌木丛或阔叶林中。我国华东、华南、华中和西南等地均有分布。>**用途:** 材用树种;种子可榨油。

雷公鹅耳枥
Carpinus viminea

桦木科 Betulaceae
鹅耳枥属 *Carpinus*

> **识别要点**：落叶乔木。小枝密生浅色细小皮孔，无毛。叶片椭圆形、长圆形至卵状披针形，边缘有不规则重锯齿；叶柄无毛。雄花单生于苞鳞腋内，无花被；雌花序柔荑状，有花被。小坚果卵形，暗棕色，无毛；果序有浅色细小皮孔，具稀疏柔毛；果苞的基部两侧有一裂片。花期4~6月，果期7~9月。> **分布**：见于西关、白鹤村和石门等地，生于山坡、路边和溪边林。我国华东、华南、华中、西南地区直至西藏均有分布。> **用途**：材用树种。

50

短柄川榛
Corylus heterophylla var. *brevipes*

桦木科 Betulaceae
榛属 *Corylus*

> **识别要点**：落叶灌木。小枝密生腺毛和短柔毛，皮孔明显。叶片椭圆形至近圆形，先端急尖或成短尾尖，边缘有不规则重锯齿；叶柄极短，长0.5~1.2 cm，密生腺毛和短柔毛。雄花序常2~3枚成总状着生于枝顶叶腋，下垂，先叶开放；雌花序头状。坚果近球形；果苞钟状。花期3月，果期9~10月。> **分布**：见于七里亭、倒挂莲花和半月池等地，生于海拔1000 m以上的山地灌丛。我国浙江、安徽、江西、湖南和四川等省有分布。> **用途**：种仁可食用或榨油。

天目铁木
Ostrya rehderiana

桦木科 Betulaceae
铁木属 *Ostrya*

>识别要点：落叶乔木。树皮粗糙。叶边缘有细密锐尖的重锯齿；叶脉羽状，侧脉13~16对。雄柔荑花序下垂，雌花序总状直立；雄花无花被，雌花有花被。坚果卵圆形；果序总状，较疏散；果苞膜质，长椭圆形至倒卵状披针形，有长硬毛，网脉明显，基部常缢缩成柄状。花期4月，果期9~10月。**>分布**：见于大有村、后山门和忠烈祠等地，生于海拔200~300 m低山坡地。浙江省特有种。**>用途**：材用树种。国家Ⅰ级重点保护野生植物。

锥栗
Castanea henryi

壳斗科 Fagaceae
栗属 *Castanea*

>识别要点：落叶乔木。小枝光滑无毛。叶片披针形至卵状披针形，无毛、无腺点，边缘齿端有芒状尖头；托叶线形。雄花序直立，生于小枝下部叶腋；雌花序生于小枝上部叶腋。坚果单生，卵圆形或圆锥形，顶端尖；壳斗全包1个坚果，外有密生分枝的针刺，刺基部有毛。花期5月，果期10~11月。**>分布**：见于火焰山、幻住庵和仙人顶等地，生于海拔1300 m以下的中山和丘陵地带，垂直分布在板栗之上。我国长江流域以南至南岭以北均有分布。**>用途**：著名干果树种；优良材用树种；树皮和壳斗可提制栲胶。

栗
（板栗）
Castanea mollissima

壳斗科 Fagaceae
栗属 *Castanea*

> **识别要点**：落叶乔木。小枝有柔毛。叶片卵状椭圆形或椭圆状披针形，背面有灰白色星状毛；托叶宽大，宽卵形或卵状披针形。雄花序直立，雌花生于雄花序的基部。坚果通常2个，较大，半球形或扁球形；壳斗全包2~3个坚果，外有密生分枝的针刺，刺密生细毛。花期6月，果期9~10月。
> **分布**：见于武山村、南大门和红庙等地，生于低山丘陵地带。我国辽宁以南各地均有分布，以华北及长江流域各地最为集中。朝鲜和越南亦有。> **用途**：著名干果树种；优良材用树种；树皮和壳斗可提制栲胶。

茅栗
Castanea seguinii

壳斗科 Fagaceae
栗属 *Castanea*

> **识别要点**：落叶小乔木，常呈灌木状。小枝有短柔毛，密生皮孔。叶片长椭圆形或椭圆状倒卵形，背面有鳞片状腺点，边缘锯齿具短芒尖；叶柄短；托叶宽大，宽卵形或卵状披针形。雄花序直立，雌花常生于雄花序基部。坚果通常3个，较小，扁球形；壳斗全包3个坚果，外有密生分枝的针刺，刺上疏生毛。花期5月，果期9~10月。> **分布**：见于黄坞里、南大门和禅源寺等地，生于海拔300 m以上向阳开阔的山坡或山冈。我国长江流域以南地区以及河南和陕西均有分布。越南亦有。> **用途**：著名干果树种；优良材用树种；树皮和壳斗可提制栲胶。

苦槠
Castanopsis sclerophylla

壳斗科 Fagaceae
栲属 *Castanopsis*

> **识别要点**：常绿乔木。树皮纵裂。叶片椭圆状卵形或椭圆形，顶端渐尖或短尖，边缘或中部以上有锐锯齿，背面苍白色，螺旋状排列。雄花序细柔；雌花序柔荑状。坚果有细毛；壳斗杯形，幼时全包坚果，后仅包围3/5~4/5；苞片三角形，顶端针刺形，排成4~6个同心环带。花期4~5月，果期10~11月。> **分布**：见于大有村、一里亭和里曲湾等地，生于海拔1000 m以下山地林中。我国长江流域以南地区均有分布。> **用途**：防风、防火树种及材用树种；果可制"苦槠豆腐"。

53

青冈
Cyclobalanopsis glauca

壳斗科 Fagaceae
青冈属 *Cyclobalanopsis*

> **识别要点**：常绿乔木。树皮不裂。叶片椭圆形或椭圆状卵形，先端短渐尖，基部近圆形或宽楔形，中部以上有锯齿，背面被灰白色蜡粉和平伏毛。雌花序具花2~4朵；雄蕊通常6；子房侧生。坚果卵形；壳斗碗形，包围坚果1/3~1/2；苞片合生成5~8条同心全缘环带。花期4~5月，果期9~10月。> **分布**：天目山常见种，生于海拔800 m以下山坡和溪谷两岸的常绿阔叶林中。我国长江流域及其以南地区多有分布。日本、朝鲜和越南等国也有。> **用途**：优良的材用树种；树皮和壳斗可提制栲胶。

小叶青冈
Cyclobalanopsis myrsinifolia

壳斗科 Fagaceae
青冈属 *Cyclobalanopsis*

> **识别要点**：常绿乔木。小枝有皮孔。叶片椭圆状披针形，较细，先端渐尖，基部常不对称，边缘有细尖锯齿，背面有不均匀灰白色蜡粉和平伏毛，侧脉7~13对。雌雄花序单生或簇生；雄蕊通常6；子房侧生。坚果椭圆形；壳斗碗形；苞片合生成6~10条同心齿缺环带。花期4~6月，果期10月。
> **分布**：见于曲湾、三里亭和五里亭等地，生于海拔600 m以上的阔叶林中，垂直分布于青冈之上。我国长江流域及其以南地区均有分布。> **用途**：常绿、落叶阔叶混交林建群种之一；优良的材用树种。

云山青冈
Cyclobalanopsis sessilifolia

壳斗科 Fagaceae
青冈属 *Cyclobalanopsis*

> **识别要点**：常绿乔木。小枝无毛。叶片椭圆形至倒披针状长椭圆形，常集生枝顶，先端短尖，基部楔形，全缘或先端具2~3对锯齿，背面无毛无蜡粉，绿色。雌雄花序单生或簇生；雄蕊通常6；子房侧生。坚果椭圆形，无毛；壳斗碗形；苞片合生成5~7条同心整齐环带。花期4~5月，果期10~11月。
> **分布**：见于三里亭和里曲湾等地，生于海拔660~1000 m山坡沟谷的常绿阔叶林或针阔混交林中。除云南省外，我国长江流域以南地区均有分布。> **用途**：优良的材用树种。

米心水青冈
Fagus engleriana

壳斗科 Fagaceae
水青冈属 *Fagus*

> **识别要点：** 落叶乔木。树皮不裂。叶片纸质，卵状椭圆形，先端渐尖，基部宽楔形至微心形，侧脉10~13，沿边缘上弯网结；叶柄较短。壳斗4裂；苞片线形，基部呈匙形；总梗纤细，长达7 cm；总苞内有2坚果。花期4月，果期8月。> **分布：** 见于仙人顶、西关和阳山坪等地，生于海拔900 m以上的山地林中。我国长江流域及其以南地区均有分布。> **用途：** 优良的材用树种。

55

短尾柯
（长叶石栎）
Lithocarpus brevicaudatus

壳斗科 Fagaceae
柯属 *Lithocarpus*

> **识别要点：** 常绿乔木。小枝无毛、无蜡质鳞秕，具沟槽。叶片长椭圆形或长椭圆状披针形，较大，全缘，背面绿色光滑，无蜡质层，侧脉9~12对。雄花序分枝为圆锥状。坚果卵形或近球形，密集，果脐内陷较大；壳斗浅盘状，与坚果在基部愈合；苞片背部有纵脊。花期9~10月，果期翌年10~11月。
> **分布：** 天目山常见种，生于海拔400~1150 m的山坡或沟谷阔叶林中。我国长江流域以南地区均有分布。> **用途：** 优良的材用树种。

柯
（石栎）
Lithocarpus glaber

壳斗科 Fagaceae
柯属 *Lithocarpus*

>**识别要点**：常绿乔木。小枝密生灰黄色绒毛。叶片椭圆形或长椭圆状披针形，全缘，少数近顶端有锯齿，背面有灰白色蜡质层，侧脉6~10对。雄花序轴有短绒毛。坚果卵形或椭圆形，略被白粉，果脐内陷；壳斗浅盘状，包围坚果基部；苞片具灰白色细柔毛。花期9~10月，果期翌年9~11月。>**分布**：天目山常见种，生于海拔300~900 m的阔叶林中。我国长江流域及其以南地区均有分布。>**用途**：优良的材用树种。

麻栎
Quercus acutissima

壳斗科 Fagaceae
栎属 *Quercus*

>**识别要点**：落叶乔木。树皮木栓层不发达；小枝幼时被黄色绒毛；芽卵形。叶片长椭圆状披针形，较宽，平整，边缘具芒状锯齿，背面淡绿色，无星状毛或仅在脉腋有簇毛。雄柔荑花序下垂。坚果近球形；壳斗碗形；苞片钻形，反卷。花期5月，果期翌年9~10月。>**分布**：见于禅源寺等地，生于低山丘陵地带，多为人工造林。我国华东、华南、华中、华北和西南地区均有分布。>**用途**：优良的材用树种；树皮和壳斗可提制栲胶；种子可作饲料。

槲栎
Quercus aliena

壳斗科 Fagaceae
栎属 *Quercus*

> **识别要点**：落叶乔木。小枝无毛，具沟槽。叶片倒卵状椭圆形或倒卵形，常散生或近枝端集生，边缘疏生波状钝齿，背面密被灰白色细柔毛；叶柄长1~3 cm。雄柔荑花序下垂。坚果椭圆状卵形或卵形；壳斗浅杯形，包围坚果约1/2；苞片小，卵状披针形。花期4~5月，果期10月。> **分布**：天目山常见种，生于海拔1000 m以下的丘陵低山林中。我国华东、华南、华中、华北和西南地区均有分布。朝鲜和日本亦有。
> **用途**：优良的材用树种；树皮和壳斗可提制栲胶。

小叶栎
Quercus chenii

壳斗科 Fagaceae
栎属 *Quercus*

> **识别要点**：落叶乔木。树皮木栓层不发达；小枝幼时被黄色绒毛；芽圆锥形，细瘦。叶片披针形至卵状披针形，狭窄，起伏不平，边缘具芒状锯齿，背面淡绿色，无星状毛。雄柔荑花序下垂。坚果椭圆形；壳斗碗形；口缘部苞片钻形反卷，其余为鳞片状，排列紧密。花期5月，果期翌年9~10月。> **分布**：见于大有村、天目书院和南庵等地，生于海拔500 m以下的丘陵山地。我国江苏、安徽、浙江、江西和湖北等地有分布。> **用途**：优良的材用树种；树皮和壳斗可提制栲胶；种子可作饲料。

白栎
Quercus fabri

壳斗科 Fagaceae
栎属 *Quercus*

>**识别要点**：落叶乔木。小枝幼时被毛。叶片倒卵形或倒卵状椭圆形，常近枝端集生，基部楔形，边缘具浅波状钝齿，幼时两面被毛，后仅背面有毛；叶柄短，长3~6 mm。雄柔荑花序下垂。坚果长椭圆形；壳斗碗形；苞片卵状披针形，排列紧密，在口缘处微伸出，不反卷。花期5月，果期10月。
>**分布**：天目山低海拔地带常见种，生于海拔300~500 m的丘陵低山阔叶林中。我国淮河以南、长江流域和华东、西南地区均有分布。>**用途**：材用树种；树皮和壳斗可提制栲胶；种子可作饲料；树干可种香菇。

短柄枹
（枹栎）
Quercus serrata var. *brevipetiolata*

壳斗科 Fagaceae
栎属 *Quercus*

>**识别要点**：落叶乔木。小枝无毛。叶片长椭圆状倒披针形或椭圆状倒卵形，常近枝端集生，基部楔形或近圆形，边缘具尖锐粗锯齿，齿端腺体状，内弯；叶柄短，长仅2~5 mm。雄柔荑花序下垂。坚果卵形至卵圆形；壳斗碗形，包围坚果1/4~1/3；苞片三角形。花期5月，果期翌年9~10月。>**分布**：天目山常见种，生于海拔300~1500 m的阔叶林中。我国台湾及长江流域以北、辽宁以南的华东、华北、西北均有分布。
>**用途**：落叶阔叶林建群种之一；优良的材用树种。

黄山栎
Quercus stewardii

壳斗科 Fagaceae
栎属 *Quercus*

>**识别要点**：落叶乔木或灌木。小枝无毛，有沟槽和突起的皮孔。叶片倒卵形、椭圆状倒卵形至宽倒卵形，常近枝端集生，基部楔形或稍呈耳形，边缘具深波状钝齿；叶柄极短，仅3 mm。雄柔荑花序下垂。坚果长圆形；壳斗碗形；苞片披针形，反卷。花期5月，果期10月。>**分布**：见于大镜坞和千亩田等地，生于海拔1300 m以上的山巅或向阳山坡。我国江西、安徽、浙江和湖北有分布。>**用途**：材用树种；树皮和壳斗可提制栲胶；种子可作饲料；树干可种香菇。

糙叶树
Aphananthe aspera

榆科 Ulmaceae
糙叶树属 *Aphananthe*

>**识别要点**：落叶乔木。树皮黄褐色，老时纵裂。树冠圆头形。叶片卵形至狭卵形，边缘有尖细锯齿，两面粗糙，均有糙伏毛，三出脉，直达叶缘。花小；雄花聚伞状伞房花序；雌花单生于新枝上部叶腋。核果近球形或卵圆形，紫黑色，密被毛；果柄较叶柄短，被毛。花期4~5月，果期10月。
>**分布**：见于天目村、武山村和太子庵等地，生于海拔1000 m以下的山坡林中及溪沟边。我国长江流域以南地区均有分布。日本、朝鲜和越南也有。>**用途**：优良的材用树种；茎皮纤维可造纸。

紫弹树
Celtis biondii

榆科 Ulmaceae
朴属 *Celtis*

> **识别要点：** 落叶乔木。树皮平滑；幼枝密生柔毛，二年生枝具圆形皮孔。叶片卵形或卵状椭圆形，边缘中部以上有疏齿，背面网脉凹陷。花杂性。核果近球形，较小，熟时橙红色，具显著蜂窝状凹陷细网纹，2~3个腋生，具总柄；果柄较叶柄长2倍，被短毛。花期4~5月，果期9~10月。> **分布：** 天目山常见种，生于海拔900 m以下的山谷阔叶林和沟边乱石堆。我国华东、华中和西南地区有分布。日本和朝鲜亦有。> **用途：** 根皮、茎枝及叶可入药。

珊瑚朴
Celtis julianae

榆科 Ulmaceae
朴属 *Celtis*

> **识别要点：** 落叶乔木。树皮平滑；幼枝密生黄色柔毛。叶片宽卵形或卵状椭圆形，边缘中部以上有锯齿，基部常不对称，表面稍粗糙，背面密生黄色柔毛；叶柄密生黄色柔毛。花杂性。核果单生叶腋，近球形，较大，熟时橙黄色；果柄密被柔毛。花期4~5月，果期9~10月。> **分布：** 见于画眉山庄和太子庵等地，生于山坡阔叶林中。我国黄河流域以南地区有分布。> **用途：** 茎皮纤维可作造纸原料等用。

朴树

Celtis sinensis

榆科 Ulmaceae
朴属 *Celtis*

>**识别要点**：落叶乔木。树皮粗糙不裂；幼枝密生柔毛。叶片宽卵形或卵状椭圆形，边缘中部以上有浅疏锯齿，表面无毛，背面叶腋及叶脉疏被毛，网脉隆起；叶柄被毛。花杂性。核果近球形，较小，熟时红褐色，单生或2~3个并生叶腋；果核有凹点和棱脊；果柄与叶柄近等长。花期4月，果期10月。>**分布**：见于天目村、武山村和东坞坪等地，生于海拔1000 m以下的沟谷阔叶林中。我国黄河流域以南地区有分布。越南、老挝、朝鲜和日本亦有。>**用途**：材用树种；种子油供制皂和机械润滑。

61

刺榆

Hemiptelea davidii

榆科 Ulmaceae
刺榆属 *Hemiptelea*

>**识别要点**：落叶小乔木。小枝坚硬，有刺。叶片椭圆形或长圆形，先端钝尖，边缘有整齐的桃形锯齿，羽状脉。花叶同放；花杂性，1~4朵簇生于当年生枝上。小坚果斜卵形，扁平，上部有斜翅，翅顶端渐缩成喙状，喙常分叉。花期4~5月，果期8~10月。>**分布**：见于大有村、仙人顶和一都村等地，生于海拔1500 m以下的山坡和路旁。我国华东、华北和西北等地均有分布。朝鲜亦有。>**用途**：材用树种；茎皮纤维可制绳和人造棉。

青檀
Pteroceltis tatarinowii

榆科 Ulmaceae
青檀属 *Pteroceltis*

> **识别要点**：落叶乔木。树皮不规则片状脱落。叶片卵形或椭圆形，先端渐尖或长尖，边缘有锐锯齿，近基部全缘，表面粗糙，无毛；基部三出脉，侧脉未达叶缘前弯曲。雄花簇生；雌花单生于当年生枝的叶腋。坚果近方形或近圆形，较小，有翅，翅木质化。花期4月，果期7~8月。 > **分布**：见于大有村和开山老殿等地，生于海拔250~550 m的山沟乱石堆、岩石缝及山麓林缘。我国长江流域及以南地区均有分布。 > **用途**：茎皮和韧皮纤维可制宣纸。

62

山油麻
Trema cannabina var. *dielsiana*

榆科 Ulmaceae
山黄麻属 *Trema*

> **识别要点**：落叶灌木或小乔木。小枝锈褐色或红褐色，密生斜展或平展的短刚毛。叶片卵状椭圆形或卵状披针形，先端尾尖，边缘有细锯齿，两面粗糙，表面被短刚毛，背面有柔毛。聚伞花序常成对腋生，常较叶柄长。核果卵圆形或近球形，橘红色，无毛。花期3~6月，果期9~10月。 > **分布**：见于禅源寺、后山门和开山老殿等地，生于海拔1000 m以下的向阳山坡林或灌丛林中。我国长江流域及其以南地区有分布。 > **用途**：茎皮纤维可造纸；种子可榨油。

杭州榆
Ulmus changii

榆科 Ulmaceae
榆属 *Ulmus*

> **识别要点**：落叶乔木。树皮不裂；当年生枝幼时密被毛。叶片倒卵状长圆形、菱状倒卵形、椭圆状卵形或圆形，边缘多具单锯齿，表面幼时被毛；叶柄被毛。花簇生呈聚伞花序状或短总状；花被浅裂至近中部。翅果长圆形至近圆形，较大，两面及边缘有毛，果核位于翅果中部。花期3~4月，果期3~4月。> **分布**：见于南庵、太子庵和禅源寺等地，生于海拔500 m以下的山坡、山谷及溪边阔叶林中。我国长江流域均有分布。> **用途**：材用树种。

春榆
Ulmus davidiana var. *japonica*

榆科 Ulmaceae
榆属 *Ulmus*

> **识别要点**：落叶乔木或灌木。树皮纵裂；萌芽枝及幼枝多具木栓翅。叶片倒卵形或倒卵状椭圆形，边缘有重锯齿，表面具粗糙毛痕；叶柄被柔毛。花先叶开放，3~8朵簇生于二年生枝叶腋；花被浅裂至近中部。翅果倒卵形，较小，无毛或仅缺口处有毛，果核接近缺口。花期4月，果期5月。
> **分布**：见于西关、天目大峡谷和平溪等地，生于海拔1000 m以下的阔叶林中。我国华东、华北、西北和东北地区有分布。俄罗斯、朝鲜和日本亦有。> **用途**：树皮可提制栲胶；枝皮和枝条可制绳和筐；嫩叶和幼果可食。

榔榆
Ulmus parvifolia

榆科 Ulmaceae
榆属 *Ulmus*

> **识别要点**：落叶乔木。树皮不规则鳞片状剥落；小枝被柔毛。叶片狭椭圆形、卵形或倒卵形，边缘多单锯齿，表面有光泽，无毛。花3~8朵簇生于二年生枝的叶腋；花被4裂至基部或近基部。翅果椭圆形或卵形，果核位于翅果中央。花期9月，果期10月。> **分布**：见于大有村、天目村和武山村等地，生于海拔1000 m以下的阔叶林中。我国华东、华北、中南和西南地区有分布。朝鲜和日本亦有。> **用途**：材用树种；茎皮纤维可制蜡纸等；叶和根皮可入药。

榆树
（白榆）
Ulmus pumila

榆科 Ulmaceae
榆属 *Ulmus*

> **识别要点**：落叶乔木。树皮纵裂；小枝灰色，有毛。叶片椭圆状卵形或椭圆状披针形，边缘有重锯齿或单锯齿，表面无毛；叶柄无毛或近无毛。花先叶开放，簇生于二年生枝的腋部；花被浅裂至近中部。翅果近圆形或倒卵状圆形，较小，无毛，果核不与缺口相接。花期3~4月，果期3~4月。
> **分布**：见于交口村和告岭村等地。我国华东、东北和西北地区有分布。俄罗斯、蒙古、朝鲜和日本亦有。> **用途**：材用树种；果、树皮和叶可入药。

红果榆
Ulmus szechuanica

榆科 Ulmaceae
榆属 *Ulmus*

> **识别要点**：落叶乔木。树皮纵裂；小枝散生黄白色皮孔；萌芽枝多具木栓翅。叶片卵形、倒卵形或长圆状卵形，边缘有重锯齿，表面常不粗糙；叶柄被柔毛。花10余朵簇生于二年生枝上；花被浅裂至近中部。翅果近圆形或倒卵形，较小，果核接近缺口。花期3月，果期4月。> **分布**：见于南庵和禅源寺等地，生于山麓阔叶林缘。我国江苏、浙江、江西和四川有分布。> **用途**：良好的材用树种。

65

大叶榉树
（榉树）
Zelkova schneideriana

榆科 Ulmaceae
榉树属 *Zelkova*

> **识别要点**：落叶乔木。小枝灰色或灰褐色，密被灰白色柔毛。叶厚纸质，长椭圆状卵形或椭圆状披针形，边缘有钝锯齿，表面粗糙，具脱落性硬毛，背面密被柔毛。雄花簇生于新枝下部叶腋和苞腋；雌花单生于枝上部叶腋。核果上部歪斜，有网脊。花期3~4月，果期10~11月。> **分布**：见于禅源寺、青龙山和里曲湾等地，生于低海拔阔叶林中。我国长江中下游及其以南地区均有分布。> **用途**：观赏或材用树种。

楮
（小构树）
Broussonetia kazinoki

桑科 Moraceae
构属 *Broussonetia*

> **识别要点**：落叶灌木或藤状灌木。小枝细长。叶片卵形或长卵形，边缘有锯齿，具2~3乳头状腺体，上面具粗糙伏毛，下面有细毛；叶柄长0.5~2 cm。头状花序；雄蕊向外对折；雌花外有4枚盾形苞片，苞片先端被毛。聚花果球形，直径不超1 cm，红色或橙红色。花期4月，果期6月。> **分布**：天目山常见种，生于海拔800 m以下的山坡林地及山谷沟边。我国长江中下游及其以南地区均有分布。日本亦有。> **用途**：全株可入药；茎皮纤维供造纸。

66

构树
Broussonetia papyrifera

桑科 Moraceae
构属 *Broussonetia*

> **识别要点**：落叶乔木；雌雄异株。小枝粗壮，密被柔毛。叶片宽卵形，边缘有锯齿，常3~5不规则深裂，上面具粗糙伏毛，下面密被柔毛；叶柄长2.5~8 cm。雄柔荑花序长6~8 cm；雌花序头状；雌花周围具棒状苞片。聚花果球形，直径1.5~3 cm，橙红色。花期5月，果期8~9月。> **分布**：见于禅源寺、朱陀岭和西关等地，生于低海拔的沟边坡地或山坡疏林。黄河、长江和珠江流域均有分布。欧洲、日本和印度等地亦有。> **用途**：茎皮纤维供造纸。

薛荔
Ficus pumila

桑科 Moraceae
榕属 *Ficus*

> **识别要点**：常绿木质藤本。叶二型，营养枝上的叶片小而薄，心状卵形；果枝上的叶片较大，革质，卵状椭圆形，全缘，先端钝。隐头花序长椭圆形；雄花生于孔口；雌花生于另一较大的隐头花序中。隐花果单生叶腋，长约5 cm，径约3 cm，果顶端平截，下部渐窄。花期5~6月，果期9~10月。
> **分布**：天目山常见种，攀缘于树体和墙石上。我国长江流域及其以南地区有分布。日本和朝鲜也有。> **用途**：瘦果可作凉粉食用；全株可入药。

67

珍珠莲
Ficus sarmentosa var. *henryi*

桑科 Moraceae
榕属 *Ficus*

> **识别要点**：常绿攀缘或匍匐状灌木。幼枝密被褐色长柔毛。叶片长椭圆形或长圆状披针形，先端长渐尖或尾尖，下面网脉隆起呈蜂窝状，密被褐色柔毛。隐头花序单生或成对腋生，近球形；雄花和瘿花生于同一隐头花序中。隐花果卵球形，顶端尖，径不及2 cm。花期4~5月，果期8月。> **分布**：见于禅源寺和一里亭等地，生于海拔550 m以下的山坡或山谷中。我国华东、华南及西南地区均有分布。> **用途**：瘦果可用于制作凉粉；根及藤可入药。

爬藤榕
Ficus sarmentosa var. *impressa*

桑科 Moraceae
榕属 *Ficus*

> **识别要点**：常绿攀缘灌木。枝光滑。叶片披针形或椭圆状披针形，先端渐尖或长尖，下面粉绿色，网脉稍隆起，构成不显著的小凹点。隐头花序成对腋生、单生或簇生；雄花和瘿花生于同一隐头花序中。隐花果单生或成对腋生，球形，径不及2 cm。花期4月，果期7月。> **分布**：见于大有村、禅源寺和三里亭等地，生于海拔600 m以下的山坡林中或路旁。我国华东、华南和西南地区有分布。尼泊尔也有。> **用途**：茎皮纤维可造纸等；根及茎可入药。

葎草
（拉拉藤）
Humulus scandens

桑科 Moraceae
葎草属 *Humulus*

> **识别要点**：一年生或多年生缠绕草本，雌雄异株。茎、枝和叶柄有倒生皮刺。叶片纸质，掌状5深裂，边缘有粗锯齿。花序圆锥状；雄花小；雌花排列成近圆形的穗状花序，每2朵花有1卵形苞片，具白刺毛和黄色小腺点。瘦果淡黄色，扁圆形。花果期8~9月。> **分布**：天目山常见种，生于低海拔的路边草丛、荒地或垃圾堆上。除新疆和青海，我国各地均有分布。朝鲜和日本亦有。> **用途**：茎皮纤维可代麻用；全草可入药。

柘
（柘树）
Maclura tricuspidata

桑科 Moraceae
柘属 *Maclura*

> **识别要点**：落叶灌木或小乔木，雌雄异株。树皮呈不规则薄片状剥落；枝有硬刺。叶片卵形或倒卵形，全缘或3裂，幼时两面有毛，老时仅下面沿主脉上有细毛。花排列成头状花序，单生或成对腋生。聚花果近球形，红色。花期6月，果期9~10月。> **分布**：见于大有村和武山村等地，生于海拔700 m以下的山谷林缘、沟谷石隙或路边灌丛。我国黄河流域及其以南地区均有分布。朝鲜也有。> **用途**：茎皮纤维供造纸；叶可饲蚕；果可食用。

69

桑
Morus alba

桑科 Moraceae
桑属 *Morus*

> **识别要点**：落叶乔木，雌雄异株。树皮浅纵裂。叶片卵形，边缘有粗锯齿，常不裂，稀缺裂，上面有光泽，下面脉腋有簇毛；托叶披针形。雌蕊无花柱。聚花果熟后黑紫色或白色；小果为瘦果，外被肉质花萼。花期4~5月，果期5~6月。> **分布**：见于山麓农家。我国各地均有分布。朝鲜、日本和蒙古以及欧洲亦有。> **用途**：叶可饲蚕；果可食用；全株可入药。

华桑
Morus cathayana

桑科 Moraceae
桑属 *Morus*

> **识别要点**：落叶小乔木。树皮平滑，小枝被短柔毛。叶片卵形至宽卵形，边缘有钝锯齿，上面疏生刚毛，下面密被柔毛；叶柄密被柔毛。雄花序萼片被灰色或黄褐色短毛；雌花序总花梗被毛。聚花果长2~3 cm，白色、红色或黑色。花期4月，果期6月。>**分布**：见于里曲湾、西关和东关等地，生于山谷林下或山地沟旁。我国中部、西部以及东部地区有分布。>**用途**：强抗旱固沙树种。

野线麻
（大叶苎麻）
Boehmeria japonica

荨麻科 Urticaceae
苎麻属 *Boehmeria*

> **识别要点**：亚灌木。茎幼时密被白色短伏毛。叶对生，卵形或近卵形，大，厚纸质，先端尾尖，基部宽楔形或近圆形，边缘中上部牙齿长1~2 cm，上部牙齿比下部牙齿长3~5倍；托叶长三角形或三角状披针形。团伞花序集成长穗状，有时分枝。瘦果狭倒卵形，具白色细毛。花期6~9月，果期7~11月。>**分布**：天目山常见种，生于海拔260~1200 m的山坡林地和林缘路旁。我国黄河流域以南地区有分布。日本亦有。>**用途**：茎皮纤维可代麻用；叶可入药。

苎麻
Boehmeria nivea

荨麻科 Urticaceae
苎麻属 *Boehmeria*

> **识别要点**：亚灌木。茎丛生，圆柱形，密被开展的硬毛和近伏贴的短毛。叶互生，卵形或宽卵形，基部近截形或宽楔形，具三角状粗锯齿，下面密被白色毡毛；叶柄密被开展的硬毛和近伏贴的短毛；托叶离生。团伞花序圆锥状，主轴无叶。瘦果椭圆形，为宿存花被全包。花期7~9月，果期8~11月。> **分布**：见于禅源寺等地。我国长江流域及其以南地区有分布。日本、印度及东南亚等地亦有。> **用途**：上品麻类植物；根和叶可入药。

悬铃叶苎麻
Boehmeria tricuspis

荨麻科 Urticaceae
苎麻属 *Boehmeria*

> **识别要点**：亚灌木。茎直立，丛生。叶对生，卵形或近卵形，大，厚纸质，先端3齿裂，中间骤尖或尾尖，似龟尾尖，基部截形或浅心形，边缘中上部牙齿长1~2 cm，上部牙齿比下部牙齿长3~5倍；托叶卵状披针形。团伞花序组成腋生穗状花序。瘦果倒卵形。花期6~9月，果期8~11月。> **分布**：天目山常见种，生于海拔350~1200 m的山坡林地和林缘路旁。我国黄河流域及其以南地区均有分布。日本和朝鲜亦有。> **用途**：茎皮纤维可代麻用；根和叶可入药。

庐山楼梯草
Elatostema stewardii

荨麻科 Urticaceae
楼梯草属 *Elatostema*

> **识别要点：** 多年生草本，雌雄异株。茎肉质，近透明，上面具1凹槽和2棱，常具紫褐色珠芽。叶互生，斜椭圆形或斜倒卵形，近中部以上始有粗锯齿，密生细线状钟乳体；无叶柄。雌花序无花序梗。瘦果狭卵形，纵肋不明显。花期7~8月，果期8~9月。> **分布：** 见于禅源寺、后山门和红庙等地，生于海拔330~1200 m的山坡林下和沟谷溪旁。我国黄河流域及其以南地区有分布。> **用途：** 全草可入药，名白龙骨。

大蝎子草
（浙江蝎子草）
Girardinia diversifolia

荨麻科 Urticaceae
蝎子草属 *Girardinia*

> **识别要点：** 多年生草本。茎直立，具白色斑点；茎与叶柄均生白色短伏毛和尖锐的刺状螫毛。叶片宽卵形至扁圆形，边缘有粗大锯齿，顶端常3中裂至深裂，两面有硬毛和螫毛；叶柄紫褐色。穗状圆锥花序腋生。瘦果卵形或近圆形，褐色，具深褐色疣状突起。花期7~10月，果期8~11月。> **分布：** 见于天目村、禅源寺和雨华亭等地，生于海拔260~1090 m的林下林缘地带。我国江西、浙江有分布。> **用途：** 茎皮纤维可供纺织；根可入药；螫毛有毒。

糯米团
Gonostegia hirta

荨麻科 Urticaceae
糯米团属 *Gonostegia*

> **识别要点**：多年生草本。茎匍匐或斜升，通常具分枝，生白色短柔毛。叶对生，卵形或卵状披针形，全缘，表面密生点状钟乳体并散生细柔毛，下面沿叶脉生柔毛。花淡绿色，簇生于叶腋。瘦果三角状卵形，黑色，有纵肋，先端锐尖，完全为花被筒所包。花期5~8月，果期7~10月。> **分布**：见于太子庵和禅源寺等地，生于海拔300~1200 m的山坡林下。我国黄河流域及其以南地区有分布。亚洲热带、亚热带地区及澳大利亚亦有。> **用途**：全草可入药。

花点草
Nanocnide japonica

荨麻科 Urticaceae
花点草属 *Nanocnide*

> **识别要点**：多年生小草本。茎常直立，下部匍匐，被向上短伏毛。叶互生，近三角形或菱状卵形，边缘具粗钝圆锯齿，表面疏生长柔毛和钟乳体，背面疏生毛。雄花序生于枝梢叶腋，长于叶；雄花紫红色或淡紫红色；雌花序密集成聚伞花序。瘦果卵形，有点状突起。花期4~5月，果期5~6月。
> **分布**：见于禅源寺和三里亭等地，生于山坡阴湿草丛中或溪沟边。我国黄河流域以南地区有分布。日本和朝鲜亦有。
> **用途**：全草可入药。

短叶赤车
Pellionia brevifolia

荨麻科 Urticaceae
赤车属 *Pellionia*

> **识别要点**：多年生草本。根状茎匍匐，横走。叶片斜椭圆形，基部极不对称，上侧圆形，下侧近心形，边缘自基部以上有浅圆锯齿，近离基三出脉；叶柄短。花单性异株，雄花序聚伞状，雌花序为团伞花序。瘦果小，椭圆形。花果期5~10月。> **分布**：见于五里亭，生于林下阴湿处。我国长江流域以南地区有分布。日本也有。> **用途**：全草入药。

长柄冷水花
Pilea angulata subsp. *petiolaris*

荨麻科 Urticaceae
冷水花属 *Pilea*

> **识别要点**：多年生草本，雌雄异株，稀同株。根状茎横走；茎明显具棱，节间有1部位显著膨胀。同对叶片近等大，膜质，卵状椭圆形至宽卵形，边缘具粗锯齿，有时为重锯齿，上面散生硬毛。雄花序聚伞总状；雌花序较短而密。瘦果圆卵形，稍偏斜，具短刺状突起物。花期8~9月，果期10~11月。> **分布**：常见于画眉山庄和黄坞里等地，生于海拔300~1100 m的山坡林下。我国长江流域及其以南地区有分布。日本亦有。> **用途**：全草可入药。

小叶冷水花
Pilea microphylla

荨麻科 Urticaceae
冷水花属 *Pilea*

>**识别要点：** 一年生铺散草本。茎无棱，光滑，常高10 cm，稍肉质，节间各部不膨胀。同对叶片不等大，倒卵状椭圆形或匙形，小，全缘，基部楔形，先端钝，钟乳体线形，在上面横向密布，下面仅疏生于中脉两侧；叶脉羽状。聚伞花序小；雄花被片和雄蕊4。瘦果卵形。花果期8~11月。>**分布：** 见于天目山庄等地，为逸生种，生于海拔400 m的路旁石隙中。原产南美洲热带。我国华东低海拔地区广泛逸生。>**用途：** 栽培观赏植物，有"礼花草"之美誉。

75

透茎冷水花
Pilea pumila

荨麻科 Urticaceae
冷水花属 *Pilea*

>**识别要点：** 一年生多汁液草本，雌雄同株或异株。茎无棱，光滑，粗壮，肉质，鲜时透明，节间各部不膨胀。同对叶片近等大，菱状卵形或宽卵形，边缘具粗锯齿，基部宽楔形，先端渐尖或微钝，两面散生狭条状钟乳体。蝎尾状聚伞花序短而紧密；雄花被片和雄蕊2，稀3~4。瘦果扁卵形，具锈色斑点。花期7~9月，果期8~11月。>**分布：** 天目山常见种，生于海拔300 m以上的沟谷林下。除新疆、青海外，我国各地均有分布。日本、朝鲜和蒙古等国亦有。>**用途：** 根和茎可入药；茎可食用。

雾水葛
Pouzolzia zeylanica

荨麻科 Urticaceae
雾水葛属 *Pouzolzia*

> **识别要点**：多年生草本。茎直立或斜升。叶对生或茎上部的互生，卵形或宽卵形，全缘，两面生粗伏毛，下面尤密，上面密生点状钟乳体；托叶早落。团伞花序腋生；雌雄花生于同一花序。瘦果卵形，黑色，有光泽。花期7~9月，果期8~11月。
> **分布**：见于天目村、太子庵和禅源寺等地，生于海拔550 m以下的潮湿山麓林缘。我国长江流域及其以南地区有分布。亚洲热带地区广布，澳大利亚亦有。> **用途**：全草可入药。

青皮木
Schoepfia jasminodora

铁青树科 Olacaceae
青皮木属 *Schoepfia*

> **识别要点**：落叶小乔木。树皮灰白色。叶片纸质，卵形或卵状披针形，全缘，无毛，上面叶脉近基部常带紫褐色；叶柄淡红色。聚伞花序；花无柄；花冠淡黄色或白色，钟状，内面近花药处有一束糙毛。核果椭圆形，成熟时由绿变黄再红或紫黑。花期4~5月，果期5~7月。> **分布**：见于黄坞、四面峰和横塘等地，生于海拔1100 m以下的低山丘陵和向阳山坡。我国长江流域以南地区均有分布。日本亦有。> **用途**：观赏树种。

百蕊草
Thesium chinense

檀香科 Santalaceae
百蕊草属 *Thesium*

> **识别要点**：半寄生多年生草本。茎直立。根上有吸器，常寄生于其他植物的根上。叶互生，线形或鳞片状，全缘，无毛。花小，淡绿色，两性，单生于叶腋或2歧分枝的聚伞花序；子房下位，有胚珠2~3。核果或小坚果，球形或椭圆形。花期4月，果期5~6月。> **分布**：见于大有村和禅源寺等地，生于海拔1000 m以下的山坡旷地。除西北地区以外，我国各地均有分布。朝鲜、日本和俄罗斯亦有。> **用途**：全草可入药。

槲寄生
Viscum coloratum

桑寄生科 Loranthaceae
槲寄生属 *Viscum*

> **识别要点**：常绿半寄生小灌木，雌雄异株。茎枝圆柱状，黄绿色，稍带肉质，常有明显的节，在节上呈二、三叉状分枝。叶对生，革质，倒披针形，有光泽，生于枝顶；无叶柄。花黄色；雄花被4裂；雌花被钟形，与子房合生。浆果球形，熟时橙红色。花期4~8月，果期翌年2月。> **分布**：见于大有村和鲍家村等地，寄生于枫杨、枫香、苦槠和青冈等枝上。我国华东、华中、华北、西北和东北地区均有分布。朝鲜、日本和俄罗斯亦有。> **用途**：全株可入药。

马兜铃
Aristolochia debilis

马兜铃科 Aristolochiaceae
马兜铃属 *Aristolochia*

> **识别要点**：多年生缠绕草本。全株无毛。根细长，在土下延伸，到处生苗。叶片三角状椭圆形或卵状披针形或卵形，具小尖头，基部心形，两侧常突然外展呈圆耳。花单生叶腋；花被管状或喇叭状，缘部卵状披针形，全缘。蒴果近球形，6瓣裂；种子扁平三角状，边缘有灰白色宽翅。花期6~7月，果期9~10月。> **分布**：见于禅源寺和一里亭等地，生于山坡路边灌丛。我国黄河以南地区均有分布。日本亦有。> **用途**：根、茎和果可入药。

杜衡
Asarum forbesii

马兜铃科 Aristolochiaceae
细辛属 *Asarum*

> **识别要点**：多年生草本。根状茎短。须根肉质，微辛辣味。茎端生1~2叶，叶片宽心形至肾状心形，长宽近相等，顶端钝或圆，基部心形，表面深绿色，杂有白色斑。单花，腋生，花被管钟状，顶端3裂，内面暗紫色，具突起网格；花丝极短。蒴果肉质；有多数黑褐色种子。花期3~4月，果期5~6月。
> **分布**：见于火焰山脚和黄坞等地，生于海拔500 m以下的山坡林下阴湿处。我国长江流域均有分布。> **用途**：全草可入药。

细辛

Asarum sieboldii

马兜铃科 Aristolochiaceae
细辛属 *Asarum*

> **识别要点**：多年生草本。根状茎短。须根肉质，极辛辣，有麻舌感。茎端生1~2叶，叶片肾状心形，长宽近相等，顶端短渐尖，基部深心形，边缘有粗糙刺毛。单花，腋生，花被管钟状，内侧仅具多数纵褶；花丝一般长于花药。蒴果肉质，近球形。花期4~5月，果期5~6月。> **分布**：见于横塘、西关和东关等地，生于海拔1300 m以下的山坡林下阴湿处。我国长江和黄河流域均有分布。日本亦有。> **用途**：全草可入药。

金线草

Antenoron filiforme

蓼科 Polygonaceae
金线草属 *Antenoron*

> **识别要点**：多年生草本。全株被粗伏毛。根状茎粗短，结节状。茎直立，上部具细沟纹，节稍膨大。叶片椭圆形或倒卵形，上面中央有"八"字形墨迹斑，先端渐尖或急尖。花深红色，2~3朵生于苞腋内，疏生成长穗状花序；苞片斜漏斗形。瘦果卵形，双凸镜状，褐色。花期9~10月，果期9~10月。> **分布**：见于黄坞和禅源寺等地，生于海拔1300 m以下的山地阴湿处。我国华东、华中以及西北地区均有分布。朝鲜、日本和越南亦有。> **用途**：全草可入药。

金荞麦
（野荞麦）

Fagopyrum dibotrys

蓼科 Polygonaceae
荞麦属 *Fagopyrum*

> **识别要点**：多年生草本，全株光滑。根状茎坚硬，结节状。茎直立，中空。叶片宽三角形或卵状三角形，先端渐尖或尾尖，基部心状戟形，边缘及两面具乳头状突起。总状花序顶生或腋生，再组成伞房状；苞片近中部处具关节；花被白色；雄蕊比花被短。瘦果卵状三角形。花期5~8月，果期9~10月。> **分布**：见于天目村和禅源寺等地，生于山坡荒地和水沟石坎边。我国华东、华中、西南及西北地区有分布。印度、越南和泰国等地亦有。> **用途**：根状茎可入药；国家Ⅱ级重点保护野生植物。

荞麦

Fagopyrum esculentum

蓼科 Polygonaceae
荞麦属 *Fagopyrum*

> **识别要点**：一年生草本。茎直立，中空，无毛或沿一侧纵棱具乳头状突起。叶片三角形或卵状三角形，先端渐尖，基部心形或戟形，边缘及两面具乳头状突起。花簇密集，总状花序顶生或腋生；花被白色或淡红色；雄蕊比花被短；花药淡红色。瘦果卵状三角形。花期5~9月，果期7~11月。
> **分布**：见于山麓农家，广泛栽培，偶有逸生。原产中亚。我国南北各地均有栽培。> **用途**：蜜源植物；种子可食用；全草入药。

何首乌
Fallopia multiflora

蓼科 Polygonaceae
何首乌属 *Fallopia*

> **识别要点**：多年生缠绕草本，全株无毛。块根纺锤状，肥大不整齐。茎细长，中空，具沟纹，基部木质化。叶片狭卵形至心形，先端急尖或长渐尖，基部心形，边缘略呈波状，两面粗糙。圆锥花序大而开展，顶生或腋生；花被白色。瘦果藏于翼状花被内。花期8~10月，果期10~11月。> **分布**：见于天目村和坞子岭等地，生于海拔200~650 m的阴湿处，缠绕于墙、岩石及树木上。我国华中、华南以及西部地区有分布。日本亦有。> **用途**：块根可入药。

萹蓄
Polygonum aviculare

蓼科 Polygonaceae
萹蓄属 *Polygonum*

> **识别要点**：一年生草本。全株无毛。茎自基部分枝，具沟纹。叶片长圆状倒披针形、线状披针形或线形，基部具关节；托叶鞘有明显脉纹，2裂，以后撕裂。花单生或数朵簇生于叶腋。瘦果卵状三棱形，具线纹状细点，稍伸出于宿存花被外。花果期4~11月。
> **分布**：见于天目村和禅源寺等地，生于溪边路旁和荒田杂草丛中。我国各地均有分布。北温带广布。
> **用途**：全草可入药；可作农药。

蓼子草
Polygonum criopolitanum

蓼科 Polygonaceae
萹蓄属 *Polygonum*

>**识别要点**：一年生草本。茎平卧，丛生，节上生根。叶片狭披针形或披针形，上面近无毛，下面脉上有长缘毛，有时杂有腺毛并有白色小点，基部具关节，边缘具腺毛。花10余朵集生成头状花序，顶生，淡紫色；花药紫色；柱头上部2裂。瘦果双凸镜形。花果期10~11月。>**分布**：见于武山村和一都村等地，生于溪边以及潮湿荒草地。我国黄河流域以南地区均有分布。>**用途**：全草可入药。

酸模叶蓼
Polygonum lapathifolium

蓼科 Polygonaceae
萹蓄属 *Polygonum*

>**识别要点**：一年生草本。茎较粗壮，直立，表面常有红紫色斑点。叶片披针形至长圆状椭圆形，上面疏被短伏毛并有暗斑，下面有腺点，边缘及中脉常具伏贴硬糙毛；托叶鞘顶端截形，具缘毛。总状花序呈穗状，花排列紧密；总花梗具腺体；苞片斜漏斗状，内有花数朵；花被粉红色或绿白色，常4深裂。瘦果宽卵形双凸镜状。花果期4~11月。>**分布**：见于禅源寺和千亩田，生于荒田、水田、沟边、沼泽或浅水中。我国各地均有分布。日本、蒙古和印度以及欧洲等地亦有。>**用途**：新鲜茎叶可作农药。

长鬃蓼
Polygonum longisetum

蓼科 Polygonaceae
萹蓄属 *Polygonum*

> **识别要点**：一年生草本。茎自基部分枝，无毛。叶片披针形或长圆状披针形，基部楔形，下面中脉伏生小糙毛，边缘具缘毛；托叶鞘顶端截形，具缘毛。穗状花序较粗壮，顶生或腋生，在下部稍间断；苞片斜漏斗状，内有花3~6；花被粉红色、紫红色或白色。瘦果三棱形。花果期5~10月。
> **分布**：见于天目村和武山村等地，生于海拔1100 m以下的溪沟边。我国华东、华中、华南、华北、东北以及西部地区均有分布。日本和印度等国亦有。> **用途**：可作绿肥。

83

尼泊尔蓼
Polygonum nepalense

蓼科 Polygonaceae
萹蓄属 *Polygonum*

> **识别要点**：一年生草本。茎细弱上升，自基部多分枝，无毛或节上有腺毛。茎下部叶片卵形或三角状卵形，基部截形或圆形，沿叶柄下延呈翅状或耳垂形抱茎，边缘微波状，上面无毛，下面常生黄色腺点；上部叶较小。头状花序顶生或腋生；总苞叶状；苞片内有花1；花被淡紫色或白色。瘦果卵圆形，双凸镜状，熟时有线纹及凹点。花期4~11月，果期4~11月。
> **分布**：见于里曲湾和五里亭等地。生于海拔1400 m以下的山坡疏地和林下阴湿处。除新疆外，我国各地均有分布。东亚、南亚及非洲亦有分布。> **用途**：全草入药；可作饲料。

红蓼
(荭蓼)
Polygonum orientale

蓼科 Polygonaceae
萹蓄属 *Polygonum*

>**识别要点**：一年生草本。茎直立，上部多分枝，密被长软毛。叶片宽椭圆形，稀圆形或卵状披针形；托叶鞘顶端截形，具缘毛和草质绿色翅。穗状花序粗壮，顶生或腋生，稍下垂，通常数个聚成圆锥状；花被粉红色，5深裂。瘦果扁圆形。花期6~7月，果期7~9月。>**分布**：见于月亮桥村和武山村等地，生于山坡溪边或荒田湿地。除西藏外，我国各地区均有分布。日本、俄罗斯和印度以及欧洲等地亦有。>**用途**：全草可入药，有小毒；茎叶可作土农药。

杠板归
Polygonum perfoliatum

蓼科 Polygonaceae
萹蓄属 *Polygonum*

>**识别要点**：一年生草本。茎、叶柄及叶片下面脉上常具倒生皮刺。茎细长，多分枝，具四棱，棱上生倒钩刺，基部木质化。叶片三角形；叶柄盾状着生；托叶鞘穿茎，绿色叶状，近圆形。穗状花序短；花被白色或粉红色，果时增大，肉质，深蓝色。瘦果圆球形。花果期6~11月。>**分布**：见于大有村和武山村等地，生于海拔700 m以下的沟边路旁。我国各地均有分布。朝鲜、日本和俄罗斯亦有。>**用途**：全草可入药。

丛枝蓼
Polygonum posumbu

蓼科 Polygonaceae
萹蓄属 *Polygonum*

> **识别要点**：一年生草本。茎细弱，基部常伏卧，斜上升。叶片纸质，卵形或卵状披针形，先端尾尖，基部楔形至圆形；托叶鞘筒状，顶端截形。穗状花序常细弱，线形，单生或分枝，花簇常间断；花被红色。瘦果卵状三棱形。花果期8~11月。> **分布**：天目山常见种，生于较阴湿的林下草丛或山坡路旁。我国华东、华中、华南以及西南等地均有分布。朝鲜、日本和印度等国亦有。> **用途**：全草入药。

赤胫散
Polygonum runcinatum var. *sinense*

蓼科 Polygonaceae
萹蓄属 *Polygonum*

> **识别要点**：多年生草本。根状茎细长；茎单一或略有分枝，具纵棱，略带紫红色。叶片卵形或三角状卵形，全缘，密生短刺毛，深内陷成翅状并具一对小耳状裂片，上面疏生短刺毛；叶柄基部两侧各有1耳状片。头状花序紧密，常数个顶生；总花梗具腺毛。瘦果卵圆形，不明显3棱，有细点。花期5~8月，果期6~10月。> **分布**：见于禅源寺和开山老殿，生于海拔350~1400 m的沟边林下。我国华中、华北以及西部地区有分布。印度、菲律宾和印度尼西亚亦有。> **用途**：全草可入药。

戟叶蓼
Polygonum thunbergii

蓼科 Polygonaceae
萹蓄属 *Polygonum*

> **识别要点**：一年生蔓性草本。茎具4棱和倒生小钩刺。叶片三角状戟形，中央裂片卵形，两侧具宽而短的裂片，凹口呈圆形，两面密生糙毛，上面有墨斑；叶柄具倒生皮刺，常具狭翅；托叶鞘常有一圈向外反卷的绿色叶状边缘。头状花序集成聚伞状；总花梗和苞片被刺毛。瘦果卵状三角形。花果期8～10月。> **分布**：见于禅源寺和开山老殿等地，生于溪边沟旁。我国东北、华北、华东、华中、华南以及西南地区均有分布。朝鲜、日本和俄罗斯亦有。> **用途**：全草可入药。

虎杖
Reynoutria japonica

蓼科 Polygonaceae
虎杖属 *Reynoutria*

> **识别要点**：多年生草本或呈半灌木状。全株无毛，雌雄异株。地下有横走木质根状茎。茎直立，粗壮，具小突起，散生红色或紫色斑点，节间中空。叶片宽卵形或近圆形，具小突起，下面有褐色腺点。圆锥花序；雌花花被在果时增大。瘦果卵状三棱形，全包于翼状扩大花被内。花期7～9月，果期9～10月。> **分布**：天目山常见种，生于海拔1200 m以下的溪边沟旁。我国华北、华东、华中、华南以及西南地区均有分布。朝鲜和日本亦有。> **用途**：根状茎可入药；全草可作农药；嫩茎及叶可食。

齿果酸模
Rumex dentatus

蓼科 Polygonaceae
酸模属 *Rumex*

> **识别要点：** 一年生草本。全株无毛。茎分枝纤细，具沟纹。基生叶狭长圆形或宽披针形；茎生叶渐小。花黄绿色，疏轮状排列成圆锥花序，花轮夹有叶，顶生或腋生；内轮花被片果时具针状牙齿。瘦果卵形。花期5~6月，果期6~10月。
> **分布：** 见于海拔较低处，生于沟边路旁。我国华东、华北、华中、西南及西北地区均有分布。印度、尼泊尔和阿富汗等地也有。> **用途：** 根和叶可入药；亦可作农药。

厚皮菜
Beta vulgaris var. *cicla*

藜科 Chenopodiaceae
甜菜属 *Beta*

> **识别要点：** 一年或二年生草本植物，全株无毛，肉质。茎粗壮。根生叶莲座状，长椭圆形或卵圆形，全缘或波状；茎生叶较小，菱形或卵形；最上面的叶片为线形苞片叶；叶脉粗大，有时紫红色；叶柄长，肥宽多汁。花小，黄绿色，穗状花序或圆锥花序，顶生或腋生，结合为球形。果聚生；种子藏于花盘及花被形成的硬壳内。花期2~5月，果期7月。
> **分布：** 见于山麓农家。我国南方地区均有栽培。欧洲和中亚亦有。> **用途：** 叶作蔬菜；茎叶可入药；全草可作饲料。

藜

Chenopodium album

藜科 Chenopodiaceae
藜属 *Chenopodium*

> **识别要点**：一年生草本。茎直立，粗壮，多分枝。叶片三角状卵形或菱状卵形，上部叶片常呈披针形，边缘具不整齐锯齿或浅齿，两面被白色粉粒，尤以下面和幼时为多。花黄绿色，排列成圆锥花序；花被片有粉粒。胞果全包于宿存花被内；种子双凸镜状，表面具浅沟纹。花期6~9月，果期8~10月。> **分布**：见于山麓农家，生于荒地林缘。我国各地均有分布。世界广布种。> **用途**：嫩茎叶可食或作饲料；全草可入药。

小藜

Chenopodium ficifolium

藜科 Chenopodiaceae
藜属 *Chenopodium*

> **识别要点**：一年生草本。茎直立。叶片卵状长圆形，下部叶片明显3浅裂，中裂片较长，两侧边缘近平行，边缘具深波状锯齿；上部叶片渐小，狭长。花排列成穗状或圆锥花序。胞果包于宿存花被内；种子双凸镜状，表面具蜂窝状网纹。花期6~8月，果期8~9月。> **分布**：见于天目村和画眉山庄等地，生于田间沟边。除西藏外，我国各地均有分布。欧洲、日本和俄罗斯亦有。
> **用途**：嫩茎叶可作饲料；全草可入药。

杖藜
Chenopodium giganteum

藜科 Chenopodiaceae
藜属 *Chenopodium*

>**识别要点：** 一年生草本。茎直立，粗壮，多分枝。叶片三角状卵形或菱状卵形，上部叶片常呈披针形，边缘具不整齐锯齿或全缘，枝顶幼叶密被红色粉粒，成长后渐变绿色。花排列成圆锥花序；花被片有粉粒。胞果全包于宿存花被内；种子双凸镜状，表面具浅沟纹。花期6~9月，果期8~10月。
>**分布：** 见于山麓农家，生于荒地林缘，可能为逸生种。我国多地有分布。世界广布种。>**用途：** 嫩茎叶可食或作饲料；茎杆可作手杖。

细穗藜
Chenopodium gracilispicum

藜科 Chenopodiaceae
藜属 *Chenopodium*

>**识别要点：** 一年生草本。全株光滑无毛。茎直立，上部有稀疏细瘦分枝。叶片菱状卵形至卵形，全缘，两面有粉点。花稀疏，排列成细瘦穗状圆锥花序；花被裂片狭倒卵形至条形，被粉粒。胞果不全包于宿存花被内；种子具明显洼点。花期6~8月，果期8~10月。>**分布：** 见于红庙和西关等地，生于山坡阔叶林下及林缘草丛中。我国黄河流域以南地区均有分布。>**用途：** 全草可入药。

土荆芥
Dysphania ambrosioides

藜科 Chenopodiaceae
腺毛藜属 *Dysphania*

> **识别要点**：一年生草本，全株有芳香气味。茎直立，分枝纤弱，被腺毛或柔毛。叶片长圆状披针形至披针形，边缘具不整齐的大锯齿，上部叶片较狭小而近全缘，下面散生黄褐色腺点，沿脉疏生柔毛。穗状花序腋生；子房表面具黄色腺点。胞果扁球形，包于宿存花被内；种子红褐色。花果期6~10月。> **分布**：见于天目村和画眉山庄等地，生于村旁旷野。我国长江流域以南地区有分布，北方常有栽培。世界热带至温带地区亦有。> **用途**：全草可入药；植株含土荆芥油，可驱虫。

地肤
Kochia scoparia

藜科 Chenopodiaceae
地肤属 *Kochia*

> **识别要点**：一年生草本。茎直立，多分枝，幼时被短柔毛。叶片披针形或线状披针形，具3条明显主脉，边缘疏生锈色绢状毛；茎上部叶较小，无柄，具1脉。花1~3朵生于叶腋，排成穗状圆锥花序；花被片近三角形，5裂，下部联合，果时具膜质、三角形至倒卵形的翅状附属物。胞果扁球形，包于花被内。花期7~9月，果期8~10月。> **分布**：见于大有村和禅源寺等地，生于荒野路边。我国各地均有分布。亚洲和欧洲亦有。> **用途**：种子"地肤子"为常用中药；嫩茎叶可作蔬菜。

牛膝
Achyranthes bidentata

苋科 Amaranthaceae
牛膝属 *Achyranthes*

> **识别要点**：多年生草本。茎四棱形，节膨大。叶片卵形、椭圆形或椭圆状披针形，先端锐尖至尾尖，两面被柔毛。穗状花序腋生或顶生，绿色；花在后期反折；花被片仅具1中脉；苞片宽卵形，小苞片刺状，基部两侧各有1卵形膜质小裂片；退化雄蕊顶端钝圆，较花丝短。胞果长圆形，黄褐色。花期7~9月，果期9~11月。> **分布**：天目山常见种，生于山坡疏林下及路旁阴湿处。我国黄河流域以南地区有分布。越南、俄罗斯和非洲等地亦有。> **用途**：根可入药；根茎叶含蜕皮激素。

喜旱莲子草
（水花生）
Alternanthera philoxeroides

苋科 Amaranthaceae
莲子草属 *Alternanthera*

> **识别要点**：多年生草本。茎基部匍匐，节上生细根，上部斜升，中空，分枝。叶对生，叶片长圆形、长圆状倒卵形或倒卵状披针形，全缘，上面有贴生毛，边缘有睫毛。头状花序单生于叶腋；总花梗长1~5.5 cm；小苞片披针形；花被片白色。胞果卵圆形。花果期5~9月。> **分布**：天目山常见种，生于低海拔潮湿处。我国长江流域及其以南地区均有分布。原产巴西，现为外来入侵种。> **用途**：全草可作猪饲料或绿肥；全草可入药。

莲子草
Alternanthera sessilis

苋科 Amaranthaceae
莲子草属 *Alternanthera*

> **识别要点**：多年生草本。茎匍匐或上升，中空，分枝，节间有2列白色柔毛，节部密被白色长柔毛。叶片椭圆状披针形或倒卵状长圆形，全缘或有不明显锯齿，两面无毛或疏生柔毛。头状花序1~4个簇生叶腋；无花序梗。胞果宽倒心形，侧扁，边缘有狭翅。花期6~9月，果期8~10月。> **分布**：见于天目村和一里亭等地，生于水沟、田埂及水湿处。我国长江流域及其以南地区均有分布。印度、缅甸和菲律宾等地亦有。> **用途**：全草可入药；嫩叶可作野菜或饲料。

凹头苋
Amaranthus blitum

苋科 Amaranthaceae
苋属 *Amaranthus*

> **识别要点**：一年生草本，全株无毛。茎伏卧而上升，淡绿色或紫红色。叶片卵形或菱状卵形，先端常具凹缺或微2裂，具芒尖，全缘或稍呈波状。花簇腋生，单性或杂性，生在茎端或枝端者呈直立穗状花序或圆锥花序；花被片3，黄绿色；雄蕊3。胞果扁卵形，不裂。花期6~8月，果期8~10月。> **分布**：见于山麓农家，生于田野菜圃。我国黄河流域以南及东北地区均有分布。日本、朝鲜、欧洲及南美也有。
> **用途**：嫩茎叶可作野菜或饲料；全草可入药。

刺苋
Amaranthus spinosus

苋科 Amaranthaceae
苋属 *Amaranthus*

> **识别要点**：一年生草本。茎直立，多分枝。叶片菱状卵形或卵状披针形，先端钝或稍凹入而有小芒刺，全缘；叶柄基部两侧有1对硬刺。雄花呈腋生穗状花序或在枝顶集成圆锥状，雌花簇生于叶腋或穗状花序的下部；苞片常成尖刺状。胞果长圆形，盖裂。花果期6~10月。> **分布**：见于天目村和禅源寺等地，生于田野荒地。我国华东、华南、华中和西南等地区均有分布。日本、印度及美洲等地亦有。> **用途**：嫩茎叶可作野菜或饲料；全草可入药。

青葙
Celosia argentea

苋科 Amaranthaceae
青葙属 *Celosia*

> **识别要点**：一年生草本。全株无毛。茎直立，有条纹。叶片披针形至长圆状披针形，全缘，基部渐狭成柄。花多数，密集成顶生的塔形或圆柱形穗状花序，初开时淡红色，后变白色；花被片干膜质。胞果卵形，包于宿存花被内；种子扁球形，黑色，有光泽。花期6~9月，果期8~10月。> **分布**：见于天目村和禅源寺等地，生于低海拔山麓。除西北、东北外，我国各地均有分布。亚洲和非洲热带地区也有。> **用途**：全草可入药；嫩茎叶可作野菜或饲料。

鸡冠花

Celosia cristata

苋科 Amaranthaceae
青葙属 *Celosia*

> **识别要点**：一年生草本。全株无毛。茎直立，粗壮，有纵棱。叶片卵形至披针形，基部渐狭成柄。穗状花序顶生，呈扁平肉质鸡冠状，有时为卷冠状或羽毛状，一个大花序下部常有数个小分枝；苞片、小苞片和花被片红色、紫色、黄色或杂色，干膜质，宿存。胞果卵形，包于宿存花被内；种子扁球形。花果期7~10月。> **分布**：见于天目村和太子庵等地。我国各地均有栽培。原产印度，现广布世界温暖地区。
> **用途**：庭园观赏植物；种子和花序可入药。

紫茉莉

Mirabilis jalapa

紫茉莉科 Nyctaginaceae
紫茉莉属 *Mirabilis*

> **识别要点**：一年生或多年生草本。根倒圆锥形。茎直立，多分枝，节稍膨大，无毛或疏生细柔毛。叶片卵形或卵状三角形，纸质，全缘，无毛。花常3~6朵聚伞状簇生于枝端；萼状苞片先端5深裂；花被红色、粉红色、白色或黄色。花于早晨或傍晚开放。瘦果卵形，黑色，有棱。花果期7~11月。
> **分布**：见于山麓农家，栽培或逸生。原产美洲热带，我国南北各地均有栽培，时有逸生。> **用途**：观赏植物；根和叶可入药。

心叶日中花
(露花)
Mesembryanthemum cordifolia

番杏科 Aizoaceae
日中花属 *Mesembryanthemum*

> **识别要点**：多年生草本。全株无毛，稍肉质。茎斜升；枝条铺散，具小乳头状突起。叶对生，心状卵形，有突尖头，全缘。花单一，顶生或侧生；花萼倒圆锥形，线形，基部连合；花瓣多数，红紫色，匙形。蒴果肉质，星状开裂成4瓣；种子多数。花期7~8月，果期8~10月。> **分布**：见于山麓农家。原产南非，我国南方地区常有栽培。> **用途**：盆栽观赏或花坛花卉。

粟米草
Mollugo stricta

番杏科 Aizoaceae
粟米草属 *Mollugo*

> **识别要点**：一年生草本。全株无毛。茎铺散，外倾。基生叶莲座状，叶片长圆状披针形至匙形；茎生叶3~5片成假轮生或对生，叶片披针形或线状披针形，基部渐狭成短柄。花黄褐色，排成顶生或与叶对生的二歧聚伞花序。蒴果近卵球形，3瓣裂；种子多数，具多数颗粒状突起。花果期7~9月。> **分布**：见于交口村和天目村等地，生于低海拔路旁旷地。我国长江流域及其以南地区有分布。日本、印度和斯里兰卡等地亦有。> **用途**：全草可入药。

垂序商陆
（美洲商陆）
Phytolacca americana

商陆科 Phytolaccaceae
商陆属 *Phytolacca*

>**识别要点**：多年生草本，高达1.5 m。根粗壮。茎直立，紫红色，多分枝。叶片卵状长椭圆形或长椭圆状披针形。总状花序顶生或与叶对生，弯垂，常比叶长，花序轴较细弱；花乳白色，微带红晕。浆果扁球形，熟时紫黑色。花果期6~10月。
>**分布**：见于低海拔山麓，多逸生于林缘路旁。我国华中、华南、华东、华北以及西南地区均有分布。原产北美，为外来入侵种。>**用途**：根可入药。

马齿苋
Portulaca oleracea

马齿苋科 Portulacaceae
马齿苋属 *Portulaca*

>**识别要点**：一年生草本，肉质多汁，全株无毛。茎多分枝，带紫色，常平卧或斜升。叶互生，有时近对生，肥厚多汁，倒卵形或楔状长圆形，中脉稍隆起；叶柄粗短。花3~5朵簇生于枝端，午时盛开。蒴果卵球形；种子黑色，表面具小疣状突起。花期5~8月，果期7~9月。>**分布**：见于大有村和禅源寺等地，生于低海拔园地及路旁。除高原地区外，我国各地均有分布。全球温带和热带地区广布。>**用途**：可作蔬菜；全草可入药。

牡丹马齿苋
Portulaca oleracea 'Wildfire'

马齿苋科 Portulacaceae
马齿苋属 *Portulaca*

>识别要点：一年或多年生肉质草本。茎细而圆，平卧或斜升，紫红色，基部常分枝。叶常互生，肉质而柔软，匙形；叶柄粗短。花单生或数朵簇生于枝端，花大，上午开放；花色有白、黄、红等。蒴果圆锥形；种子细小，扁圆形，黑色。花果期4~11月。>分布：见于山麓农家。为松叶牡丹与马齿苋的杂交种，我国各地均有栽培。>用途：观花植物。

土人参
Talinum paniculatum

马齿苋科 Portulacaceae
土人参属 *Talinum*

>识别要点：一年生至多年生草本，肉质，全株无毛。根圆锥形，分枝如人参。茎圆柱形，基部稍木质化。叶互生或近对生，叶片倒卵形或倒卵状长圆形，扁平，具短尖头，基部渐狭成柄。圆锥花序顶生或侧生，枝呈二叉状；花小，淡紫红色。蒴果近球形，黑色，具小腺点。花期6~8月，果期9~10月。>分布：见于禅源寺和山麓农家。原产美洲热带，我国河北以南各地均有栽培。>用途：根可入药；观赏植物。

球序卷耳
Cerastium glomeratum

石竹科 Caryophyllaceae
卷耳属 *Cerastium*

>**识别要点**：一年生草本，全株密被白色长柔毛。茎直立，丛生。下部叶片倒卵状匙形，基部渐狭成短柄，略抱茎；上部叶片卵形至长圆形，基部近无柄，全缘，两面密生柔毛。二歧聚伞花序簇生枝端，幼时密集成球状；萼片密生腺毛；花瓣5，白色。蒴果圆柱形，先端10齿裂。花期4月，果期5月。>**分布**：天目山常见种，生于低海拔路边草丛。我国华东地区和西藏西部均有分布。印度和俄罗斯亦有。>**用途**：全草可入药。

石竹
Dianthus chinensis

石竹科 Caryophyllaceae
石竹属 *Dianthus*

>**识别要点**：多年生草本。茎丛生，光滑无毛或被疏柔毛。叶片线形或线状披针形，基部渐狭成短鞘包围茎节，全缘或有细锯齿，有时具睫毛，具3脉，主脉明显。花红色、粉红色或白色等，单生或组成聚伞花序；花瓣倒三角形，边缘具不整齐浅锯齿，喉部有斑纹或疏生须毛；小苞片长约为萼筒的1/2或更长。蒴果圆筒形，熟时顶端4齿裂。花期5~7月，果期8~9月。>**分布**：见于山麓农家。原产我国，各地区广泛栽培。>**用途**：观赏花卉；全草可入药。

长萼瞿麦
Dianthus longicalyx

石竹科 Caryophyllaceae
石竹属 *Dianthus*

> **识别要点**：多年生草本。茎单一，直立，光滑无毛，上部二歧分枝。叶片线状披针形，基部渐狭成短鞘包围茎节，全缘。花淡紫红色，2~10朵集成顶生或腋生的聚伞花序；花萼绿色，萼筒长3~4 cm；花瓣倒三角形，上部深裂成线形小裂片，基部具长瓣柄。蒴果圆筒形。花期6~8月，果期8~9月。> **分布**：见于西坑、大镜坞和千亩田等地，生于山坡草丛或山地林中。我国各地区均有分布。日本、朝鲜亦有。
> **用途**：观赏花卉。

99

剪红纱花
Lychnis senno

石竹科 Caryophyllaceae
剪秋罗属 *Lychnis*

> **识别要点**：多年生草本，全株密被细毛。根状茎结节状；茎单生，常不分枝。叶片卵状披针形或卵状长圆形，边缘具缘毛，两面有细毛；几无柄。花深红色，常1~4朵成顶生二歧聚伞花序；萼长筒状，散生长柔毛；花瓣5，橙红色，先端不规则深条裂。蒴果长圆形。花期6~9月，果期7~10月。> **分布**：见于半月池和开山老殿等地，生于荒地山沟阴湿处。我国长江流域至秦岭北坡均有分布。日本亦有。> **用途**：观赏花卉。

鹅肠菜
(牛繁缕)

Myosoton aquaticum

石竹科 Caryophyllaceae
鹅肠菜属 *Myosoton*

> **识别要点**：二年生或多年生草本。茎有棱，几无毛，上部渐直立，生白色短柔毛。基生叶片卵状心形，有明显叶柄；上部叶片椭圆状卵形或宽卵形，基部稍抱茎。花白色，单生于叶腋或多朵排成顶生聚伞花序；苞片小型，叶状，具腺毛；花梗花后下垂。蒴果卵形或长圆形。花期4~5月，果期5~6月。> **分布**：见于半月池和地藏殿等地，生于海拔1200 m以下的林下阴湿处。我国各地区均有分布。世界温带及亚热带地区广布。> **用途**：全草可入药；幼苗可食或作饲料。

孩儿参
(太子参)

Pseudostellaria heterophylla

石竹科 Caryophyllaceae
孩儿参属 *Pseudostellaria*

> **识别要点**：多年生草本。块根肉质，纺锤形。茎具2列白色短柔毛。茎中下部叶片对生，茎端4叶对生成十字排列；叶片卵状披针形至长卵形，两面无毛或下面脉上疏生柔毛。花两型，腋生；茎下部花小，无花瓣；茎上部花大，花瓣5，白色，先端2~3浅齿裂。蒴果卵球形。花期4~5月，果期5~6月。> **分布**：见于七里亭和开山老殿等地，生于阴湿山坡石隙。我国东北、华北、西北及华中地区有分布。> **用途**：块根可入药，名"太子参"。

女娄菜
Silene aprica

石竹科 Caryophyllaceae
蝇子草属 *Silene*

> **识别要点：** 二年生草本，全株密被短柔毛。茎直立，多分枝。基生叶倒披针形或匙形，基部渐狭成柄稍抱茎；茎生叶线状倒披针形至披针形，较小，近无柄。花淡紫色，稀白色，排成顶生或腋生的圆锥状聚伞花序；花瓣先端2浅裂。蒴果卵圆形，顶端6齿裂。花果期4~6月。> **分布：** 见于西关和大镜坞等地，生于山坡路旁草地。我国北部和长江流域均有分布。朝鲜、日本和俄罗斯亦有。> **用途：** 嫩苗可食或作饲料。

101

蝇子草
（鹤草）
Silene gallica

石竹科 Caryophyllaceae
蝇子草属 *Silene*

> **识别要点：** 多年生草本。茎基部木质化，有短毛，节膨大，分泌黏汁。茎生叶片匙状披针形，基部渐狭成柄，两面无毛。花粉红色或近白色；聚伞花序顶生，具少数花；总花梗上部有黏汁；花萼细长管状；花瓣先端2深裂，再细裂。蒴果长圆形，顶端6齿裂。花期7~8月，果期9~10月。> **分布：** 见于西关和大镜坞等地，生于林下山坡草丛。我国长江流域及黄河中下游南部地区均有分布。> **用途：** 根可入药。

中国繁缕
Stellaria chinensis

石竹科 Caryophyllaceae
繁缕属 *Stellaria*

> **识别要点**：多年生草本。茎纤细，直立或匍匐状，长达20~40 cm。叶片卵形或卵状披针形，先端渐尖或锐尖，基部圆形或宽楔形，全缘；叶柄极短，有柔毛。聚伞花序顶生或腋生；花梗纤细；花瓣5，白色。蒴果卵球形；种子肾形，红褐色。花期4~5月，果期6~7月。> **分布**：见于仙人顶和西关等地，生于海拔500~1450 m的林下沟边和路旁阴湿处。我国长江中下游地区均有分布。**用途**：全草药用。

繁缕
Stellaria media

石竹科 Caryophyllaceae
繁缕属 *Stellaria*

> **识别要点**：一年生或二年生草本。茎细弱分枝，具1列短柔毛。叶片卵形，基部圆形，全缘，密生柔毛和睫毛；基生叶具叶柄，向上渐无柄。花单生叶腋或组成疏散的二歧聚伞花序；花梗细弱，花后下垂；雄蕊3~5。蒴果圆卵形，熟时6瓣裂。花期4~5月，果期5~6月。> **分布**：天目山常见种，生于田边和沟旁。我国各地均有分布。欧亚大陆广布。
> **用途**：全草可入药。

莲
(荷花)
Nelumbo nucifera

睡莲科 Nymphaeaceae
莲属 *Nelumbo*

>**识别要点**：直立水生草本，具乳状汁液。地下茎肥厚，有孔道，由丝状维管束相连，节部缢缩，生有鳞片叶、幼芽和不定根。叶二型，浮水叶和挺水叶；挺水叶片圆形，盾状着生，波状全缘，放射状叶脉粗大；叶柄具小刺。花红色、粉色或白色；花瓣多数，常呈卵圆形，内部各轮渐小；花药线形；花后花托增大，有孔。种子椭圆形。花期6~8月，果期8~10月。>**分布**：见于坦上村。我国各地均有栽培。日本、印度以及大洋洲亦有。>**用途**：观赏性水生植物；地下茎、叶和莲子可食；莲子可入药。

103

红睡莲
Nymphaea alba var. *rubra*

睡莲科 Nymphaeaceae
睡莲属 *Nymphaea*

>**识别要点**：多年生水生草本。根状茎匍匐。叶浮于水面，近圆形，基部深弯裂，全缘或波状，上面深绿色、平滑，下面淡褐色并具深褐色斑纹，两面无毛。花单生于花梗顶端，玫瑰红色，芳香，浮于水面，近全日开放；花瓣卵状长圆形；浆果卵形或半球形；种子椭圆形。花期6~8月，果期8~10月。>**分布**：见于太子庵和半月池。原产瑞典，我国各地均有栽培。日本、朝鲜、印度和欧洲亦有。>**用途**：供观赏；根状茎可食。

领春木
Euptelea pleiosperma

领春木科 Eupteleaceae
领春木属 *Euptelea*

> **识别要点**：落叶灌木或小乔木。树皮紫黑色或灰色；芽鳞深褐色。叶片纸质，卵形或近圆形，边缘疏生细尖锯齿，下部或仅基部全缘，幼叶锯齿先端有红色腺体，无毛或下面叶缘及脉上有白毛。花两性，早春先叶开放；花梗顶端微扁；苞片条形或匙形。翅果棕色；种子卵形。花期4月，果期7~8月。
> **分布**：见于西关和宝剑石等地，生于海拔800~1150 m的沟谷阔叶林中。我国西部地区及河南、河北和浙江有分布。印度亦有分布。**用途**：木材供制农具。

连香树
Cercidiphyllum japonicum

连香树科 Cercidiphyllaceae
连香树属 *Cercidiphyllum*

> **识别要点**：落叶乔木。树皮灰色，呈薄片状剥落；小枝无毛，短枝在长枝上对生。长枝上的叶对生，卵形或近圆形，基部心形，具钝腺齿；短枝上仅生1叶，宽卵形。雄花单生或4朵簇生叶腋；雌花腋生。聚合蓇葖果2~6，圆柱形，微弯，顶端花柱宿存；种子先端有透明翅。花期4月，果期8月。
> **分布**：见于石鸡塘和五里亭等地，生于海拔650~1300 m的山坡林中。我国长江流域和西部地区均有分布。日本也有。
> **用途**：优良材用树种；观叶植物；国家Ⅱ级重点保护野生植物。

乌头
Aconitum carmichaelii

毛茛科 Ranunculaceae
乌头属 *Aconitum*

> **识别要点:** 多年生草本。块根倒圆锥形。茎直立。叶片五角形,中裂片宽菱形,急尖,近羽状分裂;小裂片斜三角形,生1~3枚牙齿或全缘;侧裂片不等二深裂;下部叶在花时枯萎。总状花序顶生;花序轴和花梗密被反曲伏毛;萼片蓝紫色。蓇葖果;种子三棱形。花果期9~11月。> **分布:** 见于开山老殿和横塘等地,生于海拔800~1500 m的山坡草丛。我国黄河流域以南地区均有分布。> **用途:** 块根为著名中药;花供观赏。

105

女萎
Clematis apiifolia

毛茛科 Ranunculaceae
铁线莲属 *Clematis*

> **识别要点:** 攀缘木质藤本。茎、小枝、花序梗和花梗密生短柔毛。三出复叶;小叶片卵形至宽卵形,常有不明显3浅裂,边缘具缺刻状粗齿,上面疏生短柔毛,下面疏生短柔毛或仅沿叶脉较密。圆锥状聚伞花序,多花;萼片白色。瘦果纺锤形或狭卵形,不扁。花期7~9月,果期9~11月。> **分布:** 见于交口村和南大门等地,生于海拔170~1000 m的向阳山坡。我国长江流域均有分布。日本和朝鲜亦有。> **用途:** 全株可入药。

威灵仙
Clematis chinensis

毛茛科 Ranunculaceae
铁线莲属 *Clematis*

>识别要点：半常绿木质攀缘藤本，全株暗绿色，干后变黑。根咀嚼有辣味。一回羽状复叶对生；叶片纸质，卵形至卵状三角形，全缘，两面近无毛或疏生短柔毛，网脉不明显，叶轴上部与小叶柄扭曲。花序圆锥状，腋生或顶生，多花；萼片白色。瘦果卵形至宽椭圆形，扁。花期6~9月，果期8~11月。>分布：见于禅源寺和三里亭等地，生于海拔140~550 m的低山林缘。我国华东、华南、华中、西南地区以及台湾北部均有分布。越南和日本亦有。>用途：全草可入药，有小毒。

106

大花威灵仙
Clematis courtoisii

毛茛科 Ranunculaceae
铁线莲属 *Clematis*

>识别要点：攀缘木质藤本。茎棕红色或深棕色。三出复叶至二回三出复叶；小叶长圆形，全缘，有时2~3裂，有时具缺刻状锯齿，叶脉两面显著凸起；叶柄基部略膨大。聚伞花序具1花，腋生；花大；花序梗和花梗被柔毛；萼片常白色，中部直脉3条。瘦果倒卵形。花期5~6月，果期7~8月。
>分布：见于禅源寺和三里亭等地，生于海拔200~950 m的山坡林缘。我国江苏、浙江、安徽、湖南和河南有分布。
>用途：全草可入药。

单叶铁线莲
Clematis henryi

毛茛科 Ranunculaceae
铁线莲属 *Clematis*

> **识别要点**：常绿攀缘木质藤本。根下部膨大成纺锤形。茎疏生短柔毛。单叶对生；叶片狭卵形，边缘具刺尖头状浅齿，两面疏生短伏毛，网脉明显；叶柄扭曲。聚伞花序腋生，具1花；花序梗与叶柄近等长；花萼下部呈钟状，萼片白色或淡黄色。瘦果狭卵形，扁。花期11月至翌年1月，果期3~5月。> **分布**：见于禅源寺和里曲湾等地，生于海拔400~1500 m的山坡林缘。我国黄河流域以南地区均有分布。> **用途**：根、茎和叶可入药。

107

大叶铁线莲
Clematis heracleifolia

毛茛科 Ranunculaceae
铁线莲属 *Clematis*

> **识别要点**：亚灌木。茎粗壮，密被白色绒毛。三出复叶对生；小叶片厚纸质，宽卵形，边缘具粗锯齿，下面脉上有柔毛，叶脉在下面显著凸起；顶生小叶具柄，侧生小叶无。聚伞花序顶生或腋生；花梗粗壮，被毛；花杂性，雄花与两性花异株；花萼下部呈管状，萼片蓝紫色。瘦果卵圆形。花果期8~10月。> **分布**：见于半月池和开山老殿等地，生于海拔600 m以上的山坡林缘。我国长江流域及其以北地区均有分布。日本和朝鲜亦有。> **用途**：观赏花卉。

毛蕊铁线莲
Clematis lasiandra

毛茛科 Ranunculaceae
铁线莲属 *Clematis*

> **识别要点**：攀缘草质藤本。茎近无毛。一至二回三出复叶或羽状复叶，对生；叶片卵状披针形，边缘有整齐锯齿，下面叶脉凸起；叶柄基部膨大贯连成环状。聚伞花序腋生，有花1~3；花钟状，粉红色至紫红色；萼片两面光滑无毛。瘦果椭圆形，棕红色。花果期9~11月。

> **分布**：见于白鹤村和仙人顶等地，生于海拔500~1500 m的山坡灌丛。我国黄河流域及其以南地区均有分布。日本亦有。> **用途**：全株可入药。

108

柱果铁线莲
Clematis uncinata

毛茛科 Ranunculaceae
铁线莲属 *Clematis*

> **识别要点**：常绿木质藤本，植株干时变黑褐色。茎圆柱形，有纵棱。叶对生，一至二回羽状复叶；小叶片薄革质，宽卵形至卵状披针形，全缘，叶脉两面网脉突出，小叶柄中上部具关节。圆锥状聚伞花序腋生或顶生，多花。瘦果圆柱状钻形，宿存花柱长1~2 cm。花果期6~9月。> **分布**：见于三里亭、五里亭和香炉峰等地，生于海拔1000~1500 m的山坡或林缘。我国黄河流域以南地区均有分布。越南亦有。
> **用途**：全株可入药。

短萼黄连
Coptis chinensis var. *brevisepala*

毛茛科 Ranunculaceae
黄连属 *Coptis*

> **识别要点**：多年生草本。根状茎黄色，密生多数须根。叶片坚纸质或稍带革质，卵状三角形，3全裂；中央裂片卵状菱形，具3或5对羽状裂片，边缘有细刺尖锐锯齿；侧生裂片斜卵形，较小，不等2深裂。二歧或多歧聚伞花序；花黄绿色。蓇葖果有细梗；种子长椭圆形。花期3~4月，果期4~5月。
> **分布**：见于平溪和牯牛塘等地，生于海拔600~1200 m的林下阴湿处。我国安徽、浙江、福建、广东和广西有分布。
> **用途**：根状茎为著名中药。

109

还亮草
Delphinium anthriscifolium

毛茛科 Ranunculaceae
翠雀属 *Delphinium*

> **识别要点**：一年生草本。茎有白色柔毛。二至三回近羽状复叶或三出复叶，叶片菱状卵形，羽片2~4对对生或互生；下部羽片狭卵形，分裂近中脉；末回裂片狭卵形。总状花序有花2~15；花序轴和花梗被柔毛；萼片紫色，椭圆形；退化雄蕊与萼片同色，2深裂。蓇葖果，宿存花柱短；种子扁球形。花期3~6月，果期6~8月。 > **分布**：见于禅源寺和三里亭等地，生于海拔200~1200 m的山地灌丛。我国黄河流域以南地区均有分布。 > **用途**：全草可入药。

獐耳细辛

Hepatica nobilis var. *asiatica*

毛茛科 Ranunculaceae
獐耳细辛属 *Hepatica*

> **识别要点**：多年生草本。根状茎密生须根。叶基生，3~6片；叶片正三角状宽卵形，3裂至中部，中央裂片宽卵形，侧生裂片卵形，全缘，有时有短尖头，被稀疏柔毛。花葶1~6条，有长柔毛；萼片白色或粉红色。瘦果卵球形，有长柔毛和宿存花柱。花期4~5月，果期5~6月。> **分布**：见于倒挂莲花和大横路等地，生于海拔1000 m以上富含腐殖质的阴湿草坡。我国安徽、浙江、湖北、河南和辽宁有分布。朝鲜亦有。> **用途**：根可入药。

芍药

Paeonia lactiflora

毛茛科 Ranunculaceae
芍药属 *Paeonia*

> **识别要点**：多年生草本。根粗壮，黑褐色。下部二回三出复叶，上部三出复叶；小叶片狭卵形，边缘具白色骨质细齿。花数朵生于茎顶和叶腋；花瓣9~13，倒卵形，白色或粉红色，有时基部具深紫色斑块；花丝黄色；花盘浅杯状，包裹心皮基部。蓇葖果卵圆状锥形，顶端具喙。花期4~5月，果期8~9月。> **分布**：见于山麓农家。分布于我国东北和华北等地，我国广泛栽培。朝鲜、日本、蒙古及俄罗斯亦有。> **用途**：根为著名中药"白芍"；观花植物。

牡丹
Paeonia suffruticosa

毛茛科 Ranunculaceae
芍药属 *Paeonia*

>**识别要点**：落叶小灌木。茎皮灰黑色。二回三出复叶，偶近枝顶叶为3小叶；顶生小叶片宽卵形，3裂至中部，边缘光滑；侧生小叶片斜卵形。花单生枝顶；萼片5，绿色；花瓣5或为重瓣，白色、紫红色或粉红色，倒卵形，先端呈不规则波状；花盘杯状，革质，全包心皮，成熟时开裂。蓇葖果长圆形，密生黄褐色硬毛。花期4~5月，果期6月。
>**分布**：见于山麓农家。我国广泛栽培。原产秦岭和大巴山区。>**用途**：根皮为著名中药"丹皮"；观花植物。

111

禺毛茛
Ranunculus cantoniensis

毛茛科 Ranunculaceae
毛茛属 *Ranunculus*

>**识别要点**：多年生草本。茎与叶柄密生开展黄白色糙毛。三出复叶，变异大；基生叶和下部叶具长柄，叶片宽卵形；小叶片卵形至宽卵形，末回裂片倒卵形或卵形，边缘密生细锯齿或牙齿；上部叶渐小，3全裂，具短柄。花序顶生；花瓣5，椭圆形，黄色。聚合果球形。花期4~5月，果期5~6月。
>**分布**：见于山麓农家，生于沟边水湿处。我国长江流域及其以南地区均有分布。日本和不丹亦有。>**用途**：全草含白头翁素，有毒。

茴茴蒜
Ranunculus chinensis

毛茛科 Ranunculaceae
毛茛属 *Ranunculus*

> 识别要点：一年生草本。茎中空，同叶柄密生淡黄色糙毛。三出复叶；基生叶与下部叶具长柄，宽卵形至三角形，两面伏生糙毛；中央小叶3深裂，末回裂片条状，上部边缘疏生不规则锯齿；侧生小叶2~3裂；上部叶渐变小。花序疏生较多花；花瓣5，倒卵形，黄色。聚合果长圆形。花果期4~7月。> 分布：见于交口村和天目村等地，生于溪边湿草地。我国各省区均有分布。日本、俄罗斯和印度等国亦有。
> 用途：全草有毒。

石龙芮
Ranunculus sceleratus

毛茛科 Ranunculaceae
毛茛属 *Ranunculus*

> 识别要点：一年生草本。须根簇生，纤维状。茎几无毛。基生叶和下部叶肾状圆形至宽卵形，3深裂，裂片倒卵状楔形，具2~3粗圆齿；上部叶较小，3全裂，裂片披针形至线形，全缘，基部扩大成膜质宽鞘，抱茎。聚伞花序多花；花瓣5，倒卵形。聚合果长圆形。花期3~5月，果期5~7月。
> 分布：见于武山村等地，生于沟边湿地。我国各地均有分布。亚洲、欧洲和北美洲的亚热带至温带地区亦有。
> 用途：全草有毒。

猫爪草
（小毛茛）
Ranunculus ternatus

毛茛科 Ranunculaceae
毛茛属 *Ranunculus*

>**识别要点**：一年生草本。须根肉质膨大呈纺锤形。茎细弱，几无毛。基生叶为三出复叶或单叶，宽卵形至圆肾形；小叶片末回裂片倒卵形或线形；茎生叶无柄，较小，裂片线形。花单生茎顶或分枝顶端；花瓣5~7或更多，黄色，倒卵形，基部有袋状蜜腺。聚合果近球形。花期2~4月，果期4~7月。
>**分布**：天目山常见种，生于海拔500 m以下的湿地草丛。我国长江流域及其以南地区均有分布。日本亦有。
>**用途**：根有小毒，可供药用。

天葵
Semiaquilegia adoxoides

毛茛科 Ranunculaceae
天葵属 *Semiaquilegia*

>**识别要点**：多年生草本。块根纺锤形，棕黑色。茎上部具分枝，疏被白色柔毛。小叶扇状菱形，3深裂，边缘疏生粗齿；叶柄基部扩大成鞘；茎生叶较基生叶小；叶背有时紫色。苞片倒披针形至倒卵形；花梗被白色短柔毛；萼片5，白色或淡紫色；花瓣匙形，淡黄色。蓇葖果卵状。花果期3~5月。
>**分布**：见于交口和禅源寺等地，生于海拔100~1050 m的沟边阴湿处。我国长江流域及其以南地区均有分布。日本和朝鲜亦有。>**用途**：块根入药，称"天葵子"。

尖叶唐松草
Thalictrum acutifolium

毛茛科 Ranunculaceae
唐松草属 *Thalictrum*

> **识别要点**：多年生草本。植株无毛。根肉质，圆柱形。基生叶2~3，二回三出复叶，小叶草质，顶生小叶有较长柄，卵形，先端急尖或微钝，边缘具疏牙齿；茎生叶较小，有短柄。花序稀疏，花少；萼片4，白色或带粉红色，卵形，早落。瘦果扁，狭长圆形。花期4~7月，果期6~8月。
> **分布**：见于长湾和千亩田等地，生于湿润草丛。我国长江流域以南地区有分布。> **用途**：根可入药。

华东唐松草
Thalictrum fortunei

毛茛科 Ranunculaceae
唐松草属 *Thalictrum*

> **识别要点**：多年生草本。二至三回三出复叶，基生叶和下部茎生叶具长柄；小叶片草质，下面粉绿色；顶生小叶片近圆形，先端圆，不明显3浅裂，边缘具浅圆齿；侧生小叶片斜心形。单歧聚伞花序圆锥状，具少数花；萼片绿白色；雄蕊花丝上端膨大成棒状。瘦果纺锤形。花期3~5月，果期5~7月。
> **分布**：见于五里亭和狮子口等地，生于海拔300~1500 m的林下阴湿处。我国长江流域均有分布。> **用途**：全草可入药。

木通
Akebia quinata

木通科 Lardizabalaceae
木通属 *Akebia*

>**识别要点：**落叶木质藤本。小叶5，倒卵形或椭圆形，先端微凹，凹缺处有由中脉延伸出的小尖头，全缘；中央的小叶柄最长。总状花序；雄花紫红色，较小；雌花暗紫色。肉质蓇葖果浆果状，椭圆形，熟时暗紫色，开裂，露出白囊和黑色种子。花期4~5月，果期8~10月。>**分布：**见于禅源寺和里横塘等地，生于海拔350~1400 m的山坡疏林中。我国长江流域有分布。>**用途：**果可食用；果和茎藤可入药。

白木通
Akebia trifoliata subsp. *australis*

木通科 Lardizabalaceae
木通属 *Akebia*

>**识别要点：**木质藤本。小叶革质，常3，卵状长圆形，先端狭圆，微凹有小凸尖，全缘；中央的小叶柄最长。总状花序；雄花紫红色，较小；雌花暗紫色。肉质蓇葖果浆果状，长圆形，熟时黄褐色，开裂，露出白囊和黑色种子。花期4~5月，果期8~10月。>**分布：**见于红庙、一里亭和开山老殿等地，生于海拔350~1100 m的山沟、山坡林中。我国长江流域有分布。>**用途：**果可食用；果和茎藤可入药。

猫儿屎

Decaisnea insignis

木通科 Lardizabalaceae
猫儿屎属 *Decaisnea*

> **识别要点**：落叶灌木。茎直立，稍被白粉。奇数羽状复叶着生于茎顶；叶轴生小叶处有关节；小叶长椭圆形或卵状椭圆形。花杂性异株；总状花序腋生，弯曲；花淡绿色，无花瓣。肉质蓇葖果圆柱形，稍弯曲，粗糙，被白粉；种子倒卵形，黑色，扁平，有光泽。花期5~6月，果期8~10月。
> **分布**：见于阳山坪和东关等地，生于海拔900~1300 m的阴湿地带。我国黄河流域以南地区有分布。印度和不丹亦有。
> **用途**：果可食用；根和果可入药；果皮可提制橡胶。

鹰爪枫

Holboellia coriacea

木通科 Lardizabalaceae
八月瓜属 *Holboellia*

> **识别要点**：常绿木质藤本。掌状复叶3小叶，革质，光滑，椭圆形或椭圆状倒卵形，全缘，上面深绿色，下面浅黄绿色；侧生小叶柄具关节。伞房花序；雄花绿白色或紫色，花萼稍厚肉质，绿色；雌花紫色或绿白色。浆果长圆形，熟时紫红色，略具刺瘤，果囊白色多汁；种子黑色。花期4月，果期8~9月。> **分布**：见于武山村和太子庵等地，生于海拔350~1100 m的溪谷林缘。我国长江流域以南地区有分布。
> **用途**：根可入药。

大血藤

Sargentodoxa cuneata

木通科 Lardizabalaceae
大血藤属 *Sargentodoxa*

>**识别要点**：落叶木质藤本；雌雄异株。茎褐色，砍断时有红色汁液。三出复叶互生；中央小叶菱状倒卵形；侧生小叶较大，斜卵形，基部不对称，近无柄。雄花序下垂；萼片黄色，边缘稍内卷；花瓣极小，菱状圆形。聚合果球形；小浆果多数，熟时紫黑色，被白粉。花期5月，果期9~10月。>**分布**：见于武山村和倒挂莲花等地，生于海拔700~1300 m的山沟疏林中。我国长江流域以南地区均有分布。老挝也有。>**用途**：根和藤可入药；茎皮纤维供造纸等。

钝药野木瓜

Stauntonia leucantha

木通科 Lardizabalaceae
野木瓜属 *Stauntonia*

>**识别要点**：常绿木质藤本，全株无毛。小枝具粗条纹。掌状复叶；小叶5~7，革质，长圆状倒卵形、长圆形或近椭圆形，边缘微反卷。伞房花序；花单性，雌雄同株异序；花丝离生，花药顶端无附属体；萼片先端淡紫红色。浆果圆柱形，熟时黄色。花期4~5月，果期8~10月。>**分布**：见于三里亭和七里亭等地，生于海拔300~940 m的山坡林中。我国长江流域以南地区有分布。>**用途**：果可食用；茎藤可入药。

日本小檗
Berberis thunbergii

小檗科 Berberidaceae
小檗属 *Berberis*

> **识别要点**：落叶灌木。分枝多，具棱脊或纵沟，老枝灰棕色或紫褐色，嫩枝紫红色；刺细小，通常不分叉。叶片膜质，菱状卵形，通常约8片簇生于刺腋，全缘，两面无毛。伞形花序或近簇生，具2~5花，黄色。浆果椭圆形，熟时鲜红色至紫红色，花柱宿存。花期4~6月，果期8~11月。> **分布**：见于禅源寺等地。原产日本，我国各地有栽培。
> **用途**：供绿化观赏。

六角莲
Dysosma pleiantha

小檗科 Berberidaceae
鬼臼属 *Dysosma*

> **识别要点**：多年生草本。根状茎粗壮，呈圆形结节。茎生叶常2片，对生，近圆形，5~9浅裂，射出脉直达裂片先端，裂片宽三角状卵形，具针刺状细齿，两面无毛。花5~8朵呈伞形花序状，生于叶柄交叉处；两性花下垂，辐射对称；花瓣紫红色。浆果近球形，熟时近黑色。花期4~6月，果期7~9月。> **分布**：见于黄坞里和白虎山等地，生于海拔300~1400 m的阴湿草丛。我国安徽、浙江、福建和台湾有分布。> **用途**：根状茎可入药。

三枝九叶草
Epimedium sagittatum

小檗科 Berberidaceae
淫羊藿属 *Epimedium*

> **识别要点**：多年生草本。根状茎结节状。茎生叶1~3，三出复叶；顶生小叶卵状披针形，侧裂片近对称；侧生小叶箭形，基部不对称，心形浅裂，具细刺毛状齿。圆锥花序顶生；花白色；外轮萼片带紫色斑点；花瓣棕黄色，囊状。蓇葖果卵圆形；种子肾状长圆形。花期2~3月，果期3~5月。
> **分布**：见于火焰山、西关和东关等地，生于海拔500~1500 m的山坡灌丛。我国华中、华东以及华南大部分地区均有分布。> **用途**：全草可入药。

阔叶十大功劳
Mahonia bealei

小檗科 Berberidaceae
十大功劳属 *Mahonia*

> **识别要点**：常绿灌木。一回奇数羽状复叶；小叶7~19，厚革质，卵形，基部近圆形或宽楔形，具2~8个刺状锯齿，边缘反卷；侧生小叶无柄。总状花序6~9簇生，顶生；花黄色；花瓣6，长倒卵形。浆果卵形或卵圆形，熟时蓝黑色，被白粉。花期11月至翌年3月，果期4~8月。> **分布**：见于忠烈祠等地。我国黄河流域以南地区有分布。日本、墨西哥和欧洲等地广为栽培。> **用途**：庭园观赏植物；全株可入药。

南天竹
Nandina domestica

小檗科 Berberidaceae
南天竹属 *Nandina*

>**识别要点**：常绿灌木。茎丛生，分枝少，光滑无毛，幼时红色。三回奇数羽状复叶；小叶革质，椭圆状披针形，两面无毛；叶柄基部呈鞘状抱茎。圆锥花序顶生；花白色；雄蕊6；花药纵裂。浆果球形，具宿存花柱，熟时红色至紫红色，稀黄色；种子2，扁圆形。花期5~7月，果期8~11月。>**分布**：天目山常见种，生于海拔1000 m以下的山地灌丛。我国长江流域均有分布。日本和印度亦有。>**用途**：园林观赏植物。

木防己
Cocculus orbiculatus

防己科 Menispermaceae
木防己属 *Cocculus*

>**识别要点**：落叶木质藤本。块根粗壮，具纵沟。茎木质化，小枝密生柔毛，有条纹。叶互生；叶片纸质，宽卵形或卵状椭圆形，全缘或呈微波状，中脉明显。聚伞状圆锥花序腋生或顶生；花小，黄绿色。核果近球形，蓝黑色，被白粉。花期5~6月，果期7~9月。>**分布**：见于禅源寺和一都村等地，生于低海拔地带，缠绕于灌木草丛中。我国华东、华南、西南、华北及东北地区均有分布。亚洲东部和南部均有。>**用途**：根可入药。

蝙蝠葛
Menispermum dauricum

防己科 Menispermaceae
蝙蝠葛属 *Menispermum*

> **识别要点**：落叶木质藤本。根状茎细长，横走，有分枝。茎有细纵棱纹。叶片互生，圆肾形或卵圆形，全缘或3~7浅裂而呈五角形，嫩叶边缘具缘毛。圆锥花序腋生；雄花萼片约6；花瓣6~8；雄蕊12或更多。核果圆肾形，熟时黑紫色；种子1。花期5月，果期10月。> **分布**：见于禅源寺和一都村等地，生于低海拔地带，常攀缘于岩石上。我国东北、华北、华东和西北地区均有分布。朝鲜、日本、俄罗斯及北美亦有。
> **用途**：根可入药。

121

风龙
（汉防己）
Sinomenium acutum

防己科 Menispermaceae
风龙属 *Sinomenium*

> **识别要点**：落叶木质藤本。茎枝灰褐色，圆柱形。叶互生，叶片厚纸质或革质；宽卵形或近圆形，全缘，基部叶常5~7浅裂。圆锥花序腋生；花小，淡绿色；雄花萼片6，淡黄色；花瓣6，三角状圆形。核果近球形，蓝黑色。花期6~7月，果期8~9月。> **分布**：见于禅源寺和一里亭等地，生于林缘沟边。我国西南、华中和华东等地均有分布。日本亦有。
> **用途**：茎藤可入药。

金线吊乌龟
Stephania cephalantha

防己科 Menispermaceae
千金藤属 *Stephania*

> **识别要点**：多年生缠绕藤本。全株光滑无毛。块根扁圆形。茎下部木质化；小枝细弱，有细沟纹。叶片纸质，三角状卵圆形，宽与长近相等或略宽，具小突尖，全缘或微波状。头状聚伞花序，再组成总状；花小，淡绿色。核果球形，成熟时紫红色。花期6~7月，果期8~9月。
> **分布**：见于西关等地，生于山坡林缘阴湿处。我国长江以南地区均有分布。亚洲和美洲的热带至温带地区亦有。> **用途**：根可入药。

粉防己
Stephania tetrandra

防己科 Menispermaceae
千金藤属 *Stephania*

> **识别要点**：多年生缠绕藤本。块根长圆柱形。小枝纤细柔韧，有纵条纹。叶片三角状广卵形，宽与长近相等或略宽，全缘，两面均被短柔毛。头状聚伞花序，再排列成总状；花小，黄绿色。核果球形，成熟后红色。花期5~6月，果期7~9月。> **分布**：见于禅源寺、里曲湾和开山老殿等地，生于山坡林缘。我国长江流域以南地区有分布。> **用途**：根可入药。

厚朴
Houpoëa officinalis

木兰科 Magnoliaceae
厚朴属 *Houpoëa*

> **识别要点：** 落叶乔木。树皮灰色，厚而不裂，有突起圆形皮孔；小枝粗壮；顶芽窄卵状圆锥形。叶片大，常7~12枚集生枝顶，长圆状倒卵形，顶端圆、钝尖或短突尖。花大，与叶同放，白色；花被片肉质，外轮被片外有紫色斑点。聚合果长圆状卵形，基部宽圆。花期4~5月，果期9~10月。
> **分布：** 见于禅源寺、太子庵和后山门等地。我国陕西、甘肃、河南、湖南、湖北、浙江、四川和贵州以及东北部地区有分布。 **用途：** 树皮可入药；材用或绿化树种；国家Ⅱ级重点保护野生植物。

红毒茴
（披针叶茴香）
Illicium lanceolatum

木兰科 Magnoliaceae
八角属 *Illicium*

> **识别要点：** 常绿小乔木。叶片软革质，集生枝顶或呈轮生状，倒披针形或椭圆状倒披针形，上面有光泽。花1~3朵腋生或近顶生；花被片10~15，红色，轮状着生，肉质；雄蕊6~11；心皮10~14。蓇葖果木质，先端有长沟状尖头。花期4~6月，果期9~10月。 **分布：** 见于三里亭和钟楼石等地，生于海拔400~600 m的阴湿溪谷。我国江苏、安徽、浙江、福建和江西有分布。 **用途：** 全株可入药，有毒；园林绿化树种。

南五味子

Kadsura longipedunculata

木兰科 Magnoliaceae
南五味子属 *Kadsura*

> **识别要点**：常绿藤本；雌雄异株。全株无毛。小枝褐色。叶片软革质，椭圆形或椭圆状披针形，边缘有疏齿。花单生叶腋，淡黄色，有芳香，具1~4.5 cm的细长花梗。聚合果球形，熟时深红色。花期6~9月，果期9~12月。> **分布**：天目山常见种，生于海拔1000 m以下的山坡林缘。我国长江流域以南地区有分布。
> **用途**：根、茎、叶和种子可入药；果可食；茎、叶和果可提取芳香油；垂直绿化植物。

鹅掌楸

Liriodendron chinense

木兰科 Magnoliaceae
鹅掌楸属 *Liriodendron*

> **识别要点**：落叶乔木。树皮灰白色。叶片马褂形，两侧中下部各具1较大裂片，下面苍白色。花杯状；花被片3轮，外轮绿色，倒卵状椭圆形，内两轮直立，宽倒卵形，内面近基部淡黄绿色。聚合果纺锤形，小坚果具翅。花期5月，果期9月。
> **分布**：见于天目大峡谷等地，生于海拔600 m以上的阔叶林中。分布于长江以南地区。越南也有。
> **用途**：优良材用或观赏植物；国家Ⅱ级重点保护野生植物。

荷花木兰
(广玉兰)

Magnolia grandiflora

木兰科 Magnoliaceae
木兰属 *Magnolia*

> **识别要点**：常绿乔木。新枝、芽、叶背及叶柄均密被锈色短绒毛。叶片厚革质，椭圆形或倒卵状椭圆形，边缘微向下反卷，上面深绿色，有光泽，下面密被锈褐色短柔毛。花大，白色，有芳香；花被片肉质。聚合果圆柱形，密被灰黄色或褐色绒毛。花期5~6月，果期10~11月。
> **分布**：见于画眉山庄和禅源寺等地。原产美洲东南部，我国长江流域以南地区栽培。> **用途**：庭园绿化观赏树种。

乐昌含笑

Michelia chapensis

木兰科 Magnoliaceae
含笑属 *Michelia*

> **识别要点**：常绿乔木。树皮平滑。叶薄革质，倒卵形或长圆状倒卵形，两面无毛，有光泽；叶柄上无托叶痕，且与托叶分离。花小，淡黄色，有芳香，较淡；花被片6，长约3 cm。聚合果；种子卵形或长圆状卵形。花期3~4月，果期8~9月。
> **分布**：见于南大门。原产江西、湖南、广东和广西等地，我国东南地区广泛栽培。> **用途**：庭园绿化树种。

含笑花
Michelia figo

木兰科 Magnoliaceae
含笑属 *Michelia*

>**识别要点**：常绿灌木。芽、小枝、叶柄、花梗均密被黄褐色柔毛。叶片革质，倒卵形或倒卵状椭圆形，下面脉上有黄褐色毛；托叶与叶柄贴生，托叶痕延至叶柄顶端。花常不满开，淡黄色，边缘带紫，有香蕉型浓郁芳香；花被片6，长椭圆形。聚合果蓇葖先端有短尖的喙，熟时红色。花期3~5月，果期7~8月。
>**分布**：见于南大门和禅源寺等地。我国长江流域以南地区有分布。原产广东等地。>**用途**：庭园绿化树种；花可熏香。

深山含笑
Michelia maudiae

木兰科 Magnoliaceae
含笑属 *Michelia*

>**识别要点**：常绿乔木。全株无毛，芽、幼枝、叶背及苞片均被白粉。叶革质，宽椭圆形，上面深绿色；叶柄上无托叶痕，且与托叶分离。花大，白色，有芳香，较淡；花被片9，长5~7 cm。聚合果蓇葖长圆形或卵形，先端有短尖头。花期2~3月，果期9~10月。>**分布**：见于后山门等地。原产湖南、福建、广东和广西等地，我国南方各地均有栽培。>**用途**：优良材用或观赏树种；叶和花可入药。

二色五味子
(异色五味子)

Schisandra bicolor

木兰科 Magnoliaceae
五味子属 *Schisandra*

> **识别要点**：落叶木质藤本。当年生枝淡红色，稍具纵棱。叶常集生于短枝先端，叶片近圆形，两面无毛，边缘中部以上疏生浅小齿。花出于短枝先端的苞腋，花被片外轮绿色或黄绿色，内轮黄色或红色；雄蕊5，排成扁平的五角形。聚合浆果，熟时黑色；果皮具白点。花期6~7月，果期9~10月。> **分布**：见于倒挂莲花和香炉峰等地，生于海拔900~1400 m的山地林缘。我国安徽、江西、浙江、湖南和广西有分布。> **用途**：果可入药。

东亚五味子
(华中五味子)

Schisandra elongata

木兰科 Magnoliaceae
五味子属 *Schisandra*

> **识别要点**：落叶木质藤本。小枝密生黄色瘤状皮孔。叶纸质，倒卵形或倒卵状圆形，下延成极窄的翅，两面绿色，边缘中部以上疏生浅小齿。花出于小枝近基部叶腋；花被片橙黄色；雄蕊11~19。聚合浆果穗状，熟时红色。花期4~6月，果期6~10月。> **分布**：天目山常见种，生于海拔300~1200 m的林缘沟边。我国黄河至长江流域均有分布。
> **用途**：果可入药。

天目木兰
Yulania amoena

木兰科 Magnoliaceae
玉兰属 *Yulania*

> **识别要点**：落叶小乔木。分枝低，小枝无毛，一年生小枝绿色。叶片倒卵形或倒披针状椭圆形。花先叶开放，芳香，红色或淡红色；花被片倒披针形或匙形。聚合果不规则细圆柱形，常弯曲，下垂。花期3~4月，果期9~10月。> **分布**：见于曲湾和三里亭等地，生于海拔500~1100 m的阴坡。我国安徽、江苏、浙江和江西有分布。> **用途**：庭园观赏树种；花可入药；国家Ⅱ级重点保护野生植物。

黄山玉兰
Yulania cylindrica

木兰科 Magnoliaceae
玉兰属 *Yulania*

> **识别要点**：落叶乔木。幼枝和叶柄被淡黄色平伏毛；一年生小枝淡灰褐色。叶片纸质，倒卵形或倒卵状椭圆形，被均匀伏贴短绢毛。花先叶开放，无香气；花被片9，外轮3片小，膜质，萼片状，绿色，内2轮白色，外面基部带紫红色。聚合果圆柱形，熟时暗红色，下垂。花期4~5月，果期8~9月。> **分布**：见于七里亭、大树王和开山老殿等地，生于海拔700 m以上的阔叶林中。我国安徽、江西、浙江、福建和湖北有分布。> **用途**：庭园观赏树种；花可入药。

玉兰
Yulania denudata

木兰科 Magnoliaceae
玉兰属 *Yulania*

> **识别要点：** 落叶乔木。一年生小枝淡灰褐色；冬芽密生灰绿色绢毛。叶片宽倒卵形或倒卵状椭圆形，具短突尖，下面被柔毛。花先叶开放，白色；野生者在花被片背面基部带淡紫红色，花被片长圆状倒卵形。聚合果不规则圆柱形，蓇葖木质，具白色皮孔。花期2~3月，果期9~10月。> **分布：** 见于武山村和一里亭等地，生于海拔300~1000 m的山地阔叶林中。我国南北地区多栽培。> **用途：** 庭园观赏或材用树种；花可入药；种子可榨油。

紫玉兰
Yulania liliiflora

木兰科 Magnoliaceae
玉兰属 *Yulania*

> **识别要点：** 落叶丛生灌木。小枝紫褐色；顶芽卵形，被淡黄色绢毛。叶片椭圆状倒卵形或倒卵形，幼时上面疏生短柔毛，下面沿叶脉有细柔毛。花先叶开放；花被片9，外轮3片小，萼片状，紫绿色，内2轮白色带紫，外面紫色。聚合果熟时深褐色。花期3~4月，果期8~9月。> **分布：** 见于禅源寺等地。原产湖北、四川和云南，我国南北多栽培。> **用途：** 著名庭园观赏树种；花可入药。

夏蜡梅
Calycanthus chinensis

蜡梅科 Calycanthaceae
夏蜡梅属 *Calycanthus*

> **识别要点**：落叶灌木，叶柄下芽。树皮有凸起皮孔，小枝对生。叶片宽卵状椭圆形、卵圆形或倒卵形，有光泽，略粗糙，无毛；叶柄幼时被黄色硬毛。外轮花被片白色，边缘淡紫红色，内轮中部以上淡黄色，以下白色。果托钟状或近顶口紧缩，密被柔毛。花期5月，果期10月。> **分布**：见于禅源寺和幻住庵。我国安徽和浙江有分布，为浙皖特有古老孑遗物种。> **用途**：观赏植物；国家Ⅱ级重点保护野生植物。

樟
（香樟）
Cinnamomum camphora

樟科 Lauraceae
樟属 *Cinnamomum*

> **识别要点**：常绿乔木。枝叶及木材含樟脑气味。小枝光滑无毛；树皮不规则纵裂。叶互生，薄革质，叶片卵状椭圆形，边缘常波状，有光泽，下面略被白粉，离基三出脉，脉腋有腺点。圆锥花序生于当年生枝叶腋；花小，淡黄绿色。果近球形，熟时紫黑色；果托杯状。花期4~5月，果期8~11月。
> **分布**：天目山常见种，生于低海拔地区。我国长江流域以南地区有分布。越南、朝鲜和日本亦有。> **用途**：可提樟脑或榨油；庭园绿化或材用树种；国家Ⅱ级重点保护野生植物。

浙江樟
Cinnamomum chekiangense

樟科 Lauraceae
樟属 *Cinnamomum*

>**识别要点**：常绿乔木。树皮平滑至近圆形块状剥落，有芳香及辛辣味；小枝绿色。叶互生或近对生，薄革质，叶片长椭圆形至狭卵形，上面有光泽，无毛，下面微被白粉，离基三出脉。圆锥花序生于上年生枝叶腋。果卵形至长卵形，熟时蓝黑色；果托碗状，具6圆齿。花期4~5月，果期10月。
>**分布**：见于武山村和五里亭等地，生于海拔800 m以下的山坡林下。我国长江流域均有分布。>**用途**：优良材用树种；可提取芳香油；树皮可入药。

乌药
Lindera aggregata

樟科 Lauraceae
山胡椒属 *Lindera*

>**识别要点**：常绿灌木。根纺锤状膨大。小枝青绿色，密被金黄色绢毛，后渐脱落。叶互生革质，叶片椭圆形、卵圆形至近圆形，上面有光泽，下面灰白色，幼时密被灰黄色柔毛，后脱落，三出脉。伞形花序生于两年生枝叶腋；总梗极短；雄花较雌花大。果椭圆形，熟时黑色。花期3~4月，果期10~11月。>**分布**：天目山常见种，生于海拔200~1000 m的山坡疏林。我国长江流域以南地区有分布。>**用途**：根可入药；可提取芳香油。

狭叶山胡椒
Lindera angustifolia

樟科 Lauraceae
山胡椒属 *Lindera*

> **识别要点**：落叶灌木或小乔木。小枝黄绿色，无毛；冬芽芽鳞具脊。叶互生，坚纸质，叶片椭圆状披针形至长椭圆形，上面绿色无毛，下面粉绿色，被短柔毛，羽状脉。花蕾形成于秋季，成对生于冬芽基部或叶腋；伞形花序无总梗。果球形，熟时黑色，无毛。花期3~4月，果期9~10月。
> **分布**：见于开山老殿等地，生于海拔1100 m左右的山坡林下。我国黄河流域以南地区有分布。朝鲜亦有。> **用途**：可提取芳香油；种子可榨油。

江浙山胡椒
Lindera chienii

樟科 Lauraceae
山胡椒属 *Lindera*

> **识别要点**：落叶灌木或小乔木。小枝灰褐色或棕褐色；芽鳞外面无毛而具纵脊。叶互生，纸质，叶片倒披针形至倒卵形，沿脉被白色柔毛，羽状脉；叶柄常带红色。伞形花序生于腋芽两侧；基部具总梗。果圆球形，熟时鲜红色，果托增大呈盘状。花期3~4月，果期9~10月。> **分布**：见于西关等地，生于海拔500~650 m的山坡林下。我国江苏、安徽、浙江和河南有分布。> **用途**：种子可榨油；可提取芳香油；观赏植物。

红果山胡椒
Lindera erythrocarpa

樟科 Lauraceae
山胡椒属 *Lindera*

>**识别要点**：落叶灌木或小乔木。小枝灰白色或灰黄色，皮孔显著。叶互生，叶片倒披针形至倒卵状披针形，疏被贴伏柔毛至几无毛，羽状脉，常变红褐色；叶柄暗红色。伞形花序生于腋芽两侧；基部具总梗；雄花较雌花大。果球形，熟时红色。花期4月，果期9~10月。>**分布**：天目山常见种，生于海拔1500 m以下的山坡林下。我国长江流域及其以南地区有分布。朝鲜和日本亦有。>**用途**：种子可榨油；观赏植物。

山胡椒
Lindera glauca

樟科 Lauraceae
山胡椒属 *Lindera*

>**识别要点**：落叶灌木。小枝灰白色，幼时被柔毛；混合芽，冬芽红色，芽鳞无脊。叶互生纸质，鲜时揉碎有鱼腥草气味，叶片椭圆形至倒卵形，被灰白色柔毛，羽状脉；枯叶常留至翌年发新叶时脱落。伞形花序腋生于新枝下部；花与叶同放；总梗不明显。果球形，熟时紫黑色。花期3~4月，果期7~8月。>**分布**：天目山常见种，生于海拔1150 m以下的山地林中。我国黄河流域以南地区有分布。印度、朝鲜和日本亦有。>**用途**：可提芳香油；材用树种；种子可榨油；根等可入药。

绿叶甘橿
Lindera neesiana

樟科 Lauraceae
山胡椒属 *Lindera*

> **识别要点**：落叶灌木。小枝青绿色，具黑色斑块。叶片纸质，宽卵形至卵形，幼时密被细柔毛，三出脉或离基三出脉。伞形花序生于顶芽及腋芽两侧，每花序具花7~9；总梗无毛；花被裂片黄绿色。果圆球形，熟时鲜红色。花期4~5月，果期8~9月。> **分布**：见于禅源寺和里曲湾等地，生于海拔1500 m以下的山坡林缘。我国长江至黄河流域均有分布。
> **用途**：可提取芳香油。

三桠乌药
Lindera obtusiloba

樟科 Lauraceae
山胡椒属 *Lindera*

> **识别要点**：落叶灌木或小乔木。小枝黄绿色；老枝具灰白色皮孔。叶互生，纸质，叶片卵圆形、扁圆形或近圆形，全缘，先端常3裂，三出脉，稀五出脉。伞形花序生于二年生枝上部叶腋，花序具花5，黄色；花梗密被绢毛。果卵球形，熟时暗红色转紫黑色。花期3~4月，果期8~9月。> **分布**：见于开山老殿和地藏殿等地，生于海拔1000 m以上的山坡阔叶林。我国长江至黄河流域均有分布。朝鲜和日本亦有。
> **用途**：种子可榨油；可提取芳香油；材用树种。

山檀
Lindera reflexa

樟科 Lauraceae
山胡椒属 *Lindera*

>**识别要点：** 落叶灌木。树皮有纵裂及斑点；小枝黄绿色，光滑，无皮孔。叶互生，纸质，叶片卵形、倒卵状椭圆形，稀为窄倒卵形或窄椭圆形，羽状脉。花芽秋季形成，生于叶芽两侧各1；伞形花序具短总梗。果圆球形，熟时鲜红色；果梗无皮孔。花期4月，果期8月。>**分布：** 天目山常见种，生于海拔1500 m以下的山坡林下。我国长江流域及其以南地区有分布。>**用途：** 根可入药；可提芳香油；种子可榨油。

红脉钓樟
Lindera rubronervia

樟科 Lauraceae
山胡椒属 *Lindera*

>**识别要点：** 落叶灌木。小枝紫褐至黑褐色。叶互生，纸质，叶片卵形至卵状披针形，离基三出脉，叶脉与叶柄秋后常变红色。伞形花序具短总梗，每花序具花5~8；花先叶开放或与叶同放，黄绿色。果近球形，熟时紫黑色。花期3~4月，果期8~9月。>**分布：** 见于南大门和忠烈祠等地，生于海拔1300 m以下的山地阔叶林中。我国河南、安徽、浙江、江苏、江西和湖北等省有分布。日本和朝鲜亦有。>**用途：** 可提取芳香油。

天目木姜子
Litsea auriculata

樟科 Lauraceae
木姜子属 *Litsea*

>识别要点:落叶乔木。树皮呈不规则片状剥落;小枝紫褐色,有明显皮孔。叶互生,纸质,叶片倒卵形至宽椭圆形,先端钝尖至钝圆,基部耳形,上面有光泽,下面苍白色,幼时两面脉上被短柔毛;叶柄无毛。花先叶开放;伞形花序具总梗或无,每雄花序具花5~9。果卵形至椭圆形,熟时紫黑色;果托杯状。花期3~4月,果期9~10月。>分布:见于里曲湾和七里亭等地,生于海拔700~1250 m的混交林中。我国安徽、浙江有分布。>用途:材用树种;根、果及叶可入药。

豹皮樟
Litsea coreana var. *sinensis*

樟科 Lauraceae
木姜子属 *Litsea*

>识别要点:常绿乔木。树皮不规则片状剥落。叶互生,革质,叶片长圆形至披针形,先端常急尖,基部楔形,中脉在下面隆起;叶柄上面被柔毛。伞形花序腋生,具极短总梗或无,每花序具花3~4。果近球形,熟时紫黑色;基部果托扁平。花期8~9月,果期翌年5月。>分布:见于大有村和禅源寺等地,生于海拔1100 m以下的山地阔叶林中。我国长江流域均有分布。>用途:优良材用树种。

山鸡椒

Litsea cubeba

樟科 Lauraceae
木姜子属 *Litsea*

> **识别要点：** 落叶小乔木或灌木。枝、叶、果揉碎后有浓烈芳香味。小枝绿色，无毛。叶互生，薄纸质，叶片披针形或长圆状披针形。花早春先叶开放；伞形花序单生或簇生，生于枝上部叶腋，每花序具花4~6；花黄白色。果近球形，熟时紫黑色；果梗先端膨大。花期2~3月，果期9~10月。> **分布：** 天目山常见种，生于海拔300~1500 m的向阳山坡。我国华东、华南、华中和西南等地均有分布。东南亚各国亦有。
> **用途：** 可入药；种子可榨油。

薄叶润楠
（华东楠）

Machilus leptophylla

樟科 Lauraceae
润楠属 *Machilus*

> **识别要点：** 常绿乔木。树皮平滑不裂；顶芽近球形，外部芽鳞外被早落小绢毛，里面芽鳞较大，外被黄褐色绢毛。叶互生或轮生，坚纸质，叶片倒卵状长圆形，较大，幼时下面被贴生银白色绢毛，侧脉14~24对。圆锥花序6~10，集生于新枝基部；花白色。果球形，熟时紫黑色。花期5月，果期7月。> **分布：** 见于一里亭和三里亭等地，生于海拔450~600 m的谷地阔叶林中。我国长江流域以南地区有分布。
> **用途：** 园林绿化树种；树皮可提取树脂；种子可榨油。

红楠

Machilus thunbergii

樟科 Lauraceae
润楠属 *Machilus*

>**识别要点**：常绿乔木。鳞芽大；小枝绿色，一年生小枝无皮孔，二年生以上小枝疏生显著隆起皮孔。叶片革质，倒卵形至倒卵状披针形，较小，边缘微反卷，下面微被白粉；叶柄微带红色。聚伞圆锥花序于新枝下部腋生。果扁球形，熟时紫黑色，基部具反折花被片。花期4月，果期6~7月。>**分布**：见于一里亭和里曲湾等地，生于海拔900 m以下的谷地阔叶林中。我国长江流域以南地区有分布。>**用途**：园林绿化或材用树种；可提取芳香油；种子可榨油。

舟山新木姜子

Neolitsea sericea

樟科 Lauraceae
新木姜子属 *Neolitsea*

>**识别要点**：常绿乔木。树皮平滑不裂。叶互生，革质，叶片椭圆形至披针状椭圆形，较宽，叶缘明显反卷，幼时两面密被金黄色绢状毛，老时上面无毛；叶柄较长。伞形花序3~5簇生于新枝苞腋或叶腋；几无总梗。果球形，熟时鲜红色；果托浅杯状。花期9~10月，果期翌年1~2月。>**分布**：见于后山门树木园。我国浙江、上海有分布。朝鲜和日本亦有。>**用途**：优良材用或观赏植物；国家Ⅱ级重点保护野生植物。

浙江楠
Phoebe chekiangensis

樟科 Lauraceae
楠属 *Phoebe*

> **识别要点**：常绿乔木。树皮呈不规则薄片状剥落；小枝具棱脊，密被黄褐色绒毛。叶互生，革质，叶片倒卵状椭圆形至倒卵状披针形，较小，边缘常反卷。圆锥花序腋生。果椭圆状卵形，熟时蓝黑色，被白粉，宿存花被片紧贴果实基部；种子多胚性，两侧不对称。花期4~5月，果期9~10月。
> **分布**：见于白虎山和禅源寺等地，生于低山丘陵阔叶林中。我国安徽、浙江、江西和福建有分布。> **用途**：优良材用或庭园绿化树种；国家Ⅱ级重点保护野生植物。

139

紫楠
Phoebe sheareri

樟科 Lauraceae
楠属 *Phoebe*

> **识别要点**：常绿乔木。树皮灰白色。小枝、叶柄及花序密被黄褐色或灰黑色毛。叶片革质，倒卵形、椭圆状倒卵形或阔倒披针形，较大。圆锥花序腋生；花黄绿色。果卵形至卵圆形，熟时黑色，基部宿存花被片松散；种子单胚性，两侧对称，子叶等大。花期4~5月，果期9~10月。> **分布**：见于武山村和一里亭等地，生于海拔1000 m以下的沟谷阔叶林中。我国长江流域以南地区有分布。> **用途**：材用或庭园绿化树种；种子可榨油。

檫木
Sassafras tzumu

樟科 Lauraceae
檫木属 *Sassafras*

> **识别要点**：落叶乔木。树皮老时呈不规则深纵裂；小枝黄绿色，无毛。叶互生，常集生于枝顶；叶片卵形或倒卵形，全缘，不裂或2~3裂，两面无毛或下面沿脉疏生毛，羽状脉或离基三出脉；叶柄常带红色。总状花序，先叶开放，黄色。果近球形，熟时蓝黑色，被白色蜡粉。花期2~3月，果期7~8月。> **分布**：见于黄坞里和里曲湾等地，生于海拔350~1000 m的山坡林中。我国长江流域以南地区有分布。
> **用途**：优良材用或风景树种；可提取芳香油。

夏天无
Corydalis decumbens

罂粟科 Papaveraceae
紫堇属 *Corydalis*

> **识别要点**：多年生草本。块茎不规则球形或椭圆形，新块茎常叠生于老块茎上。基生叶1~2枚；叶片近正三角形，二回三出全裂，下面苍白色；茎生叶2~3枚，生于茎近中部或上部，与基生叶相似但较小。总状花序有花5~8朵；花红色或红紫色。蒴果线形；种子扁球形。花期3~4月，果期4~5月。> **分布**：见于南大门等地，生于海拔300 m的枫香树下草地。我国长江流域以南地区有分布。日本亦有。> **用途**：块茎可入药。

紫堇
Corydalis edulis

罂粟科 Papaveraceae
紫堇属 *Corydalis*

> **识别要点**：一年生或二年生草本。直根细长。茎稍肉质，红紫色。叶片三角形，二至三回羽状全裂。总状花序有花6~10朵；苞片全缘；花瓣淡蔷薇色至近白色；外花瓣顶端微凹，距短于瓣片；柱头横向纺锤形，上缘具槽，两端各具1乳突。蒴果线形，下垂；种子扁球形，密布小凹点。花期3~4月，果期4~5月。
> **分布**：见于大树王和开山老殿等地，生于海拔800~1200 m的山坡林缘。我国长江流域及其以北地区有分布。日本亦有。 > **用途**：全草可入药；观赏地被植物。

刻叶紫堇
Corydalis incisa

罂粟科 Papaveraceae
紫堇属 *Corydalis*

> **识别要点**：二年生或多年生草本。主根较短；根茎狭椭圆形，密生须根。茎直立，柔软多汁。叶片羽状全裂，基生叶基部鞘状。总状花序多花；苞片一回或二回羽状深裂；花瓣蓝紫色。外花瓣顶端稍后具鸡冠状突起，距约与瓣片等长；柱头四方形，顶端具乳突。蒴果线形，下垂；种子扁球形，密布小瘤状突起。花果期3~5月。 > **分布**：天目山常见种，生于海拔260~1500 m的山坡林缘。我国黄河流域及其以南地区有分布。日本和朝鲜亦有。 > **用途**：全草可入药；林缘观赏地被。

黄堇
Corydalis pallida

罂粟科 Papaveraceae
紫堇属 *Corydalis*

>识别要点：二年生草本。直根细长。茎簇生。基生叶多数，花期枯萎，叶片卵形，二至三回羽状全裂，下面有白霜。总状花序顶生或侧生，有花约20朵，苞片全缘；花瓣淡黄色。蒴果念珠状，稍下垂；种子扁球形，密布长圆锥形小突起。花期4~5月，果期5~6月。>分布：天目山常见种，生于海拔30~1400 m的山坡林缘。除西部地区外，我国广泛分布。日本和俄罗斯亦有。>用途：全草可入药。

荷青花
Hylomecon japonica

罂粟科 Papaveraceae
荷青花属 *Hylomecon*

>识别要点：多年生草本。含黄色汁液。根状茎斜生。茎单一。叶片羽状全裂，边缘具不整齐重锯齿，有时侧方裂片在一侧或两侧锐裂；茎生叶2~4枚，与基生叶相似。聚伞花序或1~2朵顶生；花瓣4，金黄色，近圆形。蒴果细长；种子卵球形，表面具网纹和鸡冠状附属物。花期4~8月，果期5~9月。>分布：见于朱陀岭和三里亭等地，生于海拔800~1200 m的山坡和路旁。我国华东、华南和东北地区均有分布。朝鲜、日本和俄罗斯亦有。>用途：根状茎可入药；林下地被观赏植物。

醉蝶花
Tarenaya hassleriana

山柑科 Capparaceae
醉蝶花属 *Tarenaya*

>**识别要点**：一年生草本，有强烈臭味。茎分枝，具黄色柔毛及黏质腺毛。掌状复叶有小叶5~7；小叶片长圆状披针形，两面具腺毛；叶柄基部具托叶变成的小钩刺。总状花序稍有腺毛；萼片花时向外反折；花瓣紫红色或白色，倒卵形；雄蕊6，较花瓣长2~3倍。蒴果圆柱形，无毛。花果期7~9月。>**分布**：见于山麓农家。原产南美，我国各地广泛栽培。>**用途**：观花植物；蜜源植物。

143

鼠耳芥
（拟南芥）
Arabidopsis thaliana

十字花科 Cruciferae
拟南芥属 *Arabidopsis*

>**识别要点**：二年生草本。茎直立，下部有时紫色，被粗硬毛，上部绿色，近无毛。基生叶片长圆形、倒卵形或匙形，边缘有数个不明显细齿，两面被2~3叉状毛；茎生叶片线状披针形、线性或长圆形，全缘，近无柄。总状花序顶生或腋生，花后伸长；花小，白色。长角果枯黄色，线形；种子红褐色，卵形。花果期3~5月。>**分布**：见于天目村荒地草丛。我国长江流域及其以北地区有分布。亚洲、非洲、欧洲和北美洲亦有。>**用途**：模式生物，具有重要的科研价值。

芸薹
（油菜）

Brassica rapa var. *oleifera*

十字花科 Cruciferae
芸薹属 *Brassica*

> 识别要点：一年生或二年生草本。全草无毛或近无毛，被白粉。茎直立。基生叶片大头羽裂，边缘有不整齐大牙齿或缺刻；茎下部叶片羽状中裂，基部扩大抱茎；茎上部叶片长圆形或披针形，基部耳状抱茎。总状花序顶生和腋生；花瓣鲜黄色，爪不明显。长角果圆柱形。花期3~5月，果期4~6月。
> 分布：见于山麓农家。我国长江和黄河流域均有栽培。许多国家有引种。>用途：重要油料作物和蜜源植物；茎、叶可食；茎、叶和种子可入药。

荠
（荠菜）

Capsella bursa-pastoris

十字花科 Cruciferae
荠属 *Capsella*

> 识别要点：一年生或二年生草本。全草稍被单毛、分叉毛或星状毛。茎直立。基生叶长圆形莲座状，大头状羽裂、深裂或不整齐羽裂；茎生叶互生，长圆形或披针形，基部箭形，抱茎。总状花序花后延伸；花小，白色。短角果倒三角状心形，具明显网纹，熟时开裂。花期3~4月，果期6~7月。
> 分布：天目山常见种。我国广泛分布。世界温暖地区均有。
> 用途：著名野菜；全草可入药。

碎米荠
Cardamine hirsuta

十字花科 Cruciferae
碎米荠属 *Cardamine*

> **识别要点**：一年生或二年生草本。茎直立或斜升，被硬毛，下部有时带淡紫色。羽状复叶，小叶两面被疏柔毛，多为菱状长卵形、卵形或线形；基生叶与茎下部叶具柄，顶生小叶边缘有波状齿3~7，侧生小叶较小，边缘有圆齿2~3；茎上部叶具小叶3~6对，顶生小叶先端3齿裂，侧生小叶全缘或具齿1~2。总状花序顶生，花序轴直伸；花瓣白色。长角果线形。花期2~4月，果期3~5月。> **分布**：天目山常见种，生于各海拔段潮湿处。我国各地均有分布。温带地区广布。
> **用途**：野菜；全草可入药。

弹裂碎米荠
Cardamine impatiens

十字花科 Cruciferae
碎米荠属 *Cardamine*

> **识别要点**：二年生草本。茎直立。奇数羽状复叶；基生叶有小叶2~8对，顶生小叶边缘具3~5钝齿状浅裂，侧生小叶最下1对基部稍扩大，两侧有狭披针形叶耳抱茎；茎生叶有小叶3~8对，侧生小叶基部两侧具叶耳。总状花序顶生或腋生；花瓣白色。长角果线形；果瓣无毛；成熟后自下而上弹卷开裂。花期4~6月，果期5~7月。
> **分布**：见于香炉峰和狮子口等地，生于海拔950~1100 m的林下阴湿处。我国长江流域至西南和秦岭北坡均有分布。亚洲、欧洲、非洲和北美洲亦有。> **用途**：全草可入药。

圆齿碎米荠
Cardamine scutata

十字花科 Cruciferae
碎米荠属 *Cardamine*

> **识别要点**：一年生或二年生草本。茎单一，直立或稍曲折，基部簇生多数羽状复叶。基生叶有小叶3~4对，叶柄明显，顶生小叶边缘有深浅不等波状圆齿，侧生小叶边缘有少数圆齿；茎生小叶1~3对，较小。总状花序顶生，花多数；花瓣白色。长角果线形，果梗直立开展。花期4~5月，果期9~11月。> **分布**：见于林下阴湿处。我国华东和华南地区均有分布。日本、朝鲜和俄罗斯亦有。> **用途**：全草可入药。

葶苈
Draba nemorosa

十字花科 Cruciferae
葶苈属 *Draba*

> **识别要点**：一年生草本。茎直立，下部有单毛、分叉毛和星状毛。基生叶莲座状，叶片长圆状椭圆形，两面密被灰白色叉状毛和星状毛；茎生叶互生，向上渐小，无柄。总状花序顶生和腋生，花后伸长；花小，黄白色。短角果椭圆形至倒卵状长圆形，密被单毛，熟时开裂。花期3~4月，果期5~6月。> **分布**：见于禅源寺和告岭村等地，生于低海拔溪畔田边。我国长江流域及其以北地区有分布。亚洲、欧洲和美洲亦有。
> **用途**：种子可入药。

臭独行菜
Lepidium didymum

十字花科 Cruciferae
独行菜属 *Lepidium*

> **识别要点：** 一年生或二年生草本。全草有臭味，匍匐生长。根直长。主茎短而不明显。叶片一回或二回羽状分裂，全缘，两面无毛。总状花序腋生；花小，白色，有时黄绿色或青蓝色；花瓣长圆形；雄蕊2。短角果扁肾球形，顶端下凹，果瓣表面皱缩成网纹。花期4月，果期5月。> **分布：** 天目山常见种，生于路旁荒野。我国长江流域及其以南地区有分布。南美洲亦有。> **用途：** 可作杀虫剂。

北美独行菜
Lepidium virginicum

十字花科 Cruciferae
独行菜属 *Lepidium*

> **识别要点：** 一年生或二年生草本。茎直立，具紧贴的细柔毛。基生叶片倒披针形，羽裂或大头羽裂，边缘有锯齿；茎生叶有短柄，叶片倒披针形或线形，边缘有锯齿或近全缘。总状花序顶生；花小，白色；雄蕊2或4。短角果扁圆形，顶端微凹，近顶端两侧有狭翅。花期4~6月，果期5~9月。> **分布：** 天目山常见种，生于低海拔地区。原产北美，我国华东、华南和华北等地有分布。> **用途：** 种子可入药。

诸葛菜
Orychophragmus violaceus

十字花科 Cruciferae
诸葛菜属 *Orychophragmus*

> **识别要点**：一年生或二年生草本。全草无毛。茎单一，浅绿色或带紫色。基生叶及下部茎生叶大头羽状全裂；上部叶长圆形或窄卵形，基部耳状，抱茎，无叶柄，边缘有不整齐牙齿。花紫色、浅红色或褪成白色。长角果线形；种子卵形至长圆形，有纵条纹。花期4~5月，果期5~6月。> **分布**：见于山麓农家，生于平原林下。我国华北、华中和华东等地有分布。朝鲜和日本也有。> **用途**：可作野菜或观花植物。

萝卜
Raphanus sativus

十字花科 Cruciferae
萝卜属 *Raphanus*

> **识别要点**：二年生草本。直根粗壮肉质，长圆形、球形或圆锥形，大小和颜色多变。茎直立中空，稍有白粉。基生叶及下部茎生叶大头羽裂，有叶柄；茎生叶长圆形至披针形。总状花序顶生和腋生；花瓣淡紫红色或白色。长角果肉质，圆柱形；种子之间缢缩，果瓣内壁海绵质，不开裂。花期4~5月，果期5~6月。
> **分布**：见于火焰山脚和开山老殿等地。原产欧洲、中国和日本，我国各地均有栽培。> **用途**：重要蔬菜；根和叶可入药。

蔊菜
（印度蔊菜）
Rorippa indica

十字花科 Cruciferae
蔊菜属 *Rorippa*

> **识别要点：** 一年生或二年生草本，粗壮。茎直立或斜生，有时带紫色。叶形多变化，基生叶和茎下叶大头状羽裂；茎上部叶向上渐小，多不分裂，边缘具疏齿，基部有短叶柄或稍耳状抱茎。总状花序顶生和腋生；花小，黄色。长角果线状圆柱形或长圆状棒形。花期4~9月，花后果实渐次成熟。> **分布：** 天目山常见种，生于路旁田边。我国黄河流域及其以南地区均有分布。日本、印度和菲律宾等国亦有。> **用途：** 野菜；全草可入药。

心叶华葱芥
Sinalliaria limprichtiana

十字花科 Cruciferae
华葱芥属 *Sinalliaria*

> **识别要点：** 多年生草本。茎直立。叶片膜质，基生叶有柄，单叶或极少有1至3个侧裂片；茎生叶为单叶，具较长叶柄，叶片三角状心形，边缘具长圆状锯齿或三角状牙齿，齿端具小短尖头。总状花序顶生或腋生；花疏散，白色。长角果线形，顶端无喙。花期3~4月，果期4~5月。
> **分布：** 见于禅源寺和后山门等地，生于海拔350~1000 m的山坡草丛。我国江苏、浙江和安徽有分布。
> **用途：** 全草可入药。

八宝

Hylotelephium erythrostictum

景天科 Crassulaceae
八宝属 *Hylotelephium*

>**识别要点**：多年生草本。茎直立。叶对生，有时3枚轮生，肉质；叶片卵形、椭圆状卵形或长圆形，基部渐狭成短柄，边缘有波状钝齿。复伞房花序顶生，具多数花；花瓣5，绿白色。种子多数，褐色，线状披针形，表面网状，边缘具狭翅。花果期8~10月。>**分布**：见于香炉峰、开山老殿等地，生于山坡草丛。我国长江流域及其以北地区有分布。日本、朝鲜和俄罗斯亦有。>**用途**：全草可入药。

轮叶八宝

Hylotelephium verticillatum

景天科 Crassulaceae
八宝属 *Hylotelephium*

>**识别要点**：多年生草本。茎直立。叶常4枚轮生，下部有时3枚轮生，稀2枚对生，肉质；下部叶片椭圆状卵形或长圆形，基部渐狭成短柄，边缘有波状钝齿。复伞房花序顶生，具多数花；花瓣5，黄白色或黄绿色。种子多数，褐色，线状披针形，表面网状，边缘具狭翅。花果期7~8月。>**分布**：见于香炉峰和开山老殿，生于海拔1000 m左右的林下岩石。我国长江流域及其以北地区有分布。日本、朝鲜和俄罗斯亦有。>**用途**：全草可入药。

晚红瓦松
Orostachys japonica

景天科 Crassulaceae
瓦松属 *Orostachys*

> **识别要点**：多年生肉质草本。茎、叶、萼片和花瓣均生有红色小斑点。叶莲座状着生于茎基部，肉质，叶片线状匙形，有1软骨质刺；茎生叶散生，叶片披针形。总状或圆锥状花序圆筒形，着生多数花；花瓣5，淡紫色。种子褐色，狭椭圆形，多数。花果期9~10月。> **分布**：见于禅源寺，生于海拔300 m左右的屋顶或岩石上。我国华东、华北和东北地区均有分布。日本、朝鲜和俄罗斯亦有。> **用途**：全草可入药。

费菜
Phedimus aizoon

景天科 Crassulaceae
费菜属 *Phedimus*

> **识别要点**：多年生草本。茎无毛，不分枝；根状茎粗壮，木质化。叶互生；叶片长圆形、椭圆形至倒狭卵形，基部楔形下延，两面被点状白色细毛，边缘有锯齿。聚伞花序顶生；花多数，密集；花瓣5，黄色；雄蕊10。蓇葖果星芒状开叉；种子长卵球形，具多条肋状突起。花果期6~8月。> **分布**：见于里曲湾和倒挂莲花等地，生于海拔500~1500 m的潮湿岩石上。我国长江流域及其以北地区均有分布。日本、朝鲜、蒙古和俄罗斯亦有。> **用途**：全草可入药。

凹叶景天
Sedum emarginatum

景天科 Crassulaceae
景天属 *Sedum*

>识别要点：多年生草本。茎细弱，着地部分常生有不定根。叶对生，叶片倒宽卵形，先端微凹，有短距；无柄。聚伞花序顶生，常有3个分枝；花无梗；花瓣5，黄色；基部具叶状苞片。蓇葖果略叉开，腹部有浅囊状突起。花期5~6月，果期6~7月。 >分布：见于一都村，生于路边岩石上。我国长江流域至黄河流域均有分布。 >用途：全草可入药。

大苞景天
Sedum oligospermum

景天科 Crassulaceae
景天属 *Sedum*

>识别要点：多年生草本，粗壮。茎直立，常不分枝。叶互生；叶片椭圆状菱形，基部具短距。聚伞花序顶生，3分枝；花无梗或具极短花梗；花瓣5，黄色；苞片叶状，大型。蓇葖果具多数种子；种子细小，表面具乳头状突起。花果期9~10月。 >分布：见于五里亭和半月池，生于海拔1000 m以下山地林中。我国长江流域至黄河流域均有分布。 >用途：全草可入药。

落新妇
Astilbe chinensis

虎耳草科 Saxifragaceae
落新妇属 *Astilbe*

> **识别要点**：多年生草本。根状茎暗红色，具多数须根。茎无毛。基生叶为二至三回三出羽状复叶，边缘有重锯齿，顶生小叶片菱状椭圆形，侧生小叶基部偏斜；茎生叶2~3枚，较小。圆锥花序轴密被褐色卷曲长柔毛；花密集；花柄无；花瓣5，淡紫色至紫红色，线形。蒴果。花期5~6月，果期7~9月。
> **分布**：见于三里亭和仙人顶等地，生于海拔390~1500 m的山坡林下。我国西部、中部和北部地区均有分布。朝鲜、日本和俄罗斯亦有。 > **用途**：根状茎可入药。

草绣球
Cardiandra moellendorffii

虎耳草科 Saxifragaceae
草绣球属 *Cardiandra*

> **识别要点**：亚灌木。叶纸质，椭圆形或倒长卵形，具尖头，边缘有粗长锯齿，上面被短糙伏毛，下面疏被短柔毛或仅脉上有疏毛；叶柄向上渐短或几无柄。伞房状聚伞花序有花6~10；不孕花萼片宽卵形至近圆形；孕性花萼筒杯状；花瓣淡红色或白色。蒴果近球形或卵球形。花期7~9月，果期9~10月。 > **分布**：天目山常见种，生于海拔350~1500 m的林下阴湿处。我国安徽、浙江、江西和福建有分布。 > **用途**：根茎可入药；观赏植物。

大叶金腰
Chrysosplenium macrophyllum

虎耳草科 Saxifragaceae
金腰属 *Chrysosplenium*

> **识别要点**：多年生草本。具匍匐不育枝；花茎疏生褐色长柔毛。基生叶数枚，革质，倒卵形，上面疏生褐色柔毛，下面无毛；茎生叶通常1枚。多歧聚伞花序。蒴果先端近平截，2果瓣近等大；种子近卵球形，密被小乳头状突起。花果期4~6月。
> **分布**：见于后山门和三里亭等地，生于海拔300~900 m的林下阴湿处。我国长江流域以南地区均有分布。 > **用途**：全草可入药。

154

黄山溲疏
Deutzia glauca

虎耳草科 Saxifragaceae
溲疏属 *Deutzia*

> **识别要点**：落叶灌木。老枝黄绿色或褐色，无毛；花枝具4~6叶，灰褐色或紫褐色，无毛。叶片纸质，卵状长圆形或卵状椭圆形，边缘具细锯齿，两面绿色，上面疏被4~5辐射状星状毛，下面无毛或被极稀疏星状毛；叶柄无毛。圆锥花序具多花，无毛；花瓣白色。蒴果半球形。花期5~6月，果期8~9月。 > **分布**：见于太子庵和阳和峰等地，生于海拔600~1200 m的山坡林中。我国安徽、浙江、河南、湖北和江西省有分布。 > **用途**：根和叶可入药。

中国绣球
Hydrangea chinensis

虎耳草科 Saxifragaceae
绣球属 *Hydrangea*

>**识别要点**：落叶灌木。小枝幼时被短柔毛。叶片薄纸质，长圆形或狭椭圆形，边缘近中部以上疏生小齿，两面疏被短柔毛，下面脉腋间常有髯毛。伞形或伞房状聚伞花序，较稀疏，多数能育，顶端截平，被短柔毛；孕性花黄色；子房半下位，花柱3~4。蒴果卵球形。花期5~7月，果期8~10月。
>**分布**：天目山常见种，生于海拔360~1500 m的山谷疏林中。我国台湾、福建、安徽、江西、浙江、湖南和广西有分布。>**用途**：根、叶和花可入药。

娥眉鼠刺
Itea omeiensis

虎耳草科 Saxifragaceae
鼠刺属 *Itea*

>**识别要点**：常绿灌木。幼枝黄绿色，无毛。叶薄革质，长圆形，边缘有密集细锯齿，两面无毛；叶柄上面有浅槽沟。总状花序腋生，长于叶，单生或2~3簇生，直立；花梗基部有叶状苞片；花瓣白色；子房上位，密被长柔毛。蒴果被柔毛。花期3~5月，果期6~12月。>**分布**：天目山常见种，生于海拔350~1000 m的山谷疏林。我国长江流域以南地区有分布。>**用途**：根和花可入药。

白耳菜
Parnassia foliosa

虎耳草科 Saxifragaceae
梅花草属 *Parnassia*

> **识别要点**：多年生草本，无毛。根状茎块状或稍伸长，具多数细长丝状根。基生叶3~6，簇生；叶片肾形，全缘，叶柄两侧有窄翼，边缘有褐色流苏状毛；茎生叶4~8。萼片常有一圈窄膜质边，花后反折；花瓣白色。蒴果扁球形，成熟时开裂成3瓣。花期8~9月，果期9~10月。
> **分布**：见于横塘和地藏殿等地，生于海拔1100~1500 m的潮湿草地中。我国江西、浙江、安徽和福建有分布。> **用途**：全草可入药。

扯根菜
Penthorum chinense

虎耳草科 Saxifragaceae
扯根菜属 *Penthorum*

> **识别要点**：多年生草本。根和茎均呈紫红色。根状茎分枝；茎不分枝，上部疏生黑褐色腺毛。叶互生，披针形至狭披针形，边缘有细小重锯齿，无毛，无柄或近无柄。聚伞花序具多花，花序分枝与花梗均被褐色腺毛；花小型，黄白色。蒴果紫红色；种子表面具小丘状突起。花果期7~10月。
> **分布**：见于禅源寺，生于沟谷水边。我国黄河流域及其以南地区均有分布。朝鲜、日本和俄罗斯亦有。> **用途**：全草可入药。

浙江山梅花
Philadelphus zhejiangensis

虎耳草科 Saxifragaceae
山梅花属 *Philadelphus*

>**识别要点**：落叶灌木。小枝暗褐色，无毛。叶片椭圆形或椭圆状披针形，边缘有锯齿，上面疏被糙伏毛，下面沿脉被长硬毛，花枝上的叶常较小。总状花序有花5~13朵；花序轴无毛；萼片外面无毛；花瓣白色。蒴果椭圆形或陀螺形。花期5~6月，果期7~11月。>**分布**：见于太子庵和青龙山等地，生于海拔300~1500 m的山谷疏林中。我国安徽、浙江和福建省有分布。>**用途**：观花植物。

冠盖藤
Pileostegia viburnoides

虎耳草科 Saxifragaceae
冠盖藤属 *Pileostegia*

>**识别要点**：常绿攀缘状灌木，常以小气生根攀附。小枝圆柱形，无毛。叶薄革质，对生，长椭圆形至长椭圆状倒卵形，全缘或上部有疏齿。伞房状圆锥花序顶生；花白色或绿白色。蒴果圆锥状，种子微小，极多，淡黄色。花期7~8月，果期9~10月。>**分布**：见于开山老殿，生于高海拔的林下阴湿处。我国东部和西南地区有分布。印度、日本和越南亦有。>**用途**：根叶可入药。

虎耳草
Saxifraga stolonifera

虎耳草科 Saxifragaceae
虎耳草属 *Saxifraga*

>**识别要点**：多年生草本。匍匐茎细长。基生叶片近心形、肾形或圆形，两面具腺毛，上面绿色，下面紫红色，有斑点，具掌状直达叶缘的脉序；茎生叶片披针形。聚伞花序圆锥状基生；花两侧对称；花瓣5，2长3短，白色，中上部有紫红色斑点，基部有黄色斑点。花期4~8月，果期6~11月。>**分布**：天目山常见种，生于海拔300~1300 m的林下阴湿地。我国黄河流域以南地区有分布。日本和朝鲜亦有。>**用途**：全草可入药。

158

钻地风
Schizophragma integrifolium

虎耳草科 Saxifragaceae
钻地风属 *Schizophragma*

>**识别要点**：落叶藤本。小枝无毛，具细条纹。叶纸质，宽卵形至椭圆形，全缘或多少具硬尖小齿，上面无毛，下面有时沿叶脉被稀疏短柔毛，后变无毛。花序幼时密被褐色紧贴短柔毛，后渐稀少；不育花黄白色。蒴果顶端突出部分圆锥形；种子褐色。花期6~7月，果期10~11月。>**分布**：见于天目村和太子庵等地，生于海拔300~1500 m的山谷林下，常攀缘于乔木和岩石上。我国长江流域及其以南地区有分布。
>**用途**：根和茎藤可入药。

黄水枝
Tiarella polyphylla

虎耳草科 Saxifragaceae
黄水枝属 *Tiarella*

> **识别要点**：多年生草本。根状茎横走；茎不分枝，密被腺毛。基生叶片心形，掌状3~5浅裂，边缘具不规则浅齿，两面密被腺毛，叶柄基部扩大呈鞘状；茎生叶通常2~3枚，与基生叶同型，叶柄较短。总状花序密被腺毛；无花瓣。蒴果；种子椭圆状球形。花期4~5月，果期5~10月。
> **分布**：见于五里亭和香炉峰等地，生于海拔600~1500 m的林下阴湿处。我国黄河流域以南地区有分布。日本和缅甸等国亦有。 > **用途**：全草可入药。

海金子
（崖花海桐）
Pittosporum illicioides

海桐花科 Pittosporaceae
海桐花属 *Pittosporum*

> **识别要点**：常绿灌木或小乔木。嫩枝光滑无毛，有皮孔。叶互生，常簇生于枝顶呈假轮生状；叶片薄革质，倒卵状披针形或倒披针形，先端渐尖，边缘微波状。伞形花序顶生；花瓣5，淡黄色，基部连合，长匙形。蒴果近圆球形，果瓣薄革质，3瓣开裂；种子红色。花期4~5月，果期6~10月。
> **分布**：天目山常见种，生于林缘灌丛中。我国长江流域及其以南地区有分布。日本亦有。 > **用途**：根、叶和种子可入药；茎皮纤维供造纸。

海桐
Pittosporum tobira

海桐花科 Pittosporaceae
海桐花属 *Pittosporum*

> **识别要点**：常绿灌木或小乔木。嫩枝被褐色柔毛，有皮孔。叶互生，常聚生于枝顶呈假轮生状；叶片革质，倒卵形，先端钝圆，常微凹，基部下延，全缘。伞形花序顶生或近顶生，密被黄褐色柔毛；花瓣5，离生，白色或黄绿色，芳香。蒴果圆球形，果瓣木质，具横隔，3瓣开裂；种子红色，多数。花期4~6月，果期9~12月。> **分布**：见于南大门和禅源寺。分布于长江流域及其以南地区，我国广泛栽培。日本和朝鲜亦有。> **用途**：园林绿化观赏树种；根、叶和种子可入药。

蜡瓣花
Corylopsis sinensis

金缕梅科 Hamamelidaceae
蜡瓣花属 *Corylopsis*

> **识别要点**：落叶灌木。嫩枝被灰褐色柔毛。叶片薄革质，倒卵圆形或倒卵形，有时长圆状倒卵形，边缘锯齿刺毛状，上面暗绿色，无毛或仅中脉上有毛，下面淡绿色，被灰褐色星状毛。叶柄、花序轴、苞片、萼筒及子房均被星状毛。总状花序下垂。蒴果近球形，被褐色柔毛。花期4~5月，果期6~8月。
> **分布**：天目山常见种，生于海拔800 m以上的山地。我国长江流域以南地区均有分布。> **用途**：观花植物。

杨梅叶蚊母树
Distylium myricoides

金缕梅科 Hamamelidaceae
蚊母树属 *Distylium*

>**识别要点**：常绿灌木或乔木。幼枝有黄色鳞垢。叶片革质，长圆形至倒卵状披针形，先端锐尖，上面暗绿色，下面灰绿色，两面无毛，侧脉在上面凹陷，边缘偶有少数齿。总状花序腋生；花序轴有鳞垢；雄花与两性花同序，两性花位于花序顶端。蒴果卵球形，被黄褐色星状毛。花期4月，果期7~8月。>**分布**：见于禅源寺，生于山坡林下。我国长江流域以南地区有分布。>**用途**：庭园观赏树种；果和树皮可提制栲胶。

牛鼻栓
Fortunearia sinensis

金缕梅科 Hamamelidaceae
牛鼻栓属 *Fortunearia*

>**识别要点**：落叶灌木或小乔木。有裸芽；小枝被星状毛。叶片纸质，倒卵形或倒卵状椭圆形，叶缘具波状齿，齿端有突尖，上面粗糙，除中脉外秃净无毛，下面脉上有星状毛。两性花和雄花同株；两性花具总状花序；总花梗、花序轴均被星状毛。蒴果卵球形，外面无毛，密被白色皮孔。花期4月，果期7~9月。
>**分布**：见于三里亭和七里亭等地，生于海拔900 m以上的山坡沟谷。我国江苏、安徽、浙江、江西、湖北、四川、河南和陕西有分布。>**用途**：根、枝和叶可入药；材用树种。

金缕梅

Hamamelis mollis

金缕梅科 Hamamelidaceae
金缕梅属 *Hamamelis*

>**识别要点**：落叶灌木或小乔木。嫩枝被黄褐色星状毛。叶片厚纸质，宽倒卵形，边缘有波状钝齿，上面粗糙，疏生星状毛，下面密被星状毛，基部第1对侧脉外侧具第2次分支侧脉。花先叶开放，有香气，数朵排成腋生短穗状；花瓣黄色，条形。蒴果外密被黄褐色星状毛。花期2~3月，果期6~8月。
>**分布**：见于四面峰和千亩田等地，生于海拔800~1000 m的林下灌丛。我国安徽、江西、浙江、湖北、湖南、广西和四川有分布。>**用途**：观花植物。

枫香树

Liquidambar formosana

金缕梅科 Hamamelidaceae
枫香树属 *Liquidambar*

>**识别要点**：落叶大乔木。树皮灰色。小枝有柔毛。叶片纸质，宽卵形，常掌状3裂，中央裂片较长，两侧裂片平展，边缘有腺锯齿；托叶红色，线形。雄短穗状花序常多个排列成总状；雌头状花序有花25~40。头状果序球形，下垂；蒴果木质，有宿存花柱和针刺状萼齿。花期3~4月，果期9~10月。
>**分布**：天目山常见种，生于海拔700 m以下的林中。我国秦岭及淮河以南地区均有分布。越南、老挝和朝鲜亦有。
>**用途**：材用树种；果可入药；观叶植物。

檵木
Loropetalum chinense

金缕梅科 Hamamelidaceae
檵木属 *Loropetalum*

> **识别要点**：常绿灌木或小乔木。多分枝；小枝、叶片、叶柄、花序柄、花萼及果实均被星状毛。叶片革质，卵形，全缘，叶背密生星状毛。花3~8朵簇生；苞片线形；花瓣条形，白色。蒴果卵圆形，褐色；宿存萼筒长为蒴果的2/3。花期3~4月，果期6~8月。> **分布**：天目山常见种，生于低海拔向阳山坡。我国中部和南部地区均有分布。> **用途**：可作盆景；花和叶可入药。

银缕梅
（小叶银缕梅）
Parrotia subaequalis

金缕梅科 Hamamelidaceae
银缕梅属 *Parrotia*

> **识别要点**：落叶小乔木。常有大型头状坚硬虫瘿。树皮斑块状剥落。叶片薄革质，倒卵形，边缘中上部具4~5个波状钝齿，下部全缘；叶柄被星状毛。花序腋生或顶生，被星状毛；先叶开放；最下部1~2朵为雄花；两性花4~5朵；无花瓣。蒴果近球形，具星状毛，花柱宿存。花期3~4月，果期9~10月。> **分布**：栽培于天目山管理局附近。我国江苏、安徽和浙江有分布。> **用途**：庭园观赏树种；国家I级重点保护野生植物。

杜仲

Eucommia ulmoides

杜仲科 Eucommiaceae
杜仲属 *Eucommia*

> **识别要点**：落叶乔木；雌雄异株。枝、叶折断后有白色细胶丝相连。叶片椭圆状卵形，先端急尾尖，边缘有细锯齿，上面幼时有褐色柔毛，老时有皱纹。雄花密集成头状花序，生于短梗上，无花被；雌花单生。具翅小坚果扁平，长椭圆形，顶端2裂。花期4月，果期9~10月。> **分布**：见于太子庵和五里亭等地，生于海拔800~1100 m的阔叶林中。我国长江中下游地区均有分布。> **用途**：树皮为名贵药材；叶、树皮和果实可提取硬橡胶。

二球悬铃木
（法国梧桐）

Platanus acerifolia

悬铃木科 Platanaceae
悬铃木属 *Platanus*

> **识别要点**：落叶乔木。树皮大片剥落，幼枝密生星状绒毛；叶柄下芽。叶片宽卵形或宽三角状卵形，上部3~5裂，中央裂片宽三角形，全缘或具粗大锯齿，两面幼时被灰褐色星状绒毛。花常4。聚合果球形，常2个串生。小坚果多数，长圆形，具细长刺状花柱，基部有绒毛。花期4月，果期9~10月。> **分布**：见于坞子岭和浮玉山庄等地。是三球悬铃木与一球悬铃木的杂交种。我国广泛栽培。> **用途**：行道树。

龙芽草
Agrimonia pilosa

蔷薇科 Rosaceae
龙芽草属 *Agrimonia*

> **识别要点**：多年生草本。根常块茎状，木质化。奇数羽状复叶，小叶5~9，向上减少至3，大小极不相等；小叶片通常中上部最宽，两面被疏毛，下面有明显腺点；托叶草质，镰形。穗状总状花序顶生，花较密；花瓣5，黄色，长圆形；雄蕊5~15。果实陀螺状，顶端有数层钩刺，成熟后靠合。花果期5~10月。> **分布**：天目山常见种，生于海拔1500 m以下的林缘草丛中。我国各地广泛分布。亚洲和欧洲均有。> **用途**：全草可入药；可提取栲胶。

桃
Amygdalus persica

蔷薇科 Rosaceae
桃属 *Amygdalus*

> **识别要点**：落叶小乔木。冬芽2~3个并生，中间为叶芽，两侧为花芽。叶片长圆状披针形、椭圆状披针形或倒卵状披针形，具单锯齿；叶柄常具1至数枚腺体。花单生，先叶开放；花柄几无；花瓣5，粉红色。核果卵形、宽椭圆形或扁圆形，密被毛，果肉多汁，有香气。花期3~4月，果期5~9月。
> **分布**：见于阳和峰和三里亭等地，生于海拔400~800 m的山坡阔叶林中。原产中国中部和北部，国内外广泛栽培。
> **用途**：果可食用；观花植物。

梅
（梅花）
Armeniaca mume

蔷薇科 Rosaceae
杏属 *Armeniaca*

> **识别要点**：落叶小乔木或灌木。一年生枝绿色，光滑无毛。叶常卵形，先端尾尖，基部宽楔形至圆形，边缘具细锯齿。花常单生，有香气，先叶开放；花梗短；花托钟形；花瓣5，白色、粉色至红色。核果黄色或绿白色，近球形，果肉黏核，味酸；果核有纵沟及蜂窝状孔穴。花期2~3月，果期5~6月。> **分布**：见于青龙山、三里亭等地，生于海拔400~700 m的山坡林。国内外广泛栽培。> **用途**：果可食用；观花植物；可入药。

杏
Armeniaca vulgaris

蔷薇科 Rosaceae
杏属 *Armeniaca*

> **识别要点**：落叶乔木。老枝具皮孔；当年生枝浅红褐色，有光泽，无毛。叶片宽卵形，先端急尖至短渐尖，基部圆形至近心形，边缘有圆钝锯齿，两面无毛或下面脉腋间具柔毛；叶柄常具1~6腺体。花单生，先叶开放；花梗短；花瓣5，白色或粉红色。核果白色、黄色至橙黄色，具红晕，球形，果肉离核，多汁。花期3~4月，果期6~7月。> **分布**：见于天目村和禅源寺等地。原产亚洲西部，国内外广泛栽培。> **用途**：果可食用；观花植物。

迎春樱桃
Cerasus discoidea

蔷薇科 Rosaceae
樱属 *Cerasus*

> 识别要点：落叶小乔木。树皮具大型横生皮孔。腋芽单生。叶片倒卵状长圆形或长椭圆形，先端骤尾尖或尾尖，边缘有缺刻状锐尖锯齿，齿端具腺体，两面被疏柔毛；叶柄顶端有1~3盘状腺体；托叶边缘亦有。花先叶开放；伞形花序有花2朵；苞片绿色；花瓣5，粉红色。核果红色。花期2~3月，果期4~5月。**> 分布**：天目山常见种，生于海拔300~1500 m的山谷阔叶林中。我国安徽、浙江和江西有分布。
> 用途：观花植物；果可食用。

郁李
Cerasus japonica

蔷薇科 Rosaceae
樱属 *Cerasus*

> 识别要点：落叶灌木。树皮具小型横生皮孔。叶片卵形或卵状披针形，先端长渐尖，基部近圆形，最宽处在中部以下，边缘有细尖重锯齿；叶柄较短。花叶同放或先叶开放，1~3朵簇生；花瓣5，白色微带粉色；花柱与雄蕊近等长，无毛。核果深红色，近球形。花期4月，果期5~6月。
> 分布：见于九狮村和西关等地，生于海拔300~750 m的山谷阔叶林中。我国华北和东北地区有分布。朝鲜和日本亦有。**> 用途**：观花植物；核仁可入药。

樱桃
Cerasus pseudocerasus

蔷薇科 Rosaceae
樱属 *Cerasus*

> **识别要点**：落叶乔木。树皮具大型横生皮孔。腋芽单生。叶片卵形或长圆状卵形，边缘有尖锐重锯齿，齿端有小腺体，上面近无毛，下面沿脉或脉间有稀疏柔毛；叶柄被疏柔毛，顶端有1~2枚大腺体；托叶具腺齿。花先叶开放；伞房或近伞形花序有花3~6朵；花托钟状；萼片全缘；花柱无毛；花瓣5，白色，先端微凹。核果红色，近球形。花期3~4月，果期5~6月。> **分布**：见于天目村和禅源寺等地。国内外广泛栽培。> **用途**：果可食用；可入药。

木瓜
Chaenomeles sinensis

蔷薇科 Rosaceae
木瓜属 *Chaenomeles*

> **识别要点**：落叶小乔木。树皮片状剥落。树干上常有横向粗壮短枝，无刺。叶片椭圆状卵形或椭圆状长圆形，边缘有刺芒状尖锐腺齿，幼时下面被黄白色绒毛；叶柄和托叶边缘具腺齿。花单生叶腋；花梗粗短，无毛；花瓣粉红色。果实暗黄色，木质，有香气。花期4月，果期9~10月。
> **分布**：见于太子庵和后山门等地。国内外广泛栽培。> **用途**：庭园观赏树种；果可入药。

贴梗海棠
（皱皮木瓜）
Chaenomeles speciosa

蔷薇科 Rosaceae
木瓜属 *Chaenomeles*

> **识别要点：** 落叶灌木。枝直立开展，有枝刺。叶片卵形至椭圆形，边缘具尖锐锯齿，无毛或萌芽枝叶片下面脉上有短柔毛；托叶发达，边缘有尖锐重锯齿。花先叶开放，3~5朵簇生于二年生枝上；花瓣猩红色，稀淡红色或白色。果实黄色或黄绿色，较小，有香气。花期5月，果期9~10月。
> **分布：** 见于太子庵和禅源寺等地。原产陕西和甘肃等地，我国广泛栽培。> **用途：** 观花植物；果可入药。

169

平枝栒子
Cotoneaster horizontalis

蔷薇科 Rosaceae
栒子属 *Cotoneaster*

> **识别要点：** 半常绿匍匐灌木。小枝排成2列，幼时被糙伏毛。叶片近圆形或宽椭圆形，稀倒卵形，全缘，上面无毛，下面有稀疏伏贴柔毛；叶柄被柔毛。花1~2朵顶生或腋生；近无梗；花瓣粉红色。果近球形，鲜红色。花期5~6月，果期9~10月。> **分布：** 见于大镜坞和龙王山等地，生于海拔1000 m以上的山地灌丛。我国黄河至长江流域均有分布。
> **用途：** 园林地被植物。

野山楂
Crataegus cuneata

蔷薇科 Rosaceae
山楂属 *Crataegus*

> **识别要点**：落叶灌木。枝具尖刺。叶片宽倒卵形至倒卵状长圆形，基部下延至叶柄，边缘有不规则重锯齿，先端常3浅裂，上面无毛，下面幼时具稀疏柔毛；托叶发达，镰刀状，边缘具齿。伞房花序有花5~7朵；总花梗和花梗均被毛；花瓣5，白色。果实黄色或红色。花期5~6月，果期9~11月。
> **分布**：天目山常见种，生于灌木草丛。我国华东、华南和西南地区均有分布。日本亦有。> **用途**：果可食用或药用；嫩叶可代茶。

湖北山楂
Crataegus hupehensis

蔷薇科 Rosaceae
山楂属 *Crataegus*

> **识别要点**：落叶小乔木。枝具刺。叶片卵形至卵状长圆形，中部以上具2~4对浅裂片，边缘有圆钝锯齿，无毛或仅下部脉腋有髯毛；托叶披针形或镰形，边缘具腺齿，早落。伞房花序具多数花；总花梗和花梗均无毛；花瓣5，白色。果实深红色，有突起斑点。花期5~6月，果期8~9月。
> **分布**：见于香炉峰和地藏殿等地，生于海拔750 m以上的山坡灌丛。我国黄河流域以南地区有分布。> **用途**：果可食用或药用。

蛇莓
Duchesnea indica

蔷薇科 Rosaceae
蛇莓属 *Duchesnea*

> 识别要点：多年生匍匐草本。茎纤细，有柔毛。三出复叶，小叶片倒卵形至菱状长圆形，边缘有钝齿，两面被柔毛，有时上面无毛；两侧小叶片较小，基部偏斜；托叶狭卵形至宽披针形。花单生叶腋；副萼片顶端3~5齿裂；花瓣黄色。瘦果暗红色，光滑，干时仍光滑或微有皱纹。花期4~5月，果期5~6月。> 分布：天目山常见种，生于海拔700 m以下的路旁阴湿处。我国辽宁以南地区广泛分布。朝鲜、印度、阿富汗和俄罗斯等国亦有。> 用途：全草可入药。

171

枇杷
Eriobotrya japonica

蔷薇科 Rosaceae
枇杷属 *Eriobotrya*

> 识别要点：常绿小乔木。小枝粗壮，密被锈色或灰棕色绒毛。叶片革质，倒卵状披针形、倒卵形或椭圆状长圆形，上部边缘有疏齿，下部全缘，上面光亮、多皱，下面密被灰棕色绒毛。圆锥花序顶生，具多数花；总花梗、花梗、花托、萼片与花瓣密被锈色绒毛；花瓣白色。果实黄色或橘黄色，有锈色柔毛；种子大。花期10~12月，果期翌年5~6月。> 分布：见于天目村和禅源寺等地。我国南方各地有栽培。国外多引种。> 用途：果可食用；叶可入药；材用树种。

白鹃梅
Exochorda racemosa

蔷薇科 Rosaceae
白鹃梅属 *Exochorda*

>**识别要点**：落叶灌木。小枝无毛，幼时红褐色。叶片椭圆形、长椭圆形至长圆状倒卵形，全缘，稀中部以上有钝锯齿，两面无毛。总状花序有花6~10朵；总花梗和花梗无毛；花瓣白色，基部有短爪。蒴果倒圆锥形，无毛，有5棱脊。花期4~5月，果期6~8月。>**分布**：见于倒挂莲花和石鸡塘等地，生于海拔600~1100 m的向阳山坡。我国江苏、浙江、江西和河南省有分布。>**用途**：观花植物。

172

柔毛路边青
Geum japonicum var. *chinense*

蔷薇科 Rosaceae
路边青属 *Geum*

>**识别要点**：多年生草本。须根簇生。茎、叶柄、花梗均被黄色短柔毛及粗硬毛。基生叶为大头羽状复叶，常有小叶3~5，顶生小叶边缘有粗大圆钝或急尖锯齿，被稀疏糙伏毛，侧生小叶呈附片状；下部茎生叶为3小叶；上部茎生叶为单叶，3浅裂。花序疏散，顶生花数朵；花瓣黄色。聚合果卵球形，瘦果被长硬毛，喙端有小钩。花果期5~10月。>**分布**：天目山常见种，生于海拔1200 m以下山地林中。我国黄河流域及其以南地区有分布。>**用途**：全草可入药；可提取栲胶。

棣棠花
Kerria japonica

蔷薇科 Rosaceae
棣棠花属 *Kerria*

> **识别要点**：落叶灌木。小枝绿色，嫩枝常拱曲，无毛。叶互生；叶片三角状卵形或宽卵形，先端长渐尖，边缘有尖锐重锯齿，上面无毛或被疏柔毛，下面沿脉或脉腋有柔毛。花单生于当年生侧枝顶端；花瓣黄色。瘦果褐色或黑褐色，无毛。花期4~6月，果期6~8月。> **分布**：天目山常见种，生于海拔1200 m以下的山坡阔叶林中。我国华东、华中、西南和西北地区均有分布。日本亦有。> **用途**：观花植物；茎可入药。

刺叶桂樱
Laurocerasus spinulosa

蔷薇科 Rosaceae
桂樱属 *Laurocerasus*

> **识别要点**：常绿小乔木。小枝黑褐色，具明显皮孔。叶片薄革质，长圆形或倒卵状长圆形，先端渐尖至尾尖，边缘常呈波状，中部以上或近先端具少数针刺状锯齿，近基部常具1~2对腺体；叶柄无腺体。腋生总状花序具花10~20朵，白色。核果褐色至黑褐色，无毛。花期9~10月，果期11月至翌年4月。> **分布**：见于倒挂莲花和东坞坪等地，生于海拔1000 m以下的山坡林中。我国华东、华中、华南和西南地区均有分布。日本和菲律宾亦有。> **用途**：种子可入药。

垂丝海棠
Malus halliana

蔷薇科 Rosaceae
苹果属 *Malus*

>**识别要点**：落叶小乔木或灌木状。树冠开展。叶片卵形、椭圆形至长椭圆状卵形，边缘具圆钝细锯齿，上面常带紫晕，中脉有时被短柔毛，下面无毛。伞形花序具花4~6朵；花梗紫色，细长下垂；萼片紫色，先端圆钝，与花托等长或稍短；花瓣粉红色；雄蕊20~25；花柱4~5。果实略带紫色，梨形或倒卵形，无梗洼。花期3~4月，果期11月。>**分布**：见于天目山庄等地。原产河北、安徽和四川等地。全国各地广泛栽培。>**用途**：观花植物。

湖北海棠
Malus hupehensis

蔷薇科 Rosaceae
苹果属 *Malus*

>**识别要点**：落叶小乔木。树冠开展。叶片卵形至卵状椭圆形，边缘有细锐锯齿。伞形花序具花4~6朵；花梗绿色，长2~6 cm；萼片绿色略带紫红色，先端渐尖至急尖，与花托等长或稍短；花瓣粉红色或白色；雄蕊20；花柱3，稀4。果实黄绿色稍带红色，近球形，无梗洼。花期4~5月，果期8~9月。
>**分布**：见于里横塘和开山老殿等地，生于海拔600~1400 m的山坡林中。我国华东、华中、华南、西南和西北地区均有分布。>**用途**：观花植物；苹果砧木；根和果实可入药。

毛山荆子
Malus mandshurica

蔷薇科 Rosaceae
苹果属 *Malus*

>**识别要点：** 落叶灌木或乔木。树冠开展。叶片椭圆形或卵形，边缘有细钝锯齿，两面中、侧脉具柔毛。伞形花序具花3~6朵，顶生；无总梗；萼片绿色，比花托稍长；花蕾粉红色，开放后呈白色；雄蕊26~30；花柱4，稀5。果实紫红色，椭圆形、倒卵形或近球形，无梗洼。花期5月，果期7~8月。
>**分布：** 见于仙人顶和千亩田等地，生于海拔1100~1500 m的山坡林中。我国北部地区也有分布。 >**用途：** 观花植物；苹果砧木。

175

橉木
Padus buergeriana

蔷薇科 Rosaceae
稠李属 *Padus*

>**识别要点：** 落叶乔木。小枝红褐色或灰褐色，无毛。叶片椭圆形、倒卵状披针形或倒披针形，边缘有细锯齿，两面无毛，基部楔形；叶柄无腺体。总状花序基部无叶，有花20~30朵；花托钟状；花瓣白色；雄蕊10；雌蕊1。核果近球形，萼片宿存。花期4~5月，果期5~10月。 >**分布：** 见于五里亭、幻住庵和开山老殿等地，生于海拔700~1400 m的山坡、沟谷或林下。我国黄河流域及其以南地区均有分布。日本、朝鲜亦有。 >**用途：** 优良材用树种。

石楠
Photinia serratifolia

蔷薇科 Rosaceae
石楠属 *Photinia*

>**识别要点**：常绿乔木。叶片革质，长椭圆形或倒卵状椭圆形，较大，边缘具腺齿，近基部全缘，幼苗或萌芽枝的叶片边缘锯齿锐尖而呈硬刺状，幼时中脉有毛，老时两面无毛，侧脉25~30对；叶柄长2~4 cm。复伞房花序顶生，花密集；总花梗和花梗无毛；花瓣白色。果实红褐色，球形。花期4~5月，果期10月。>**分布**：见于五里亭和倒挂莲花等地，生于海拔900 m以下的山坡林中。我国长江流域及其以南地区有分布。日本和印度尼西亚等国亦有。>**用途**：观赏植物；材用树种；叶和根可入药；种子可榨油。

176

光萼石楠
Photinia villosa var. *glabricalycina*

蔷薇科 Rosaceae
石楠属 *Photinia*

>**识别要点**：落叶灌木或小乔木。小枝紫褐色，具灰色皮孔。叶片薄纸质，倒卵形或长圆状倒卵形，先端突渐尖，叶缘锯齿尖锐而微内曲；叶柄、叶片疏生白色长柔毛。伞房花序具花多数；总花梗和花梗密生瘤点，有毛；花瓣白色。果实卵形，熟时紫红色。花期5月，果期7~8月。>**分布**：见于倒挂莲花和开山老殿等地，生于海拔1100 m以下的山坡、路旁。我国长江流域及其以南地区有分布。>**用途**：观花植物；材用树种。

无毛毛叶石楠
Photinia villosa var. *sinica*

蔷薇科 Rosaceae
石楠属 *Photinia*

> **识别要点**：落叶灌木或小乔木。叶片椭圆形或长圆状椭圆形，边缘上半部分密生锐齿，无毛，侧脉5~7对。伞房花序顶生，有花5~8朵，稀达15朵；总花梗和花梗具长柔毛，果期具瘤点；花托与萼片外面具长柔毛；花瓣白色。果实红色或橙红色，近球形，无毛。花期4~5月，果期7~9月。> **分布**：见于太子庵和仙人顶等地，生于海拔600~1500 m的山坡疏林中。我国华东、华中、华南、西南和西北地区均有分布。> **用途**：观花植物；根和果实可入药。

翻白草
Potentilla discolor

蔷薇科 Rosaceae
委陵菜属 *Potentilla*

> **识别要点**：多年生草本。根粗壮肥厚，呈纺锤形。茎密被白色绵毛。基生羽状复叶有小叶5~11，小叶片长圆形或长圆状披针形，边缘具圆钝粗锯齿，下面密被白色绵毛；茎生叶有小叶3。聚伞花序有花数朵至多数，疏散；花瓣黄色。瘦果近肾形，光滑。花果期5~9月。> **分布**：见于倒挂莲花和禅源寺等地，生于海拔350~900 m的山坡疏林下。我国南北各地广泛分布。朝鲜和日本亦有。> **用途**：全草可入药；嫩苗可食。

三叶委陵菜
Potentilla freyniana

蔷薇科 Rosaceae
委陵菜属 *Potentilla*

> **识别要点**：多年生草本。根粗壮，呈串珠状。茎细弱，花后生匍匐枝。三出复叶；基生叶常比茎长，小叶片长圆形、卵形或椭圆形，边缘有急尖锯齿，两面疏生伏柔毛，下面沿脉较密；茎生叶近无柄，小叶片呈缺刻状锐裂。伞房状聚伞花序顶生，花多而松散；花瓣淡黄色。瘦果卵球形。花果期3~6月。> **分布**：天目山常见种，生于海拔1300 m以下的山坡疏林。我国各地广泛分布。朝鲜、日本和俄罗斯亦有。
> **用途**：全草可入药。

蛇含委陵菜
Potentilla kleiniana

蔷薇科 Rosaceae
委陵菜属 *Potentilla*

> **识别要点**：多年生匍匐草本。茎柔弱匍匐，疏生短柔毛。掌状复叶；茎中下部叶为5小叶，小叶片倒卵形或长圆状倒卵形，边缘有锯齿，两面被疏柔毛；茎上部叶为3小叶，叶柄较短。聚伞花序，花密集于枝顶状似伞形或呈疏松聚伞状；花瓣黄色，倒卵形。瘦果近圆形，表面具皱纹。花果期4~9月。> **分布**：天目山常见种，生于海拔300~1500 m的山坡疏林中。除新疆和台湾外，我国辽宁以南地区广泛分布。朝鲜、日本和印度等国亦有。> **用途**：全草可入药。

李
Prunus salicina

薔薇科 Rosaceae
李属 *Prunus*

>**识别要点：** 落叶乔木。叶片长圆状倒卵形至长椭圆形，边缘有细钝重锯齿，两面无毛；叶柄顶端或叶基常有腺体。花常3朵簇生；花梗无毛；花托钟状；萼片5，边缘有疏齿；花瓣5，白色，有紫色脉纹。核果黄色、红色、绿色或紫色，外被蜡粉。花期4月，果期7~8月。>**分布：** 见于五里亭和西关等地，生于海拔1200 m以下的山坡疏林中。除新疆和台湾外，我国各地广泛分布。>**用途：** 重要果树或材用树种；蜜源植物；根、叶和果可入药。

火棘
Pyracantha fortuneana

薔薇科 Rosaceae
火棘属 *Pyracantha*

>**识别要点：** 常绿灌木。侧枝短，先端成尖刺；嫩枝被锈色短柔毛；老枝暗褐色，无毛。叶片倒卵形或倒卵状长圆形，先端圆钝或微凹，有时具短尖头，基部楔形下延，边缘有细钝齿，近基部全缘，两面无毛。复伞房花序；花白色。果实橘红色或深红色，近球形。花期3~5月，果期8~11月。>**分布：** 见于太子庵和天目山庄等地。原产我国黄河以南中西部地区，国内外广泛栽培。>**用途：** 庭园观赏树种。

豆梨
Pyrus calleryana

蔷薇科 Rosaceae
梨属 *Pyrus*

> **识别要点**：落叶小乔木。叶片宽卵形至卵状椭圆形，先端渐尖，稀急尖，基部圆形至宽楔形，边缘有钝锯齿，两面无毛；叶柄无毛。伞房总状花序有花6~12朵；总花梗和花梗均无毛；花瓣白色；花柱2，稀3。梨果褐色，球形，较小，有斑点。花期4月，果期9~11月。> **分布**：天目山常见种，生于海拔300~800 m的山坡林中。我国华东、华中、华南以及西南地区均有分布。越南亦有。
> **用途**：材用树种；果实可入药；沙梨砧木。

沙梨
Pyrus pyrifolia

蔷薇科 Rosaceae
梨属 *Pyrus*

> **识别要点**：落叶乔木。叶片卵状椭圆形或卵形，先端长渐尖，基部圆形或近心形，边缘具刺芒状锯齿，微向内曲，幼时有褐色绵毛，后渐无毛。伞房总状花序有花6~9朵；总花梗和花梗微具柔毛；花瓣白色；先端啮齿状；花柱5。果实浅褐色，近球形，有浅色斑点，萼片脱落。花期4月，果期7~9月。
> **分布**：见于天目村和禅源寺等地。我国长江流域及其以南地区有栽培。朝鲜和日本亦有栽培。**用途**：重要果树。

石斑木
Rhaphiolepis indica

薔薇科 Rosaceae
石斑木属 *Rhaphiolepis*

> **识别要点**：常绿灌木。叶片薄革质，卵形或长圆形，基部渐狭，边缘具细钝锯齿，上面光亮、无毛，下面色淡。圆锥花序或总状花序顶生；总花梗和花梗被锈色绒毛；花托管状；花瓣5，白色或淡红色。果实紫黑色，球形；果梗粗短。花期4~5月，果期7~8月。> **分布**：天目山常见种，生于海拔900 m以下的山坡路旁。我国华东、华南以及西南地区均有分布。日本和越南等国也有。
> **用途**：材用树种；根和叶可入药；果可食用。

月季花
Rosa chinensis

薔薇科 Rosaceae
薔薇属 *Rosa*

> **识别要点**：常绿或半常绿直立灌木。小枝常有钩状皮刺。羽状复叶，小叶3~5，叶柄有散生皮刺和腺毛；托叶大部分与叶柄合生，先端分离部分耳状，边缘常有腺毛；小叶片宽卵形至卵状长圆形，边缘有锐锯齿。花数朵集生或单生；花瓣红色或粉红色，稀白色，先端凹缺。薔薇果熟时红色。花期4~10月，果期6~11月。> **分布**：天目山常见种。国内外广泛栽培。> **用途**：著名花卉；花、根和叶可入药。

小果蔷薇
Rosa cymosa

蔷薇科 Rosaceae
蔷薇属 *Rosa*

>**识别要点**：常绿攀缘藤本。小枝无毛或稍被柔毛，具钩状皮刺。羽状复叶有小叶3~7；托叶膜质，线形，离生，早落；小叶片卵状披针形或椭圆形，边缘有紧贴尖锐细锯齿。复伞房花序花多数；花托无毛；苞片狭小；花瓣白色，先端凹缺。蔷薇果小，红色至黑褐色，萼片脱落。花期5~6月，果期7~11月。>**分布**：天目山常见种，生于海拔600 m以下的山坡林缘。我国华东、华南和西南地区均有分布。>**用途**：观花植物；根可入药。

金樱子
Rosa laevigata

蔷薇科 Rosaceae
蔷薇属 *Rosa*

>**识别要点**：常绿攀缘藤本。小枝散生皮刺。3小叶复叶；叶轴有皮刺和腺毛；托叶基部与叶柄合生；小叶片革质，椭圆状卵形、倒卵形或披针状卵形，边缘有锐锯齿；小叶柄有皮刺和腺毛。花单生叶腋；花托与花梗密被刺毛；花瓣白色。蔷薇果卵球形，外被针刺，萼片宿存。花期4~6月，果期9~10月。>**分布**：天目山常见种，生于海拔1100 m以下的向阳山坡。我国华东、华南、华中、西南和西北地区均有分布。>**用途**：观花植物；根、叶和果可入药；根皮可提取栲胶；果实和花瓣可食。

寒莓
Rubus buergeri

蔷薇科 Rosaceae
悬钩子属 *Rubus*

>**识别要点**：常绿蔓性藤本。茎常伏地生根并萌发新枝，密生长柔毛，有稀疏小皮刺。单叶；叶片卵形至近圆形，边缘有不整齐锐锯齿，上面脉上被毛，下面密被毛后常脱落；叶柄密被毛；托叶羽状深裂。短总状花序顶生或腋生，总花梗与花梗密被刺毛；花瓣白色。聚合果红色。花期8~9月，果期10月。>**分布**：见于后山门和三里亭等地，生于低海拔山坡林下。我国长江流域及其以南地区有分布。朝鲜和日本亦有。>**用途**：果可食用；根可提取栲胶；全株可入药。

掌叶覆盆子
（掌叶复盆子）
Rubus chingii

蔷薇科 Rosaceae
悬钩子属 *Rubus*

>**识别要点**：落叶灌木。小枝无毛，具少数皮刺，嫩枝被白粉。单叶；叶片近圆形，狭小，掌状5深裂，稀3或7裂，边缘具重锯齿或缺刻，两面脉上有白色短柔毛；托叶下部与叶柄合生，较狭窄，全缘，宿存。花单生于短枝顶端或叶腋；花瓣白色。聚合果红色，球形，实心，下垂。花期3~4月，果期5~6月。>**分布**：天目山常见种，生于海拔1200 m以下的山坡疏林。我国江苏、安徽、浙江、江西和福建省有分布。日本亦有。>**用途**：果可食用；果实和根可入药。

山莓
Rubus corchorifolius

蔷薇科 Rosaceae
悬钩子属 *Rubus*

> **识别要点**：落叶灌木。茎具稀疏针状弯钩皮刺。单叶；叶片卵形、卵状披针形，较狭小，不裂或3浅裂，边缘有不整齐重锯齿，上面近无毛，下面幼时密被灰褐色细柔毛后渐无毛；托叶下部与叶柄合生，较狭窄，全缘早落。花单生于短枝顶端；花瓣白色。聚合果红色，球形。花期2~3月，果期4~6月。> **分布**：天目山常见种，生于海拔1300 m以下的向阳山坡。我国华东、华中、华北、华南和西南地区均有分布。朝鲜和日本亦有。> **用途**：果可食用；根可提取栲胶，亦可入药。

蓬蘽
Rubus hirsutus

蔷薇科 Rosaceae
悬钩子属 *Rubus*

> **识别要点**：半常绿亚灌木。枝与叶柄均被腺毛、柔毛及疏刺。奇数羽状复叶，具小叶3~5；小叶片卵形或宽卵形，边缘有不整齐重锯齿，两面散生白色柔毛。花单生侧枝顶端，具柔毛和腺毛；花瓣白色；萼片花后反折。聚合果红色，近球形，中空。花期4~6月，果期5~7月。
> **分布**：天目山常见种，生于林下旷地。我国长江流域及其以南地区均有分布。日本亦有。> **用途**：果可食用；全株可入药。

高粱泡
Rubus lambertianus

蔷薇科 Rosaceae
悬钩子属 *Rubus*

> **识别要点**：半常绿攀缘藤本。茎散生钩状小皮刺。单叶；叶片宽卵形，边缘明显3~5裂或呈波状，有微锯齿，下面脉上幼时被长硬毛，后渐脱落，中脉常疏生小皮刺；叶柄散生皮刺；托叶离生，鹿角状，早落。顶生圆锥花序被柔毛；花瓣白色。聚合果红色。花期7~8月，果期9~11月。> **分布**：天目山常见种，生于海拔1100 m以下的山坡林缘。我国长江流域及其以南地区有分布。日本亦有。> **用途**：果可食用；根可入药。

太平莓
Rubus pacificus

蔷薇科 Rosaceae
悬钩子属 *Rubus*

> **识别要点**：常绿灌木。茎无毛，疏生小皮刺。单叶；叶片革质，宽卵形或长卵形，具不整齐锐锯齿，上面无毛，下面密被灰白色绒毛；叶柄疏生小皮刺；托叶大，叶状，顶端条裂，易脱落。花3~8朵呈顶生短总状或伞房花序或单生叶腋；花瓣白色；萼片果期常反折。聚合果红色。花期6~7月，果期8~9月。> **分布**：见于一里亭和开山老殿等地，生于海拔1100 m以下的山坡路旁。我国江苏、安徽、浙江、江西、福建和湖南省有分布。> **用途**：果可食用；全株可入药。

茅莓
Rubus parvifolius

蔷薇科 Rosaceae
悬钩子属 *Rubus*

> **识别要点**：落叶蔓性灌木。枝条被柔毛和稀疏钩状皮刺。小叶3，偶5，下面密被灰白色绒毛；叶柄具小刺和毛；托叶具柔毛；顶生小叶片菱状圆形至宽倒卵形，边缘有粗重锯齿；侧生小叶片稍小。伞房花序顶生或腋生，花少数，密被柔毛和针刺；花瓣粉红色至紫红色。聚合果红色。花期4~7月，果期7月。> **分布**：见于天目村和倒挂莲花等地，生于海拔300~870 m的山坡林缘。我国广泛分布。朝鲜、日本和越南亦有。> **用途**：果可食用；叶和根可提取栲胶，亦可入药。

盾叶莓
Rubus peltatus

蔷薇科 Rosaceae
悬钩子属 *Rubus*

> **识别要点**：落叶灌木。茎直立，粗壮，无毛，散生皮刺；小枝绿色，被白粉。单叶；叶片盾状，近圆形，掌状3~5浅裂，边缘有不整齐细锯齿，沿叶脉有毛和小皮刺；托叶下部与叶柄合生，全缘。花单生叶腋，萼片边缘常有撕裂状牙齿；花瓣白色。聚合果橘红色，圆柱形。花期4~5月，果期6~7月。> **分布**：见于五里亭和七里亭等地，生于海拔700~1450 m的山坡林缘。我国安徽、浙江、江西、湖北、四川和贵州有分布。日本亦有。> **用途**：果可食用，亦可入药；根皮可提取栲胶。

木莓
Rubus swinhoei

蔷薇科 Rosaceae
悬钩子属 *Rubus*

> **识别要点**：半常绿攀缘藤本。茎细长，疏生小皮刺，幼时常密被灰白色短绒毛。单叶；叶片宽卵形至长圆状披针形，边缘具不整齐锯齿，常在不育枝和越冬叶片下面密被不脱落灰白色平贴绒毛。总状花序顶生；花梗和花托被紫褐色腺毛；萼片在果期反折；花瓣白色。聚合果熟时紫黑色。花期4~6月，果期7~8月。> **分布**：天目山常见种，生于山坡林下。我国华东、华中、华南、西南和西北地区均有分布。
> **用途**：根可提取栲胶。

黄山花楸
Sorbus amabilis

蔷薇科 Rosaceae
花楸属 *Sorbus*

> **识别要点**：落叶乔木或灌木状。小枝粗壮，具皮孔。奇数羽状复叶，小叶9~17；小叶片长圆形或长圆状披针形，两侧不等，边缘自基部或在1/3以上部分有粗锐锯齿；托叶草质，有粗大锯齿，后脱落。复伞房花序顶生，白色。梨果红色，球形；萼片宿存，闭合。花期5月，果期9~10月。> **分布**：见于仙人顶和烂坞塘等地，生于海拔1300~1500 m的向阳山坡。我国安徽、浙江和福建省有分布。> **用途**：观赏植物。

绣球绣线菊
Spiraea blumei

蔷薇科 Rosaceae
绣线菊属 *Spiraea*

> **识别要点**：落叶灌木。枝、叶、花梗及蓇葖果均无毛。叶片菱状卵形或倒卵形，边缘近中部以上有少数圆钝缺刻状锯齿或3~5浅裂，下面浅蓝绿色，羽状脉或基部具不明显3脉。伞形花序着生于当年生短枝顶端，有花10~25朵；花瓣白色；雄蕊18~20。蓇葖果直立。花期4~6月，果期8~10月。
> **分布**：见于交口村和天目村等地，生于海拔550~1300 m的向阳山坡。我国东北、华北、华东、华中、华南以及西南等地均有分布。> **用途**：观花植物。

麻叶绣线菊
Spiraea cantoniensis

蔷薇科 Rosaceae
绣线菊属 *Spiraea*

> **识别要点**：落叶灌木。枝、叶、花梗及蓇葖果均无毛。叶片菱状披针形至菱状长圆形，先端急尖，边缘近中部以上有缺刻状锯齿，下面蓝灰色，两面无毛，叶脉羽状。伞形花序着生于当年生短枝顶端；花瓣白色；雄蕊20~28。蓇葖果直立，开张。花期4~5月，果期6~9月。> **分布**：见于红庙和一里亭等地，生于海拔350~600 m的山坡溪边。我国浙江、江西、福建、广东和广西均有分布。日本亦有。> **用途**：观花植物。

中华绣线菊
Spiraea chinensis

蔷薇科 Rosaceae
绣线菊属 *Spiraea*

> **识别要点**：落叶灌木。枝、叶、花梗及蓇葖果均被毛。叶菱状卵形至倒卵形，边缘有缺刻状粗锯齿或不明显3裂，下面密被黄色绒毛。伞形花序着生于当年生短枝顶端，有花16~25朵；花瓣白色；雄蕊22~25。蓇葖果开张。花期4~6月，果期6~10月。> **分布**：天目山常见种，生于海拔360~1300 m的山坡路旁。我国华东、华中、华南、西南、华北和西北地区均有分布。> **用途**：观花植物。

189

华空木
（野珠兰）
Stephanandra chinensis

蔷薇科 Rosaceae
野珠兰属 *Stephanandra*

> **识别要点**：落叶灌木。小枝红褐色，微具柔毛。叶片卵形至长椭圆状卵形，边缘常具浅裂，有重锯齿，两面无毛或下面叶脉微具柔毛；托叶全缘或有锯齿，近无毛。圆锥花序顶生，松散；总花梗和花梗无毛；花托杯状，无毛；花瓣白色。蓇葖果近球形，被疏柔毛；萼片宿存，直立。花期5月，果期7~8月。> **分布**：天目山常见种，生于海拔1500 m以下的沟边溪谷。我国华东、华中、西南和华南地区均有分布。> **用途**：观花植物。

合萌(田皂角)
Aeschynomene indica

豆科 Fabaceae
合萌属 *Aeschynomene*

> **识别要点**：一年生半灌木状草本。茎直立，具细棱线，无毛。偶数羽状复叶，有小叶40~60；托叶膜质，基部耳形；小叶片线状长椭圆形，具小尖头，仅具1脉；无小叶柄。总状花序腋生，有花2~4朵；总花梗疏生刺毛，与花梗均具黏性；花冠黄色，带紫纹。荚果线状，成熟时逐节断裂。花期7~8月，果期9~10月。

> **分布**：天目山偶见种，生于海拔500 m以下的湿地溪边。我国华东、华中、华南、西南和东北地区均有分布。亚洲、大洋洲和非洲热带地区亦有。 > **用途**：全草可入药。

合欢
Albizia julibrissin

豆科 Fabaceae
合欢属 *Albizia*

> **识别要点**：落叶乔木。树冠开展。树皮密生皮孔。二回羽状复叶，羽片4~12对；叶柄近基部有1枚长圆形腺体；小叶20~60；小叶片斜长圆形，偏斜。头状花序多个排列成伞房状圆锥花序，顶生或腋生；花序轴常呈"之"字形曲折；花丝上部粉红色。荚果带状，扁平。花期6~7月，果期8~10月。

> **分布**：天目山常见种，生于海拔1500 m以下的荒山疏林中。我国黄河流域及其以南地区有分布。亚洲、非洲和美洲亦有。 > **用途**：荒山先锋树种；树皮可提取栲胶；根和树皮可入药；种子可榨油。

山槐
（山合欢）
Albizia kalkora

豆科 Fabaceae
合欢属 *Albizia*

> **识别要点**：落叶乔木。树皮不裂。二回羽状复叶，羽片2~4对；叶柄、叶轴及羽片轴被脱落性柔毛；叶柄基部及羽片轴最顶端1对小叶下各有1腺体；小叶10~28，对生，长圆形，全缘，两面短柔毛，中脉紧靠近上缘。头状花序生于枝端；花冠白色。荚果扁平。花期6~7月，果期9~10月。> **分布**：天目山常见种，生于海拔1300 m以下的向阳山坡。我国黄河流域及其以南地区有分布。越南、缅甸和印度亦有。> **用途**：荒山先锋树种；树皮可提取栲胶；根和树皮可入药；种子可榨油。

191

两型豆
（三籽两型豆）
Amphicarpaea edgeworthii

豆科 Fabaceae
两型豆属 *Amphicarpaea*

> **识别要点**：一年生缠绕草本。全株密被倒向淡褐色粗毛。小叶3；顶生小叶片菱状卵形或宽卵形，两面密被贴伏毛；侧生小叶片斜卵形，几无柄。总状花序有花3~7朵；无瓣花位于分枝基部；花冠白色或淡紫色。荚果镰形，土中结白色果实；种子红棕色，有黑色斑纹。花期9~10月，果期10~11月。> **分布**：天目山常见种，生于海拔1500 m以下的山坡林缘。我国长江流域及其以北地区有分布。朝鲜、日本和俄罗斯亦有。> **用途**：种子可入药。

云实
Caesalpinia decapetala

豆科 Fabaceae
云实属 *Caesalpinia*

> **识别要点**：落叶攀缘藤本。全体散生倒钩状皮刺。幼枝及幼叶被短柔毛，后渐脱落。二回羽状复叶；羽片3~10对；小叶14~30，长圆形，全缘。总状花序顶生，直立，具多花，密被短柔毛，花冠黄色。荚果栗褐色，革质，长圆形，扁平，略肿胀，延腹缝线有狭翅。花期4~5月，果期9~10月。
> **分布**：天目山常见种，生于海拔1000 m以下的山谷林缘。我国黄河流域及其以南地区有分布。亚洲、非洲和美洲亦有。
> **用途**：观赏植物；种子可榨油；果、花、茎和根可入药；树皮和果壳含单宁。

网络鸡血藤
（网络崖豆藤）
Callerya reticulata

豆科 Fabaceae
鸡血藤属 *Callerya*

> **识别要点**：半常绿或落叶攀缘灌木。小枝黄褐色，无毛。小叶5~9，革质，卵状椭圆形、长椭圆形或卵形，钝头，微凹，两面无毛，下面网状细脉隆起。圆锥花序顶生，下垂；总花梗被黄色疏柔毛；花冠紫红色或玫瑰红色，无毛。荚果紫褐色，果瓣木质。花期6~8月，果期10~11月。
> **分布**：天目山常见种，生于山坡沟谷。我国华东、华南、华中以及西南地区均有分布。越南亦有。
> **用途**：根和茎可入药；庭园观赏树种。

杭子梢
Campylotropis macrocarpa

豆科 Fabaceae
杭子梢属 *Campylotropis*

>**识别要点**：落叶小灌木。幼枝密被白色短毛。小叶3，长圆形或椭圆形，具短尖头，全缘，上面近无毛，下面被淡黄色短柔毛；顶生小叶片较侧生小叶片稍大。总状或圆锥花序，腋生或顶生；总花梗及花梗均被开展短柔毛；萼齿三角形；花冠红紫色。荚果扁，斜椭圆形。花期6~8月，果期9~11月。
>**分布**：天目山常见种，生于山坡林缘。我国黄河流域及其以南地区均有分布。日本和朝鲜亦有。>**用途**：全草可入药；蜜源植物。

193

锦鸡儿
Caragana sinica

豆科 Fabaceae
锦鸡儿属 *Caragana*

>**识别要点**：落叶灌木。小枝黄褐色或灰色，无毛。一回羽状复叶有小叶4，上面1对通常较大；叶轴和托叶先端硬化成针刺；小叶片革质或硬纸质，倒卵形、倒卵状楔形或长圆状倒卵形，常具短尖头。花单生叶腋；花冠黄色带红，凋谢时红褐色。荚果稍扁，无毛。花期4~5月，果期5~8月。
>**分布**：见于西关和大镜坞等地，生于海拔1000 m以下的山坡灌丛。我国华东、华南、西南以及华北等地区均有分布。>**用途**：观花植物；根皮可入药；花可食用。

紫荆
Cercis chinensis

豆科 Fabaceae
紫荆属 *Cercis*

> **识别要点**：落叶灌木或小乔木，多呈丛生灌木状。小枝无毛，具明显皮孔。叶片近圆形，幼时下面被疏柔毛。花先叶开放，多数簇生于老枝上；花冠紫红色。荚果薄革质，带状，扁平，顶端稍收缩而有短喙，基部长渐狭，沿腹缝线有狭翅，具明显网纹。花期4~5月，果期7~8月。> **分布**：栽培于禅源寺等地。我国华东、华中、华北和西南等地区均有分布。> **用途**：庭园观赏树种；木材用料；根、花、木材和树皮可入药。

湖北紫荆
Cercis glabra

豆科 Fabaceae
紫荆属 *Cercis*

> **识别要点**：落叶乔木。树皮和小枝灰黑色。叶较大，厚纸质或近革质，心脏形或三角状圆形，幼叶常呈紫红色，后变绿色，上面光亮。总状花序短，有花数至10余朵；花淡紫红色或粉红色，先于叶或与叶同时开放，稍大。荚果狭长圆形，紫红色，背缝线稍长，向外弯拱。花期3~4月，果期9~11月。> **分布**：见于后山门和里横塘等地，生于海拔600~920 m的山地疏林中。我国黄河流域以南地区有分布。> **用途**：庭园观赏或材用树种。

翅荚香槐
Cladrastis platycarpa

豆科 Fabaceae
香槐属 *Cladrastis*

>**识别要点:** 落叶乔木。树皮平滑。小枝无毛,密布淡黄色皮孔;叶柄下芽鳞密被金黄色绒毛。奇数羽状复叶,小叶7~9,互生,羊皮纸质,卵状长圆形或长圆形,下面黄绿色;小托叶钻形,宿存。圆锥花序顶生;花冠白色。荚果扁平,长椭圆形或披针形,两缝线均有狭翅。花期6~7月,果期9~10月。>**分布:** 天目山常见种,生于海拔450 m以上的山坡阔叶林中。我国江苏、浙江、湖南、广东、广西和贵州有分布。>**用途:** 材用树种。

黄檀
Dalbergia hupeana

豆科 Fabaceae
黄檀属 *Dalbergia*

>**识别要点:** 落叶乔木。树皮条片状纵裂。当年生小枝绿色,皮孔明显,无毛。奇数羽状复叶,有小叶9~11,长圆形或宽椭圆形,两面被平伏短柔毛。圆锥花序顶生或近枝顶腋生;花梗及花萼被锈色柔毛;花冠淡紫色或黄白色,具紫色条斑。荚果长圆形,不开裂。花期5~6月,果期8~9月。>**分布:** 天目山常见种,生于山坡、溪边、林缘。我国长江流域及其以南地区均有分布。>**用途:** 木材用料;根和叶可入药。

皂荚
Gleditsia sinensis

豆科 Fabaceae
皂荚属 *Gleditsia*

> **识别要点**：落叶乔木。树皮粗糙不裂。分枝刺粗壮，从中部至顶端呈圆锥形，全刺横切面圆形。一回羽状复叶，常簇生状；有小叶6~14，卵形或长圆状卵形，边缘具细锯齿或较粗锯齿。总状花序细长，腋生或顶生；花杂性；花瓣4，黄白色。荚果木质，稍肥厚，劲直或略弯曲。花期5~6月，果期8~12月。> **分布**：见于三亩坪，生于向阳山坡和房前屋后。我国华东、华中、华北、华南以及西南等地均有分布。
> **用途**：材用树种；果可制肥皂；种子可食或榨油；枝刺和果实可入药。

野大豆
Glycine soja

豆科 Fabaceae
大豆属 *Glycine*

> **识别要点**：一年生缠绕草本。茎细长，密被棕黄色倒向伏贴长硬毛。小叶3；顶生小叶片卵形至线形，两面密被伏毛；侧生小叶片较小；托叶被黄色硬毛。总状花序腋生；花小；花冠淡紫色，稀白色。荚果线形，扁平，略弯曲，密被棕褐色长硬毛，2瓣开裂；种子黑色。花期6~8月，果期9~10月。
> **分布**：天目山常见种，生于向阳山坡。我国华东、华中、华北、西北和东北地区均有分布。朝鲜、日本和俄罗斯亦有。
> **用途**：可作牧草或绿肥；全草可入药。国家Ⅱ级重点保护野生植物。

羽叶长柄山蚂蝗
Hylodesmum oldhamii

豆科 Fabaceae
长柄山蚂蝗属 *Hylodesmum*

> **识别要点**：半灌木或多年生草本。茎直立。叶为羽状5或7小叶，小叶片披针形或椭圆状披针形。总状花序顶生，排成稀疏的圆锥花序，长达40 cm。荚果扁平，自背缝线深凹入腹缝线，常2荚节，荚节斜三角形。花期8~9月，果期9~10月。
> **分布**：天目山常见种，生于山坡、沟边或灌草丛中。我国东北、华中、华东等地均有分布。日本、朝鲜也有。 > **用途**：全草入药。

河北木蓝
（马棘）
Indigofera bungeana

豆科 Fabaceae
木蓝属 *Indigofera*

> **识别要点**：落叶灌木。单数羽状复叶，小叶7~11。总状花序腋生，花密生，开放后较叶长；花序梗短于叶柄；花萼钟状；花冠淡红色。荚果细圆柱状；种子间有横隔，长肾形；果梗下弯。花期5月，果期6~7月。 > **分布**：天目山常见种，生于海拔300~1300 m的山坡林缘及灌丛中。我国华东、华南及西南等地均有分布。日本也有。 > **用途**：全草入药。

华东木蓝
Indigofera fortunei

豆科 Fabaceae
木蓝属 *Indigofera*

> **识别要点**：落叶灌木。除花外，全株无毛。茎、枝有棱。叶片卵形、卵状椭圆形或披针形，有长约2 mm的小针尖。花冠紫红色；旗瓣倒阔卵形，外侧生短柔毛；翼瓣边缘有睫毛；龙骨瓣边缘及上部有毛，距短。荚果细圆柱状，熟时2片开裂，果瓣旋卷，内具斑点。花期5月，果期6~7月。> **分布**：见于告岭村、大镜坞等地，生于海拔300~700 m的山坡疏林或灌丛中。我国江苏、安徽、浙江、湖北有分布。> **用途**：根可入药；叶可代茶。

鸡眼草
Kummerowia striata

豆科 Fabaceae
鸡眼草属 *Kummerowia*

> **识别要点**：一年生草本。茎和分枝倒生向下的白色细毛。小叶片纸质，长椭圆形或倒卵状长椭圆形；托叶有长缘毛。花柄基部有2枚叶状苞片；花萼钟状，5深裂，裂片卵状椭圆形，基部具4小苞片；花冠粉红色或紫色。荚果扁，通常较萼稍长或等长。花期7~9月，果期10~11月。> **分布**：天目山常见种，生于路边、草地、田边及杂草丛中。我国华东、华中、华南等地有分布。朝鲜、日本及俄罗斯亦有。> **用途**：绿肥或饲料；全草入药。

扁豆
Lablab purpureus

豆科 Fabaceae
扁豆属 *Lablab*

> **识别要点**：多年生缠绕草质藤本。茎疏被黄色或灰色柔毛。羽状复叶具3小叶，顶生小叶片倒卵状菱形，顶端钝，基部圆或宽楔形。总状花序直立，常2~4朵丛生于花序轴的节上；花冠白色或紫红色；旗瓣基部两侧具2附属体。荚果扁，先端有长而弯的喙。花期7~8月，果期9~10月。> **分布**：天目山常见栽培。原产于埃及。世界各地有栽培。
> **用途**：嫩荚食用；花和种子入药。

胡枝子
Lespedeza bicolor

豆科 Fabaceae
胡枝子属 *Lespedeza*

> **识别要点**：落叶灌木。芽具数枚黄褐色鳞片。羽状复叶具3小叶。总状花序比叶长，常在枝上部集成大型、松散的圆锥花序；花序梗长4~10 cm；花冠紫红色；旗瓣倒卵形；萼齿三角状卵形，短于萼筒。荚果压扁，斜卵形，密被短柔毛，有网纹。花期7~9月，果期9~10月。> **分布**：见于区内海拔600 m以上的山坡、路边灌丛或疏林下。我国江苏、安徽、浙江、福建等省均有分布。日本、朝鲜、俄罗斯也有。
> **用途**：观花植物；绿肥或饲料；根可入药。

绿叶胡枝子
Lespedeza buergeri

豆科 Fabaceae
胡枝子属 *Lespedeza*

>**识别要点**：落叶灌木。小枝疏被柔毛，常呈"之"字形弯曲。羽状复叶3小叶；小叶片卵状椭圆形或卵状披针形。总状花序排成圆锥花序状；花冠淡黄绿色；旗瓣与翼瓣基部常带紫色，旗瓣倒卵形，翼瓣较旗瓣短，基部有爪；无闭锁花。荚果扁，长圆状卵形，有网脉和长柔毛。花果期6~10月。>**分布**：天目山常见种，生于海拔1000 m以下的山坡、沟边、路旁灌丛或林缘。我国安徽、浙江、江西、湖南等省有分布。>**用途**：种子含油；根、叶入药。

200

中华胡枝子
Lespedeza chinensis

豆科 Fabaceae
胡枝子属 *Lespedeza*

>**识别要点**：落叶小灌木。全株有贴伏白色绒毛，幼嫩时尤多。小叶片倒卵状长圆形或长椭圆形，先端截形，微凹或钝头，有小刺尖，边缘稍反卷。总状花序腋生；花柄极短；花萼长为花冠的一半。荚果扁，卵圆形，先端具喙，基部稍偏斜，有白色短柔毛。花果期8~10月。>**分布**：天目山常见种，生于山坡、路旁草丛中或疏林下。我国辽宁、河北、浙江和甘肃等省也有分布。>**用途**：全草入药。

大叶胡枝子
Lespedeza davidii

豆科 Fabaceae
胡枝子属 *Lespedeza*

> **识别要点：** 落叶灌木。小枝有棱，密被长柔毛；老枝常有窄翅状棱。羽状复叶3小叶；小叶片宽卵形，先端圆或微凹，基部圆形，两面密被黄白色绢状柔毛。花萼钟状，5深裂，裂片披针形，较萼筒长数倍；花冠红紫色；旗瓣倒卵状矩形。荚果稍扁，卵形，稍歪斜，密被绢毛。花期7~8月，果期9~11月。> **分布：** 天目山常见种，生于向阳山坡、沟边灌草丛中或疏林下。我国江苏、安徽、浙江、河南等省有分布。
> **用途：** 水土保持树种；观花植物；根、叶可入药。

201

铁马鞭
Lespedeza pilosa

豆科 Fabaceae
胡枝子属 *Lespedeza*

> **识别要点：** 多年生草本。全株密生长柔毛。枝细长，常匍匐地面。羽状复叶3小叶；小叶片宽倒卵形或倒卵圆形，叶面密被长柔毛。总状花序比叶短；花序梗和花柄极短。花冠黄白，旗瓣基部有紫色斑点；闭锁花结实。荚果卵圆形，顶端有长喙。花期7~9月，果期9~10月。> **分布：** 天目山常见种，生于向阳山坡、路边、田边灌草丛或疏林下。我国江苏、安徽、浙江、江西等省有分布。日本、朝鲜亦有。> **用途：** 全草入药。

细梗胡枝子
Lespedeza virgata

豆科 Fabaceae
胡枝子属 *Lespedeza*

> **识别要点**：落叶小灌木。小枝纤弱，有条纹，疏生柔毛。羽状复叶3小叶；小叶片卵状长椭圆形。总状花序，花疏生，通常3朵；花序梗细长，长于叶；花冠白色或黄白色，基部有紫斑；翼瓣较短，龙骨瓣长于或近等于翼瓣；闭锁花簇生于叶腋，无梗，结实。荚果稍扁，斜卵形，常包藏于宿存花萼内，近无毛，有脉网。花果期7~10月。> **分布**：见于红庙、告岭村等地，生于海拔600 m以下的山脚、山坡、路边灌草丛中。我国东北、华北、华东、华中等地均有分布。日本、朝鲜也有。> **用途**：根、叶入药。

南苜蓿
（多型苜蓿）
Medicago polymorpha

豆科 Fabaceae
苜蓿属 *Medicago*

> **识别要点**：一年生或二年生草本。羽状复叶3小叶；小叶片倒心形；托叶卵状长圆形，基部耳状，边缘具不整齐细条叶裂或裂刻很深。总状花序有花2~10朵；花序梗纤细，挺直，通常比叶长；花冠黄色。荚果盘状，旋转1.5~2.5圈，边缘具钩刺；种子扁，长肾形，棕色，平滑。花果期3~5月。
> **分布**：见于山麓农家。原产于亚洲西南部、欧洲南部及非洲北部。我国长江中下游以南地区有栽培或逸生。世界各地广泛栽培。> **用途**：绿肥或饲料；嫩叶可食用。

小槐花
Ohwia caudata

豆科 Fabaceae
小槐花属 *Ohwia*

> **识别要点**：落叶直立灌木或亚灌木。羽状复叶小叶3；顶生小叶披针形，叶背稍粉白色，有紧贴疏短毛；叶柄两侧具窄翅。总状花序顶生或腋生；花冠绿白色或浅黄白色，有明显脉纹；龙骨瓣有爪；子房密生绢毛。荚果扁平，细条形，稍弯，被伸展的钩状毛，腹、背缝线在节处缢缩，有4~6节，荚节长椭圆形。花期7~9月，果期10月。> **分布**：天目山常见种，生于山坡、山谷、山沟疏林灌丛中或空旷地。我国长江流域及其以南地区均有分布。朝鲜、日本也有。> **用途**：全草入药；可作牧草。

203

花榈木
Ormosia henryi

豆科 Fabaceae
红豆属 *Ormosia*

> **识别要点**：常绿乔木。裸芽、小枝、叶轴、花序轴及花柄密被绒毛。茎黄绿色。奇数羽状复叶有小叶5~7；小叶片革质，长圆状椭圆形。圆锥花序或总状花序；花冠黄白色；花药淡灰紫色。荚果扁平有喙，长圆形，革质；种子2~7粒，鲜红色，有光泽。花期6~7月，果期10~11月。> **分布**：见于大镜坞，生于海拔700 m以下的山谷或林缘。我国安徽、浙江、江西、福建等省有分布。泰国、越南亦有。> **用途**：材用树种；根皮可入药。国家Ⅱ级重点保护野生植物。

葛麻姆
（野山葛）
Pueraria montana var. *lobata*

豆科 Fabaceae
葛属 *Pueraria*

>**识别要点**：粗壮半木质藤本。全株被黄褐色长硬毛。块根肥厚。羽状复叶3小叶；顶生小叶片菱状卵形，边缘常3浅裂，两面被毛；侧生小叶偏斜，边缘深裂。总状花序中上部有密集的花；萼齿披针形；花冠顶端2裂，紫红色。荚果扁平，长椭圆形，密生黄褐色长硬毛。花期8~9月，果期9~10月。
>**分布**：天目山常见种，生于山坡草地、沟边、路边或疏林中。除新疆、西藏外，我国各地均有分布。日本、朝鲜也有。
>**用途**：茎皮纤维可造纸等；块根制葛粉；根和花入药。

刺槐
Robinia pseudoacacia

豆科 Fabaceae
刺槐属 *Robinia*

>**识别要点**：落叶乔木。树皮褐色，有纵裂纹。具托叶刺或无。奇数羽状复叶互生；小叶片椭圆形或卵形。总状花序腋生；花冠白色，芳香，旗瓣近圆形，反折。荚果扁平，无毛。花期4~6月，果期8~9月。
>**分布**：栽培于天目村、告岭村等地。原产于北美。国内外普遍引种栽培。>**用途**：观赏行道树或材用树种；蜜源植物；树皮可作造纸和栲胶的原料；树皮、根及叶可入药。

槐叶决明
Senna sophera

豆科 Fabaceae
决明属 *Senna*

>**识别要点**：直立灌木或亚灌木。一回偶数羽状复叶；小叶片披针形或椭圆状披针形；叶柄上面近基部有1腺体。伞房状总状花序顶生或腋生；花较少；花冠黄色；雄蕊10，上方3枚退化，最下2枚花药较大。荚果长5~10 cm，熟时略膨胀而呈长圆筒状。花期7~9月，果期10~12月。>**分布**：栽培于天目村、告岭村等地。原产于亚洲热带。我国多地有栽培。热带和亚热带地区广泛分布。>**用途**：观赏树种；苗、叶及嫩荚可食用。

苦参
Sophora flavescens

豆科 Fabaceae
槐属 *Sophora*

>**识别要点**：多年生草本或亚灌木。主根圆柱形，外皮黄色，味极苦。奇数羽状复叶互生；小叶片披针形、线状披针形或椭圆形，叶背有平贴柔毛。总状花序顶生；花萼钟状，明显歪斜；花冠白色或淡黄色，冀瓣强烈皱褶，无耳。荚果长5~8 cm；种子间微缢缩，呈不显明串珠状，稍四棱状。花果期6~9月。>**分布**：天目山常见种，生于向阳山坡的草丛、路边、溪沟边。我国南北各地均有分布。日本、朝鲜、俄罗斯也有。>**用途**：根和种子可入药。

槐
(槐树)

Sophora japonica

豆科 Fabaceae
槐属 *Sophora*

> **识别要点**: 落叶乔木。芽包裹于膨大叶柄内。羽状复叶有小叶9~15，小叶卵状长圆形。圆锥花序顶生，常呈金字塔形；旗瓣阔心形，有短爪，并有紫脉，翼瓣和龙骨瓣边缘稍带紫色。荚果肉质，串珠状，无毛，不裂；种子1~6，卵球状，浅黄绿色。花期7~8月，果期9~10月。> **分布**: 见于禅源寺等地，生于海拔400 m以上的沟边林中或有栽培。我国辽宁以南地区有栽培或野生。日本、朝鲜和越南也有。> **用途**: 绿化或材用树种；花蕾、果实、根皮、枝叶均可入药。

206

小巢菜
Vicia hirsuta

豆科 Fabaceae
野豌豆属 *Vicia*

> **识别要点**: 一年生草本。茎细柔。羽状复叶有小叶4~8对；小叶片线状倒披针形，顶端微凹，有短尖；叶轴顶端有分枝卷须。总状花序腋生，有花2~5朵，生于花序轴顶部；花萼钟状，萼齿5，近等长；花冠白色或淡紫色。荚果扁平，长圆形，有黄色柔毛；种子1或2粒，扁圆球状。花期4~5月，果期4~8月。> **分布**: 天目山常见种，生于山坡、山脚荒地中。我国江苏、浙江、江西、湖北等省有分布。俄罗斯、北欧及北美亦有。> **用途**: 优良饲料或药用植物。

牯岭野豌豆
Vicia kulingana

豆科 Fabaceae
野豌豆属 *Vicia*

>**识别要点：** 多年生直立草本。茎常丛生，基部近紫褐色，无毛。羽状复叶具小叶2或3对；小叶片卵形或卵状披针形，两面被微柔毛，全缘或微波状；叶轴顶端无卷须；托叶半箭头形或披针形，边缘有三角状小齿；具宿存小苞片。总状花序腋生，有花10余朵；花冠紫色至蓝色。荚果斜长椭圆形，黄色，无毛。花期5~6月，果期6~9月。>**分布：** 见于大镜坞和开山老殿，生于海拔1100 m左右的沟边或溪旁。我国江苏、浙江、江西、湖南有分布。>**用途：** 全草入药。

救荒野豌豆
（大巢菜）
Vicia sativa

豆科 Fabaceae
野豌豆属 *Vicia*

>**识别要点：** 一年生或二年生草本。全株被毛。羽状复叶有卷须，小叶4~8对；小叶片长椭圆形或倒卵形，顶端截形，微凹，有小针尖；托叶戟形，边缘有2~4裂齿。花1或2朵生于叶腋，花近无柄，紫色。荚果扁平，线形，近无毛；种子6~9粒，圆球状，熟时黑褐色。果期7~9月。>**分布：** 天目山常见种，生于海拔1200 m以下的路旁灌草丛、山谷及荒地中。我国南北各地均有分布。俄罗斯、亚洲及欧洲暖温带地区也有。>**用途：** 优良饲料或药用植物；嫩茎叶可作蔬菜。

野豇豆
Vigna vexillata

豆科 Fabaceae
豇豆属 *Vigna*

> **识别要点**：多年生缠绕草本。主根圆柱形或圆锥形，外皮橙黄色。茎有棕色粗毛，熟时几无毛。小叶3，卵形或菱状卵形；小叶柄极短。总状花序腋生；花冠淡红紫色，旗瓣近圆形。荚果圆柱形，顶端有喙，有棕褐色粗毛；种子椭圆球状，黑色。花果期8~10月。> **分布**：见于红庙、后山门、告岭村、大镜坞等地，生于山坡林缘或草丛中。我国华东、华中、西南地区及台湾均有分布。印度和斯里兰卡也有。> **用途**：根可入药。

208

紫藤
Wisteria sinensis

豆科 Fabaceae
紫藤属 *Wisteria*

> **识别要点**：落叶木质藤本。茎左旋。奇数羽状复叶有小叶7~13；小叶片纸质，卵状长圆形至卵状披针形，顶生小叶较大，基部1对最小。总状花序生于上年枝顶端，下垂，先叶开放；花冠蓝紫色。荚果稍扁，倒披针形，密生黄色绒毛；种子1~3粒，扁圆形，褐色。花期3~4月，果期5~8月。> **分布**：天目山常见种，生于向阳山坡、沟谷、旷地、灌草丛或疏林下。我国北至辽宁、南至广东均有分布。国外多有栽培。> **用途**：绿化观赏植物；花可入药或提取芳香油；茎皮纤维可造纸等。

酢浆草
Oxalis corniculata

酢浆草科 Oxalidaceae
酢浆草属 *Oxalis*

>**识别要点**：多年生草本。全株有疏柔毛。茎细弱，多分枝，匍匐或斜升，节上生根。掌状复叶有3小叶；小叶片倒心形；无柄。花1至数朵组成腋生的伞形花序；花瓣黄色，倒卵形。蒴果长圆柱状，有短柔毛，熟时开裂；种子小，扁卵球状，红褐色，有横沟槽。花果期4~11月。>**分布**：天目山常见种，生于海拔1200 m以下的山坡草地、田边、荒地或林下阴湿处。全国各地广泛分布。亚洲温带和亚热带、欧洲和北美洲也有。>**用途**：全草入药。

209

三角紫叶酢浆草
Oxalis triangularis

酢浆草科 Oxalidaceae
酢浆草属 *Oxalis*

>**识别要点**：多年生草本。地上无茎；地下根状茎横生，分枝，鳞片多数，淡紫色。叶基生；小叶片宽倒三角形，先端平截，中间微凹，基部宽楔形，叶面暗紫红色，叶背紫红色，两面密被细小腺点。伞形花序有花5~15朵，淡紫色；苞片、花柄、萼片均被透明腺毛。花果期5~11月。>**分布**：栽培于山麓农家。原产于南美洲巴西。我国多地有栽培。>**用途**：优良地被观赏植物。

野老鹳草
Geranium carolinianum

牻牛儿苗科 Geraniaceae
老鹳草属 *Geranium*

>**识别要点**：一年生草本。叶片圆肾形，掌状5或7裂至近基部，裂片楔状倒卵圆形或菱形，下部楔形、全缘，表面被短伏毛，背面沿脉被短伏毛。每花序梗具2花；萼片长卵圆形，先端急尖，外被短柔毛或沿脉被开展的糙柔毛和腺毛，宿存；花瓣淡紫红色或白色。蒴果被毛。花期4~7月，果期5~9月。>**分布**：天目山常见种，生于低海拔的荒坡杂草丛中。原产于北美，归化于我国山东、安徽、浙江、四川等省。>**用途**：全草入药。

210

老鹳草
Geranium wilfordii

牻牛儿苗科 Geraniaceae
老鹳草属 *Geranium*

>**识别要点**：多年生草本。茎、花序梗和花萼的柔毛中混生开展腺毛。茎直立，单生，具棱槽，密生倒向细柔毛。基生叶片圆肾形，5深裂，裂片倒卵状楔形，下部全缘，上部不规则齿裂；茎生叶常3裂。花序顶生或腋生，具2花，淡红色或白色。蒴果被毛；种子长圆球状。花期6~8月，果期8~10月。>**分布**：见于五里亭、七里亭、开山老殿，生于海拔1100 m以下的草丛中。我国东北、华北、华中、华东等地均有分布。日本、朝鲜和俄罗斯也有。>**用途**：全草入药。

臭节草
（松风草）
Boenninghausenia albiflora

芸香科 Rutaceae
石椒草属 *Boenninghausenia*

> **识别要点**：多年生直立草本。全株有强烈气味。茎、枝、叶、花序均无毛或具软毛。二回或三回羽状复叶；小叶片倒卵圆形，顶端圆，有时微凹，基部楔形或钝，叶面绿色，有细小油点。聚伞花序顶生；花瓣白色，有透明油点。蓇葖果卵形；种子肾形，黑褐色。花期4~8月，果期9~10月。> **分布**：见于开山老殿、地藏殿等地，生于林下阴湿处及沟谷溪边。我国长江流域及其以南地区均有分布。日本、印度和尼泊尔等国也有。> **用途**：全草入药；亦作驱虫药。

金柑
（金橘）
Citrus japonica

芸香科 Rutaceae
柑橘属 *Citrus*

> **识别要点**：常绿灌木。枝无刺或有短刺。单叶互生；顶生叶片卵状披针形或长椭圆形，边缘中部以上有不明显的锯齿，密生细小油点，芳香；叶柄有狭翅或几无。花单生或数朵簇生于叶腋，芳香；花瓣5，白色；花丝不同程度地合生成4或5束。柑果常圆球形，皮薄味甜。花期6月，果期11月。
> **分布**：栽培于山麓农家。我国秦岭以南各地常有栽培。
> **用途**：观赏植物；果实可食，亦可入药。

柚
Citrus maxima

芸香科 Rutaceae
柑橘属 *Citrus*

>**识别要点**：常绿乔木。多分枝；刺长，柔弱，稀无刺；小枝扁，绿色。单身复叶；叶片宽卵形至椭圆形；叶柄具倒心形宽翅。花单生或簇生于叶腋或小枝顶端；花瓣白色，卵状椭圆形。柑果特大，梨形或球形，香味浓；种子大。花期4~5月，果期9~10月。>**分布**：栽培于山麓农家。我国秦岭以南有栽培。>**用途**：观赏树种；水果供鲜食或制果汁；种子可榨油；果皮入药。

枳
（枸橘）
Citrus trifoliata

芸香科 Rutaceae
柑橘属 *Citrus*

>**识别要点**：落叶灌木或小乔木。分枝多且常曲折；有长、短枝之分，短枝上生叶；小枝扁，绿色；腋生枝刺多而尖锐，基部扁平。羽状三出复叶，小叶片倒卵形或椭圆形；叶柄有翅，小叶无柄。花单生或成对生于叶腋；先叶开放；花瓣白色，匙形。柑果圆球状，熟时橙黄色，密被细柔毛，宿存枝上。花期4~5月，果期9~10月。>**分布**：栽培于开山老殿和禅源寺。我国华东、华中及西南地区有分布。>**用途**：果实可入药或提取芳香油；可作绿篱和砧木。

秃叶黄檗
（秃叶黄皮树）

Phellodendron chinense var. *glabriusculum*

芸香科 Rutaceae
黄檗属 *Phellodendron*

> **识别要点**：落叶乔木。树皮2层，外层为厚木栓层，内层淡黄色，带苦味。奇数羽状复叶对生；有小叶7~11；小叶片厚纸质，椭圆状卵形，齿缝间有油点。聚伞花序顶生，花通常稀疏，花序轴粗壮，密被短柔毛。核果，果肉浆质，有特殊气味，近圆球形，熟时蓝黑色。花期6~7月，果期9~10月。
> **分布**：见于倒挂莲花、横塘、仙人顶及西关等地，生于海拔800 m以上的阴坡阔叶林和溪谷附近。我国湖南、浙江、广东、福建等省有分布。> **用途**：树干内皮可入药；木材制作器具。

213

茵芋

Skimmia reevesiana

芸香科 Rutaceae
茵芋属 *Skimmia*

> **识别要点**：常绿灌木。小枝常中空，皮淡灰绿色，光滑，干后常有浅纵皱纹。单叶互生，革质，有香气，常集生于枝上部；叶片椭圆形、披针形或倒披针形，顶部短尖，基部阔楔形。聚伞状圆锥花序顶生，花通常两性，花瓣白色。核果浆果状，红色，长圆形至近圆形。花期4~5月，果期9~11月。> **分布**：见于倒挂莲花、开山老殿等地，生于海拔800~1200 m的混交林中。我国安徽、浙江、江西、福建等省有分布。> **用途**：观赏植物；叶有毒，可入药。

吴茱萸
Tetradium ruticarpum

芸香科 Rutaceae
吴茱萸属 *Tetradium*

>**识别要点**：落叶灌木。羽状复叶有小叶5~13；小叶片两面均被柔毛，叶背有粗大油点，全缘。雄花序的花较疏离，雌花序的花多密集；雄花花瓣腹面疏被长毛，雌花花瓣腹面被长毛。蒴果暗紫红色，表面有粗大油点，通常有2~4分果瓣，每分果瓣有1种子。花期7~8月，果期9~10月。>**分布**：见于禅源寺、青龙山、一里亭等地，生于海拔500 m以下的疏林、林缘旷地和谷地溪边。我国长江流域及其以南地区有分布。>**用途**：果实入药。

椿叶花椒
Zanthoxylum ailanthoides

芸香科 Rutaceae
花椒属 *Zanthoxylum*

>**识别要点**：落叶乔木。全株无毛。茎干有鼓钉状锐刺，小枝顶部及花序轴常散生短直刺。羽状复叶对生；小叶狭长披针形，叶缘有明显裂齿，油点多，叶背有灰白色粉霜。蓇葖果红色，先端具极短的喙；种子棕黑色，有光泽。花期7~8月，果期10~11月。>**分布**：见于东关，生于阔叶林中。我国东南部地区有分布。日本也有。>**用途**：观赏植物；果实作调味料；树皮可入药。

竹叶花椒
Zanthoxylum armatum

芸香科 Rutaceae
花椒属 *Zanthoxylum*

> **识别要点**：常绿灌木或乔木。枝条攀缘状；对生皮刺基部扁宽。羽状复叶有小叶3~9；叶轴背面及总柄有宽翅和皮刺，小叶仅基部中脉两侧具褐色短柔毛。聚伞状圆锥花序腋生或生于侧枝顶端；花单性，细小，黄绿色。蓇葖果红色，有少数凸起的油点。花期3~5月，果期8~10月。> **分布**：见于禅源寺，生于海拔300~500 m的林缘或灌丛中。我国中部、南部及西南地区均有分布。日本和朝鲜也有。> **用途**：观赏植物；果实、枝、叶均可提取芳香油或入药。

花椒
Zanthoxylum bungeanum

芸香科 Rutaceae
花椒属 *Zanthoxylum*

> **识别要点**：落叶灌木或小乔木。枝干被短柔毛并密生基部膨大的皮刺。小叶片5~13，对生，齿缝间有粗大透明油点，叶背中脉基部有褐色柔毛；总叶柄及叶轴有狭翅。聚伞状圆锥花序顶生或生于侧枝顶端。蓇葖果红色；种子黑色。花期4~5月，果期8~10月。> **分布**：栽培于天目村等地。我国华北、华中、西南及华南地区有分布。> **用途**：果实为传统调味料，也可入药。

臭椿
Ailanthus altissima

苦木科 Simaroubaceae
臭椿属 *Ailanthus*

> **识别要点**：落叶乔木。奇数羽状复叶；小叶13~25，对生；小叶边缘近基部具1~3对粗齿，齿端有腺体。花小，集成圆锥花序。翅果扁平，梭状长椭圆形，内有1种子，位于翅果的近中部。花期4~5月，果期8~9月。
> **分布**：见于禅源寺、忠烈祠、后山门、仙人顶等地，生于山谷、山坡林及岩石裂缝中。我国辽宁以南、广东以北、甘肃以东均有分布。日本、朝鲜也有。> **用途**：材用或绿化树种；蜜源植物。

苦树
Picrasma quassioides

苦木科 Simaroubaceae
苦木属 *Picrasma*

> **识别要点**：落叶乔木，雌雄异株。叶、枝、皮均极苦。奇数羽状复叶，小叶9~15。复聚伞花序腋生；花序轴密被黄褐色微柔毛；花绿色；萼片小，宿存；花瓣与萼片同数；雄蕊长为花瓣的2倍；雌蕊短于花瓣。核果蓝色或红色，卵球状。花期4~5月，果期6~9月。> **分布**：见于五里亭、五世同堂、开山老殿等地，生于海拔380~1080 m的山坡、山谷、溪边阔叶林中。我国黄河流域及其以南地区有分布。日本、朝鲜、印度也有。> **用途**：根、茎干、枝皮有毒可入药；木材可制器具。

楝
Melia azedarach

楝科 Meliaceae
楝属 *Melia*

> **识别要点**：落叶乔木。幼枝有星状毛，后脱落。二回或三回奇数羽状复叶；小叶片卵圆形至椭圆形，边缘有钝尖锯齿，深浅不一，有时微裂。圆锥花序腋生；花瓣5，淡紫色；雄蕊10，花丝合成雄蕊管，紫色。核果熟时淡黄色，近球状；种子椭球状，红褐色。花期4~5月，果期10月。> **分布**：常见于天目山低海拔区域。我国河北以南地区有分布。缅甸、印度亦有。> **用途**：材用树种；树皮、叶、果实可入药。

香椿
Toona sinensis

楝科 Meliaceae
香椿属 *Toona*

> **识别要点**：落叶乔木。幼枝有柔毛，叶痕大。偶数羽状复叶，有特殊香气；幼叶紫红色，成年叶绿色，叶背红棕色；叶柄红色。圆锥花序顶生；花小，两性；花瓣白色；退化雄蕊5，与发育雄蕊互生。蒴果狭椭球状，果瓣薄；种子圆锥状，一端有膜质长翅。花期5~6月，果期8~10月。> **分布**：见于禅源寺、里横塘、仙人顶等地，生于山坡林中潮湿处。我国华北至西南地区均有分布。> **用途**：材用树种；嫩芽可食用。

狭叶香港远志
Polygala hongkongensis var. *stenophylla*

远志科 Polygalaceae
远志属 *Polygala*

>**识别要点**：直立草本或亚灌木。茎枝纤细，被卷曲柔毛。单叶互生；叶片纸质或膜质，窄披针形或条状披针形，侧脉3对，叶背常紫红色。总状花序顶生；内萼片椭圆形；花瓣紫红色或白色；花丝4/5以下合生成鞘。蒴果扁平。花期5~6月，果期6~7月。>**分布**：见于一都村、西关，生于海拔1300 m以下的山谷林下、林缘或山坡荒草地。我国江苏、安徽、浙江、江西等省有分布。>**用途**：全草入药。

瓜子金
Polygala japonica

远志科 Polygalaceae
远志属 *Polygala*

>**识别要点**：多年生草本。茎丛生。单叶互生，叶片长椭圆形。总状花序与叶对生或腋生，最上花序低于茎顶；花瓣3，紫色或白色；侧瓣长圆形；龙骨瓣舟状，具流苏状附属物；雄蕊8枚，1/2与花瓣贴生。蒴果扁圆形，顶端凹，边缘有宽翅。花期4~5月，果期5~8月。>**分布**：见于太子庵、朱陀岭、一都村，生于海拔1100 m以下的山坡林中。我国华东、华南和北部地区均有分布。日本、朝鲜、越南等国也有。
>**用途**：全草入药。

铁苋菜

Acalypha australis

大戟科 Euphorbiaceae
铁苋菜属 *Acalypha*

> **识别要点**：一年生草本。叶互生，长卵圆形，基出脉3条。雌、雄花同序；雌花苞片1或2(~4)枚，卵状心形，花后增大，边缘具三角形齿；苞腋具雌花1~3朵。雄花萼4枚；雌花萼片3枚；花柱3。蒴果三角状半圆形；种子卵形。花果期7~10月。
> **分布**：天目山常见种，生于海拔600 m以下的路旁、沟边。我国长江、黄河中下游流域及华南、西南地区均有分布。日本、朝鲜和越南也有。> **用途**：全草入药。

裂苞铁苋菜
（短穗铁苋菜）

Acalypha supera

大戟科 Euphorbiaceae
铁苋菜属 *Acalypha*

> **识别要点**：一年生草本。叶片宽卵形，基出脉3条；叶柄细长。穗状花序极短；雌花苞片3深裂，裂片长圆形；苞腋具2~4朵雌花。蒴果球形；种子卵球状。花果期5~10月。
> **分布**：见于忠烈祠、西关等地，生于山麓荒地及路边。我国江苏、安徽、浙江、江西等省有分布。越南、印度、马来西亚等国亦有。> **用途**：全草入药。

山麻杆
Alchornea davidii

大戟科 Euphorbiaceae
山麻秆属 *Alchornea*

> **识别要点**：落叶灌木。叶片薄纸质，阔卵圆形或近圆形，基部心形、浅心形或近截平，边缘有锯齿，齿端具腺体，基部具斑状腺体2或4个，基出脉3条。雄花序穗状1~3个生于一年生枝已落叶的腋部；雌花序总状，顶生，具花4~7朵。蒴果近球状，密生柔毛。花期3~5月，果期6~7月。> **分布**：见于天目山庄、禅源寺等地，生于路边灌丛。我国长江流域有分布。> **用途**：春叶红艳，供观赏；茎皮纤维可供造纸；种子榨油可制皂或涂料。

220

重阳木
Bischofia polycarpa

大戟科 Euphorbiaceae
秋枫属 *Bischofia*

> **识别要点**：落叶乔木，雌雄异株。三出复叶；顶生小叶通常较两侧的大。总状花序常着生于新枝下部，花序轴纤细而下垂。果实浆果状，圆球状，熟时褐红色。花期4~5月，果期10~11月。> **分布**：栽培于禅源寺、忠烈祠等地。我国秦岭、淮河以南至福建、广东均有分布。> **用途**：材用树种；种子可榨油或供食用；叶、根、树皮可入药。

泽漆
Euphorbia helioscopia

大戟科 Euphorbiaceae
大戟属 *Euphorbia*

>**识别要点**：一年生草本。茎直立。叶互生，叶片倒卵形或匙形；总苞叶5枚，倒卵状长圆形；苞叶2枚，卵圆形。聚伞花序单生，有柄或近无柄；总苞钟状，边缘5裂，裂片半圆形，边缘和内侧具柔毛；腺体4，盘状，中部内凹，基部具短柄。蒴果三棱阔圆球状，光滑，无毛；种子卵球状。花果期4~10月。>**分布**：天目山常见种，生于村落旁、农地边和路边荒地。除西藏外，分布几遍全国。日本、印度及欧洲也有。
>**用途**：全草入药或作农药；种子榨油，供工业用。

地锦草
Euphorbia humifusa

大戟科 Euphorbiaceae
大戟属 *Euphorbia*

>**识别要点**：一年生草本。茎匍匐，基部常红色或淡红色。叶对生，上面绿色，下面淡绿色，有时淡红色；叶柄极短。花序单生于叶腋；总苞边缘4裂，裂片三角形；腺体4，矩圆形。蒴果三棱卵球状；种子灰色，无种阜。花果期5~10月。
>**分布**：见于天目村、武山村、禅源寺、告岭村等地，生于低海拔荒地和路边草丛。全国各地广泛分布。日本也有。
>**用途**：全草入药。

大戟
Euphorbia pekinensis

大戟科 Euphorbiaceae
大戟属 *Euphorbia*

> **识别要点**：多年生草本。根粗壮，圆锥形。叶互生；总苞叶4~7枚，长椭圆形；苞叶2枚，近卵圆形。花序单生于二歧分枝顶端；总苞杯状，边缘4裂，裂片半圆形；腺体4，半圆形或肾状圆形，淡褐色。蒴果球状，被瘤状突起，熟时分裂为3个分果瓣，花柱宿存；种子卵形。花期5~6月，果期7~9月。
> **分布**：见于西关、大镜坞、天目大峡谷等地，生于山坡路边及疏林下。除新疆、西藏外，分布几遍全国。日本、朝鲜也有。 > **用途**：根入药，称"京大戟"。

一叶萩
Flueggea suffruticosa

大戟科 Euphorbiaceae
白饭树属 *Flueggea*

> **识别要点**：落叶灌木，雌雄异株。多分枝；小枝绿色。单叶互生，叶片椭圆形；托叶卵状披针形，宿存。雄花3~18朵簇生于叶腋，萼片通常5，雄蕊5，花盘腺体5；雌花单生叶腋。蒴果三棱状扁球形；种子三棱卵球形。花期6~7月，果期8~9月。 > **分布**：见于一里亭、三里亭、七里亭等地，生于海拔500~1000 m的灌草丛中。我国江苏、浙江、湖北、甘肃等省有分布。 > **用途**：茎皮纤维可作纺织原料；花、叶可入药。

算盘子
Glochidion puberum

大戟科 Euphorbiaceae
算盘子属 *Glochidion*

>**识别要点**：落叶灌木。枝、叶背、萼片外面、子房和果实均密被短柔毛。叶片长圆形；托叶三角形。花小，雌雄同株或异株，2~5朵簇生于叶腋内；雄花束常着生于小枝下部，雌花束生于小枝上部，或同生。蒴果扁球状，有纵沟槽，熟时带红色。花期4~8月，果期7~11月。>**分布**：天目山常见种，生于山坡、谷地、溪边灌木丛中。我国长江流域及华南、西南地区有分布。>**用途**：种子榨油可制皂；全株可入药或作农药。

白背叶
Mallotus apelta

大戟科 Euphorbiaceae
野桐属 *Mallotus*

>**识别要点**：落叶灌木或小乔木。小枝、叶柄和花序均密被淡黄色星状柔毛并散生橙黄色腺体。叶片基部圆或平截，边缘具疏浅齿，叶背具星状绒毛，基出脉3条，基部近叶柄处有褐色腺体2个。穗状花序顶生；花单性同株。蒴果密生线形软刺；种子近球形，黑色，光亮。花期5~6月，果期8~10月。>**分布**：天目山常见种，生于阔叶林中。我国江苏、安徽、浙江、江西、福建、湖北、湖南、广东、四川等省有分布。越南亦有。>**用途**：根、叶可入药；种子榨油可制肥皂及润滑油。

卵叶石岩枫

Mallotus repandus var. *scabrifolius*

大戟科 Euphorbiaceae
野桐属 *Mallotus*

>**识别要点**：攀缘状灌木。嫩枝、叶柄、花序、花柄均密生黄色星状柔毛。嫩叶两面均被星状柔毛，成熟叶仅下面脉腋被毛并散生黄色腺体，基出脉3条。雌花序长5~10 cm；花序梗粗壮，不分枝。蒴果具3个分果瓣，密生黄色粉末状毛并具颗粒状腺体。花期5~6月，果期6~9月。>**分布**：见于大有村、西关等地，生于溪边、林缘灌丛或阔叶林中。我国江苏、安徽、浙江、江西等省有分布。>**用途**：种子榨油供制皂或油漆。

野桐

Mallotus tenuifolius

大戟科 Euphorbiaceae
野桐属 *Mallotus*

>**识别要点**：落叶小乔木或灌木，雌雄异株。枝、叶柄和花序轴均密被褐色星状毛。叶片纸质，形状多变，全缘，不分裂或上部每侧具1裂片或粗齿，下面疏生橙红色腺点，基出脉3条，近叶柄处具黑色圆形腺体2枚。花序总状或圆锥状。蒴果球形，密被软刺和红色腺点。花期5~6月，果期8~10月。>**分布**：见于里曲湾、大树王、西关等地，生于海拔500~1000 m的溪边林中。我国华东、华中和西南地区均有分布。日本、尼泊尔、印度等国也有。>**用途**：树皮、叶入药；种子榨油可作工业原料。

白木乌桕
Neoshirakia japonica

大戟科 Euphorbiaceae
白木乌桕属 *Neoshirakia*

>**识别要点**：灌木或乔木。乳汁白色。叶互生，全缘，叶背中上部近边缘的脉上散生腺体，基部中脉两侧具2腺体；叶柄两侧呈狭翅状。花单性同株，圆锥花序聚伞状。蒴果球形，无宿存中轴；种子扁球状，无蜡质假种皮。花期5~6月，果期9~10月。
>**分布**：见于天目大峡谷等地，生于海拔500~1200 m的沟谷山坡阔叶林中。我国长江中下游流域及华南、西南地区均有分布。日本、朝鲜也有。
>**用途**：秋叶鲜艳，供观赏；种子可榨油；根皮、叶可入药。

225

青灰叶下珠
Phyllanthus glaucus

大戟科 Euphorbiaceae
叶下珠属 *Phyllanthus*

>**识别要点**：落叶灌木。全株无毛。小枝细柔。叶互生，叶片椭圆形。雌花1朵与雄花数朵簇生于叶腋；雄花花盘腺体6，雌花花盘环状。蒴果浆果状，紫黑色，基部有宿存萼片；种子黄褐色。花期5~6月，果期9~10月。>**分布**：见于白虎山、禅源寺、开山老殿等地，生于海拔1000 m以下的山坡、沟谷阔叶林中。我国江苏、安徽、浙江、江西等省有分布。
>**用途**：观赏植物；根可入药。

蜜甘草
Phyllanthus matsumurae

大戟科 Euphorbiaceae
叶下珠属 *Phyllanthus*

>**识别要点**：一年生草本。全株无毛。茎直立，常基部分枝；枝条细长，小枝具棱。花单生或数朵簇生于叶腋，基部有数枚苞片；雄花花盘腺体4，雄蕊2。蒴果扁球状，平滑，果柄短；种子黄褐色，有褐色疣点。花期7~8月，果期9~10月。
>**分布**：见于大有村、禅源寺、三里亭等地，生于低海拔路旁草丛。我国江苏、安徽、浙江、江西等省有分布。日本、朝鲜和俄罗斯等国亦有。>**用途**：全草入药。

蓖麻
Ricinus communis

大戟科 Euphorbiaceae
蓖麻属 *Ricinus*

>**识别要点**：一年生草本。小枝、叶和花序常被白霜。茎多液汁。单叶互生；叶片近圆形，掌状7~11裂，裂缺达中部；叶柄粗壮，中空，顶端和基部具盘状腺体。总状或圆锥花序；花丝合生成束；花柱红色。蒴果近球形，果皮具软刺或平滑；种子椭圆状，斑纹淡褐色或灰白色。花果期7~11月。
>**分布**：栽培于大有村、告岭村等地。原产于太平洋岛屿。热带、亚热带地区广泛栽培。>**用途**：油料或药用植物。

乌桕
Triadica sebifera

大戟科 Euphorbiaceae
乌桕属 *Triadica*

> **识别要点**：落叶乔木。具乳状汁液。叶互生，菱形；叶柄顶端具2腺体。花单性同株，聚集成顶生总状花序；雌花通常生于花序轴下部。雄花苞片宽卵圆形，基部每侧具1肾形腺体，每苞片内具10~15朵花。蒴果梨状，中轴宿存；种子扁球状，外被白色蜡质假种皮。花果期5~10月。

> **分布**：栽培于告岭村、鲍家村等地。我国黄河流域及其以南地区广泛分布。日本、越南和印度也有。

> **用途**：木本油料植物。

油桐
Vernicia fordii

大戟科 Euphorbiaceae
油桐属 *Vernicia*

> **识别要点**：落叶乔木。叶片卵圆形，掌状脉5(~7)条；叶柄与叶片近等长，几无毛，顶端有2枚扁平、无柄腺体。花先叶开放或与叶同放；花瓣白色，有淡红色脉纹。核果近球状，果皮光滑，顶端有短尖。花期4~5月，果期7~10月。

> **分布**：见于大有村、禅源寺、后山门等地，生于山坡路边、林缘。我国长江流域广泛分布。> **用途**：药用或木本油料植物。

交让木
Daphniphyllum macropodum

虎皮楠科 Daphniphyllaceae
虎皮楠属 *Daphniphyllum*

> **识别要点**：常绿小乔木。小枝粗壮，具圆形大叶痕。叶簇生枝顶，革质，长圆形至倒披针形，顶端具细尖头，上面具光泽；叶柄带红色。总状花序；雄花无花被，花丝短；雌花无花萼，柱头2裂。核果卵圆形，熟时红黑色，具皱褶。花期4~5月，果期9~10月。> **分布**：见于七里亭、幻住庵、开山老殿、仙人顶等地，散生于海拔500 m以上湿润荫蔽的山坡阔叶林中。我国安徽、浙江、江西、福建、台湾等省均有分布。> **用途**：材用或观赏树种；亦可药用。

228

匙叶黄杨
Buxus harlandii

黄杨科 Buxaceae
黄杨属 *Buxus*

> **识别要点**：常绿小灌木。小枝近四棱形。单叶对生；叶片薄革质，长匙形，稀狭长圆形，先端稍狭，顶端圆钝，基部楔形；叶柄不明显。头状花序腋生或顶生；不育雌蕊长为萼片的1/2；花柱直立，宿存。蒴果近球形。花期5月，果期10月。
> **分布**：栽培于后山门和半月池等地。我国广东和海南省有分布，多地有栽培。> **用途**：绿篱或盆栽植物。

黄杨
Buxus sinica

黄杨科 Buxaceae
黄杨属 *Buxus*

> **识别要点**：常绿灌木或小乔木。枝有纵棱。叶片革质，宽椭圆形、卵状椭圆形或长圆形，叶背中脉上常密被白色短线状钟乳体，侧脉不明显。头状花序腋生，无花瓣；雄花不育；雌蕊有棒状柄，末端膨大；雌花花柱粗扁，宿存。蒴果近球形。花期3月，果期5~6月。> **分布**：栽培于天目山管理局。我国安徽、浙江、江西、福建、湖北等省均有分布。
> **用途**：园林观赏或材用树种。

顶花板凳果
Pachysandra terminalis

黄杨科 Buxaceae
板凳果属 *Pachysandra*

> **识别要点**：常绿亚灌木。单叶互生，常4~6叶集生于茎顶；叶片菱状倒卵形，上部边缘具齿，基部楔形，渐狭为柄。穗状花序顶生，直立；花序轴及苞片均无毛；花白色；雄花数超过15，无花梗；雌花1~2，生花序轴基部，花柱宿存。蒴果卵球形。花期4~5月，果期9~10月。> **分布**：见于横塘、仙人顶和千亩田等地，生于海拔800~1400 m的山坡和沟边林下。我国安徽、浙江、河南、湖北、湖南、四川、陕西和甘肃有分布。> **用途**：地被或盆栽植物；药用植物。

黄连木
Pistacia chinensis

漆树科 Anacardiaceae
黄连木属 *Pistacia*

> **识别要点**：落叶乔木，雌雄异株。冬芽红色，有香气。奇数羽状复叶互生，常因顶生小叶不发育而成偶数羽状复叶；小叶披针形，基部偏斜，全缘。圆锥花序腋生，花先叶开放；雄花序排列紧密；雌花序排列疏松。核果倒卵状球形，顶端具小尖头。花期4月，果期6~10月。> **分布**：见于武山村和青龙村等地，生于向阳山坡、沟谷林中和林缘。我国华东、中南、西南、华北和西北地区均有分布。菲律宾也有。> **用途**：绿化或材用树种；种子含油，供工业用；嫩芽可食或代茶。

盐肤木
Rhus chinensis

漆树科 Anacardiaceae
盐肤木属 *Rhus*

> **识别要点**：落叶小乔木或灌木。奇数羽状复叶互生；叶轴和叶柄常有叶状翅；小叶无柄，卵形至卵状椭圆形，边缘具粗锯齿。圆锥花序顶生；雄花序长；雌花序较短，密被锈色柔毛；花白色。核果球形，被毛，红色。花期8~9月，果期10月。> **分布**：天目山常见种，生境类型多样。除东北、内蒙古和新疆外，我国各地均有分布。南亚和东南亚国家也有。> **用途**：幼枝和叶可入药或作染料。

毛漆树
Toxicodendron trichocarpum

漆树科 Anacardiaceae
漆属 *Toxicodendron*

> **识别要点**：落叶小乔木或灌木。奇数羽状复叶互生，常集生小枝顶端；小叶对生，长圆状椭圆形，两面被毛；小叶无柄。圆锥花序腋生，为复叶长的1/2，密被黄褐色硬毛。核果扁球形，疏被短刺毛。花期5~6月，果期8~10月。> **分布**：见于开山老殿、仙人顶等地，生于海拔800 m以上的山地林中。我国长江流域及其以南地区均有分布。朝鲜和日本也有。> **用途**：材用树种。

冬青
Ilex chinensis

冬青科 Aquifoliaceae
冬青属 *Ilex*

> **识别要点**：常绿乔木。叶片薄革质，狭长椭圆形或披针形，边缘具圆齿；叶干时深褐色；叶柄长，有时为暗紫色。聚伞花序着生于新枝叶腋内或叶腋外。果实椭圆形或球形，熟时红色，分核4或5，背面有纵沟。花期4~6月，果期8~11月。
> **分布**：见于交口村、天目村、大有村和武山村等地，生于低海拔山坡林中。我国长江流域以南至华南地区有分布。日本也有。> **用途**：绿化或材用树种；亦可药用。

枸骨
Ilex cornuta

冬青科 Aquifoliaceae
冬青属 *Ilex*

> **识别要点**：常绿灌木或小乔木。叶革质，长椭圆状四方形，顶端有3枚尖硬刺齿，中央刺齿反曲，基部两侧各有1~2刺齿，有时全缘，基部圆形。伞形花序簇生于叶腋；花小，黄绿色。果实球形，熟时鲜红色，分核4。花期4~5月，果期9~11月。> **分布**：见于大有村、一里亭和一都村，生于山坡路边和灌丛中。我国长江中下游流域有分布。朝鲜半岛也有。
> **用途**：绿化观赏树种；可入药或代茶。

具柄冬青
Ilex pedunculosa

冬青科 Aquifoliaceae
冬青属 *Ilex*

> **识别要点**：常绿灌木。小枝粗壮，无毛，具纵脊。叶薄革质，卵形、椭圆形至长圆形，先端渐尖，基部圆形，边缘下部全缘，上部有不明显的疏锯齿；叶柄长10~15 mm。聚伞花序单生叶腋，雌花序退化，常仅存1花，花梗长2.7~4 cm。果球形，成熟时红色。花期6~7月，果期9~11月。> **分布**：见于香炉峰、开山老殿和仙人顶等地，生于海拔500~1400 m的山坡林中或灌丛中。我国长江流域及其以南地区有分布。日本亦有。> **用途**：材用树种；叶和种子可入药。

铁冬青
Ilex rotunda

冬青科 Aquifoliaceae
冬青属 *Ilex*

> **识别要点**：常绿乔木。树皮灰色，光滑。小枝灰褐色，粗壮，具棱。叶薄革质，倒卵形、椭圆状卵形至椭圆形，先端渐尖，基部楔形，全缘；叶柄长1~1.5 cm。聚伞花序单生腋生，雌花序总梗长1 cm。核果近球形，成熟时鲜红色。花期3~4月，果期9~10月。> **分布**：见于三里亭、鲍家村等地，生于低海拔山坡林中或竹林中。我国长江流域及其以南地区有分布。日本和朝鲜亦有。> **用途**：观赏树种。

233

大芽南蛇藤
（哥兰叶）
Celastrus gemmatus

卫矛科 Celastraceae
南蛇藤属 *Celastrus*

> **识别要点**：常绿或半常绿藤本。小枝密被棕褐色短毛，密布圆形皮孔。冬芽细小，最外面2枚芽鳞片特化成卵状三角形刺。叶近革质，倒披针形，边缘具疏浅锯齿。聚伞花序腋生或顶生，常1~3花，花梗被棕色短毛。蒴果球状；种子新月状。花期3~4月，果期6~10月。> **分布**：见于禅源寺等地，生于低海拔灌丛和林缘。我国安徽、浙江、江西、福建、湖南、广东和广西有分布。> **用途**：根、茎可入药。

南蛇藤
Celastrus orbiculatus

卫矛科 Celastraceae
南蛇藤属 *Celastrus*

>**识别要点**：落叶藤本。小枝圆柱形，具皮孔；冬芽小，卵圆状。叶互生，变化大，通常阔倒卵形、近圆形或长方椭圆形，边缘具锯齿。聚伞花序腋生或在枝端成圆锥状而与叶对生；花黄绿色；花柱宿存。蒴果近球状，棕黄色；种子被橙红色肉质假种皮。花期5~6月，果期9~10月。>**分布**：见于七里亭、开山老殿，生于山沟灌木丛中。我国东北、华北、华东、华中和西南各地均有分布。朝鲜和日本也有。>**用途**：根、茎、叶可入药；种子含油，可供工业用。

234

卫矛
Euonymus alatus

卫矛科 Celastraceae
卫矛属 *Euonymus*

>**识别要点**：落叶灌木。小枝四棱形，常具2或4列宽阔木栓翅。叶片倒卵形至椭圆形，先端渐尖，边缘具细锯齿。聚伞花序腋生，常具花3；花淡黄绿色。蒴果1~4深裂，裂瓣椭圆状；种子椭圆形，假种皮橙红色。花期5~6月，果期7~10月。>**分布**：天目山常见种，生于山坡林下或灌丛中。我国长江中下游至河北、辽宁和吉林省均有分布。日本、朝鲜和俄罗斯也有。>**用途**：园林观赏植物；材用树种；木栓可入药；种子可榨油。

肉花卫矛
Euonymus carnosus

卫矛科 Celastraceae
卫矛属 *Euonymus*

> **识别要点**：半常绿乔木或灌木。小枝圆柱形。叶片近革质，长圆状椭圆形或长圆状倒卵形，先端急尖，基部楔形，边缘具细锯齿。聚伞花序疏散；花淡黄色。蒴果近球形，淡红色，具4翅棱；种子黑色，假种皮红色。花期5~6月，果期8~10月。> **分布**：天目山常见种，生于山坡、水沟旁和岩石缝隙中。我国江苏、安徽、浙江、江西、福建、湖北和台湾省有分布。日本亦有。> **用途**：园林观赏植物；根可入药。

235

冬青卫矛
Euonymus japonicus

卫矛科 Celastraceae
卫矛属 *Euonymus*

> **识别要点**：常绿灌木或小乔木。小枝四棱形。叶革质，有光泽，倒卵形或椭圆形，先端圆阔或急尖，基部楔形，边缘具浅细钝齿。聚伞花序腋生，一回或二回二歧分枝，每分枝有花5~12；花绿白色。蒴果近球状，淡红色，有4浅沟；种子具橙红色假种皮。花期6~7月，果期9~10月。> **分布**：栽培于禅源寺。原产于日本。我国各地普遍栽培。> **用途**：园林观赏植物。

雷公藤
Tripterygium wilfordii

卫矛科 Celastraceae
雷公藤属 *Tripterygium*

> **识别要点**：落叶灌木。小枝棕红色，具4~6细棱，密生瘤状皮孔及锈色短毛。单叶互生，纸质，椭圆形、倒卵椭圆形、长方椭圆形或卵形，边缘有细锯齿；叶脉、叶柄被锈色毛。圆锥聚伞花序顶生或腋生。翅果长圆状，具3翅，黄褐色；种子细柱状，黑色。花期5~6月，果期8~9月。> **分布**：见于大有村和后山门，生于海拔500 m以下的山坡灌丛和林缘路边。我国长江流域及其以南地区有分布。> **用途**：全草可入药。

野鸦椿
Euscaphis japonica

省沽油科 Staphyleaceae
野鸦椿属 *Euscaphis*

> **识别要点**：落叶小乔木或灌木。小枝及芽棕红色，枝叶揉碎后有恶臭气味。奇数羽状复叶对生；小叶片厚纸质，长卵形或椭圆形，边缘具齿，齿尖有腺体。圆锥花序顶生。蓇葖果紫红色，果皮软革质，有纵脉纹，基部有宿存萼片和花瓣；种子近圆形，假种皮黑色。花期4~5月，果期6~9月。
> **分布**：天目山常见种，生于海拔200~1500 m的山谷、坡地、溪边路旁及阔叶林中。除东北和西北地区外，我国各地均有分布。日本和朝鲜也有。> **用途**：园林观赏植物；根及果实可入药。

省沽油
Staphylea bumalda

省沽油科 Staphyleaceae
省沽油属 *Staphylea*

> **识别要点**：落叶灌木。三出羽状复叶对生；小叶片椭圆形、卵圆形或卵状披针形，先端渐尖，基部楔形或圆形，边缘有细锯齿。圆锥花序顶生于当年生的伸长小枝上，直立；花白色。蒴果膀胱状，扁平，2室，先端2裂；种子黄色，有光泽。花期4~5月，果期6~9月。> **分布**：天目山常见种，生于海拔500 m以上的山坡林中。我国华东、华中和东北等地均有分布。日本和朝鲜也有。> **用途**：根及果实可入药；种子油可制肥皂和油漆；茎皮可作纤维。

瘿椒树
Tapiscia sinensis

省沽油科 Staphyleaceae
瘿椒树属 *Tapiscia*

> **识别要点**：落叶乔木。奇数羽状复叶，有小叶5~9；小叶片狭卵形或卵形，基部心形，边缘具锯齿，下面密被近乳头状白粉点。圆锥花序腋生；花小，黄色。核果近球形，熟时黄色或紫褐色。花期6~7月，果期翌年9~10月。> **分布**：见于三甲亭、东坞坪和七里亭，生丁海拔500~1200 m的沟谷溪边和山坡林中。我国长江流域及其以南地区有分布。> **用途**：观赏或药用植物。

锐角槭
Acer acutum

槭树科 Aceraceae
槭树属 *Acer*

> **识别要点**：落叶乔木。叶纸质，冬季脱落，基部心形或近心形，常5或7裂，裂片阔卵形或三角形；叶柄具乳汁。伞房花序顶生，微被短柔毛；花黄绿色，杂性，雄花与两性花同株。翅果两翅展开成锐角或近直角，小坚果压扁状，无毛。花期4月，果期10月。> **分布**：见于五里亭、七里亭、狮子口和张公舍等地，生于海拔600~1000 m的沟谷和山坡林中。浙江特产。> **用途**：不明。

三角槭
Acer buergerianum

槭树科 Aceraceae
槭树属 *Acer*

> **识别要点**：落叶乔木。叶纸质，椭圆形或倒卵形，基部近圆形或楔形，常浅3裂，裂片三角形，近等大而呈三叉状，下面被白粉。伞房花序顶生，具短柔毛；花黄绿色；子房密被淡黄色长柔毛。翅果黄褐色，两翅张开成锐角或平行，小坚果特别凸起。花期4月，果期10月。> **分布**：见于天目村、禅源寺和天目山庄等地，生于海拔500 m以下的路边、村旁和山坡疏林中。我国江苏、安徽、浙江、江西等省有分布。
> **用途**：园林观赏植物；材用树种。

青榨槭
Acer davidii

槭树科 Aceraceae
槭树属 *Acer*

> **识别要点**：落叶乔木。小枝绿色，有环纹，竹节状。叶纸质，长圆卵形或近长圆形，不分裂，先端锐尖或渐尖，常有尖尾，基部近心形或圆形，边缘具不整齐的钝圆齿。总状花序顶生，下垂。翅果两翅展开成钝角或近水平。花期4月，果期10月。
> **分布**：天目山常见种，生于海拔350~1450 m的沟边、路旁和山坡疏林中。我国华东、华中和西南等地均有分布。> **用途**：园林观赏植物；材用树种。

建始槭
Acer henryi

槭树科 Aceraceae
槭树属 *Acer*

> **识别要点**：落叶乔木。叶纸质，羽状复叶具3小叶；小叶片椭圆形或长圆椭圆形，先端渐尖，基部楔形；叶柄有短柔毛。穗状式总状花序侧生于2~3年生的无叶小枝上，下垂。翅果两翅张开成锐角或近直立，小坚果长圆形，脊纹显著。花期4月，果期10月。> **分布**：天目山常见种，生于海拔350~1300 m的东南向山坡、谷地和溪边林中，少数生于悬崖石隙中。我国华东、华中、西南和西北等地有分布。> **用途**：优良秋色观叶树种。

天目槭
Acer sinopurpurascens

槭树科 Aceraceae
槭树属 *Acer*

> **识别要点**：落叶乔木，雌雄异株。叶纸质，基部近心形，5裂或3裂，中裂片长圆卵形，侧生裂片三角卵形，基部裂片较小。总状花序或伞房总状花序侧生于去年生小枝上；花紫色，先叶开放。翅果具强烈隆起之脊，两翅张开近于直角。花期4月，果期10月。> **分布**：见于大树王、半月池、开山老殿和仙人顶等地，生于海拔900~1400 m的东南向山坡和沟边较湿润的林中。我国安徽、浙江、江西和湖北有分布。
> **用途**：园林观赏植物。

茶条槭
Acer tataricum subsp. *ginnala*

槭树科 Aceraceae
槭树属 *Acer*

> **识别要点**：落叶灌木或小乔木。叶纸质，长圆卵形或长圆椭圆形，基部圆形，3裂或不明显的5浅裂，有时不裂，中央裂片较侧裂片发达，边缘均具不整齐的锯齿。伞房花序顶生；花杂性，雄花与两性花同株。翅果两翅张开近于直立或成锐角。花期5月，果期9~10月。> **分布**：见于太子庵、禅源寺和五里亭等地，生于海拔250~1000 m的山坡林中。我国华东、华中和北部地区均有分布。蒙古、俄罗斯、日本也有。
> **用途**：嫩叶可代茶；种子可榨油，亦可制皂。

羊角槭
（庙台枫）
Acer yanjuechi

槭树科 Aceraceae
槭树属 *Acer*

> **识别要点**：落叶乔木。叶纸质，基部近心脏形或近截形，3~5裂，各裂片边缘波状且被毛；叶两面及叶柄被灰色短柔毛。伞房状圆锥花序顶生，总花梗密被柔毛；花杂性，雄花和两性花同株。翅果两翅张开近水平或稍反卷，小坚果扁平，近圆形，密被黄色短绒毛。花期4月，果期9~10月。
> **分布**：见于里曲湾，栽培于画眉山庄、禅源寺和忠烈祠，生于海拔800~870 m的沟谷阔叶林中。浙江西天目山特产。
> **用途**：第三纪孑遗树种。

241

七叶树
Aesculus chinensis

七叶树科 Hippocastanaceae
七叶树属 *Aesculus*

> **识别要点**：落叶乔木。掌状复叶对生；小叶纸质，长圆披针形至长圆倒披针形，基部楔形，边缘有细锯齿；小叶有柄。聚伞花序圆筒形；花杂性，雄花与两性花同株；花瓣4，白色，基部具瓣柄。蒴果球形或倒卵形，顶部钝圆而中部略凹，黄褐色，具密集斑点。花期5月，果期9~10月。 > **分布**：栽培于忠烈祠、禅源寺和红庙等地。我国江苏、浙江、河北、河南、陕西和山西等地均有栽培。秦岭地区有野生分布。
> **用途**：优良行道树和庭园树种；材用树种。

复羽叶栾树
Koelreuteria bipinnata

无患子科 Sapindaceae
栾树属 *Koelreuteria*

> **识别要点**：落叶乔木。二回羽状复叶；小叶互生，纸质或近革质，长椭圆形，边缘有锯齿。圆锥花序顶生；花萼5深裂；花瓣黄色，长圆状披针形。蒴果椭圆形，熟时3瓣裂，具网状脉纹；种子近球形，黑色，无假种皮。花期8~9月，果期10~11月。
> **分布**：栽培于天目村、禅源寺和忠烈祠等地。我国湖北、湖南和广东等省有分布。> **用途**：优良观赏或造林树种。

无患子
Sapindus saponaria

无患子科 Sapindaceae
无患子属 *Sapindus*

> **识别要点**：落叶乔木。羽状复叶；小叶5~8对，互生或近对生，纸质，长椭圆状披针形，顶端短尖，基部楔形，稍不对称。圆锥花序顶生，被毛；花小，萼片和花瓣边缘具睫毛；花瓣5，基部具爪。果近球形，橙黄色。花期5~6月，果期7~8月。> **分布**：栽培于告岭村等地。我国东南部至西南地区均有分布。东亚和南亚也有。> **用途**：优良行道树；蜜源植物；果可入药；果皮可代肥皂。

垂枝泡花树
Meliosma flexuosa

清风藤科 Sabiaceae
泡花树属 *Meliosma*

> **识别要点**：落叶灌木或小乔木。嫩枝和花序轴被毛；腋芽常2枚并生。单叶，倒卵形或倒卵状椭圆形，边缘具疏生锯齿。圆锥花序顶生，向下弯垂，主轴及侧枝在果时呈"之"字形曲折。核果近卵形。花期5~6月，果期9~10月。> **分布**：见于幻住庵、开山老殿和仙人顶等地，生于海拔700~1500 m的阔叶林中。我国江苏、安徽、浙江、江西、湖南、湖北、广东、四川和陕西有分布。> **用途**：材用或观赏树种。

243

异色泡花树
Meliosma myriantha var. *discolor*

清风藤科 Sabiaceae
泡花树属 *Meliosma*

> **识别要点**：落叶乔木。叶薄纸质，倒卵状椭圆形或长圆形，叶缘锯齿不达基部，叶背具疏毛或仅中脉及侧脉被毛，其余无毛，侧脉12~22（24）条。圆锥花序顶生，被柔毛；花小，白色。核果倒卵形或球形。花期5~6月，果期8~9月。
> **分布**：见于一里亭和西关等地，生于海拔300~1300 m的阔叶林中。我国江苏、浙江、福建、湖南、广东、四川和贵州有分布。> **用途**：材用或观赏树种。

红柴枝
Meliosma oldhamii

清风藤科 Sabiaceae
泡花树属 *Meliosma*

> **识别要点：** 落叶乔木。奇数羽状复叶；小叶3~7对，薄纸质，基部圆钝，边缘具疏离的锐尖锯齿。圆锥花序顶生或生于枝顶叶腋，被柔毛；花白色；萼片5，椭圆状卵形，具缘毛；外花瓣3，近圆形；内花瓣2，稍短于花丝。核果球形。花期6月，果期10月。> **分布：** 见于七里亭、倒挂莲花、半月池和地藏殿等地，生于山地阔叶林中。我国长江流域及其以南地区有分布。日本亦有。> **用途：** 材用树种。

鄂西清风藤
Sabia campanulata subsp. *ritchieae*

清风藤科 Sabiaceae
清风藤属 *Sabia*

> **识别要点：** 落叶攀缘木质藤本。叶片长圆形或长圆状卵形，先端渐尖，两面无毛，下面浅青灰色。花单生叶腋，深紫色，与叶同放；萼片5，半圆形；花瓣5，深紫色。分果瓣近圆形，熟时蓝色。花期4~5月，果期7~8月。> **分布：** 见于禅源寺、倒挂莲花、开山老殿、仙人顶等地，生于山坡或溪旁的疏林与灌丛中。我国江苏、浙江、江西、福建和湖北等省有分布。> **用途：** 茎、叶可入药。

清风藤
Sabia japonica

清风藤科 Sabiaceae
清风藤属 *Sabia*

> **识别要点**：落叶攀缘木质藤本。叶近纸质，卵状椭圆形，先端尖，基部圆钝，全缘；叶柄短，落叶时其基部残留枝上成木质化的2叉短尖刺。花单生叶腋，黄绿色。核果由1~2成熟心皮组成，外有皱纹。花期2~3月，果期4~7月。> **分布**：见于西坑和西关等地，生于海拔300~500 m的山地疏林下或路旁林缘灌丛中。我国华东、华南地区均有分布。日本也有。
> **用途**：茎、叶可入药。

凤仙花
Impatiens balsamina

凤仙花科 Balsaminaceae
凤仙花属 *Impatiens*

> **识别要点**：一年生直立肉质草本。叶互生，披针形、狭椭圆形或倒披针形，先端渐尖，基部楔形，边缘有齿；叶柄附近具数对腺体。花生于叶腋，无总花梗；花瓣5，红色或白色，其中有2对花瓣常合生。蒴果宽纺锤形，密被柔毛；种子多数，圆球形。花期5~9月，果期6~10月。
> **分布**：栽培于天目山管理局、太子庵、忠烈祠和禅源寺等地。我国各地广泛栽培。> **用途**：观赏或药用植物。

牯岭凤仙花
Impatiens davidii

凤仙花科 Balsaminaceae
凤仙花属 *Impatiens*

> **识别要点**：一年生草本。纤维状根多数。茎肉质，下部斜升，无毛；节膨大。叶互生，卵状长圆形，边缘有圆钝齿，齿端具小尖。总花梗仅具1花，中上部有2枚苞片；苞片宿存；侧生萼片2，宽卵形；旗瓣近圆形；翼瓣下部裂片先端渐尖成长尾状。蒴果线状圆柱形。花果期7~9月。> **分布**：见于告岭村等地，生于海拔500 m左右的沟边乱石堆中。我国安徽、浙江、江西和湖北也分布。> **用途**：园林观赏植物。

大叶勾儿茶
Berchemia huana

鼠李科 Rhamnaceae
勾儿茶属 *Berchemia*

> **识别要点**：藤状灌木。叶纸质，卵形或卵状矩圆形，上面无毛，下面密被黄色短柔毛，叶脉在两面稍凸起。聚伞总状圆锥花序顶生或生于叶腋，花序轴密被短柔毛；花黄绿色，无毛。核果圆柱状椭圆形，熟时紫红色或紫黑色，基部盘状花盘宿存。花期7~9月，果期翌年5~6月。> **分布**：见于青龙山、火焰山、告岭村和西关等地，生于海拔300~960 m的溪边和灌丛杂草中。我国江苏、安徽、浙江、江西、福建、湖北和湖南有分布。> **用途**：茎和根可入药。

牯岭勾儿茶
Berchemia kulingensis

鼠李科 Rhamnaceae
勾儿茶属 *Berchemia*

> **识别要点**：藤状灌木。叶纸质，卵状椭圆形，顶端钝圆或锐尖，具小尖头，基部圆形或近心形，两面无毛，叶脉在两面稍凸起。花绿色，无毛，常2~3朵簇生排成疏散聚伞总状花序，无毛。核果长圆柱形，基部盘状花盘宿存。花期6~7月，果期翌年4~6月。> **分布**：见于红庙、大有村和太子庵等地，生于海拔1000 m以下的沟谷和山坡灌丛中。我国长江流域及其以南地区有分布。
> **用途**：茎和根可入药。

247

枳椇
Hovenia acerba

鼠李科 Rhamnaceae
枳椇属 *Hovenia*

> **识别要点**：落叶乔木。叶互生，纸质，宽卵形或心形，边缘常具浅钝锯齿；基生三出脉。聚伞圆锥花序顶生和腋生；花两性，黄绿色；花柱3浅裂。核果近球形，无毛；果序轴明显膨大。花期5~7月，果期8~10月。
> **分布**：见于大有村、禅源寺和西关等地，生于海拔500 m以下的谷地阔叶林中。我国江苏、安徽、浙江、江西、湖北、四川、山东、河南、河北、山西、陕西和甘肃等地有分布。印度、日本和朝鲜亦有。> **用途**：材用树种；果序柄可生食或酿酒。

光叶毛果枳椇
Hovenia trichocarpa var. *robusta*

鼠李科 Rhamnaceae
枳椇属 *Hovenia*

>**识别要点**：落叶乔木。叶纸质，椭圆状卵形，边缘具圆钝锯齿。聚伞状圆锥花序顶生和腋生，花序轴和花梗密被锈色绒毛；花萼被锈色绒毛；花柱自基部3深裂。浆果近球形，密被锈色绒毛。花期5~6月，果期8~10月。>**分布**：见于里曲湾、七里亭、狮子口和开山老殿等地，生于海拔1400 m以下的山坡和谷地阔叶林中。我国江西、浙江、湖北、湖南、广东和贵州有分布。>**用途**：材用树种。

铜钱树
Paliurus hemsleyanus

鼠李科 Rhamnaceae
马甲子属 *Paliurus*

>**识别要点**：落叶乔木。小枝无毛。叶互生，纸质，宽椭圆形或近圆形，顶端长渐尖或渐尖，基部偏斜，边缘具齿；幼树叶柄基部有2个斜向直立的针刺。聚伞花序或聚伞圆锥花序顶生和腋生，无毛。核果草帽状，周围具革质宽翅，红褐色，无毛。花期4~6月，果期7~9月。>**分布**：见于武山村、太子庵和红庙等地，生于海拔600 m以下的次生林中。我国长江流域及其以南地区均有分布。>**用途**：庭园观赏树种；树皮含鞣质，可提取栲胶。

猫乳
Rhamnella franguloides

鼠李科 Rhamnaceae
猫乳属 *Rhamnella*

>**识别要点**：落叶灌木或小乔木。叶片倒卵状椭圆形，顶端尾状渐尖，基部圆形，边缘具细锯齿；托叶披针形，宿存。花黄绿色，两性，腋生成聚伞花序。核果圆柱形，熟时由橙红色变为紫黑色。花期5~7月，果期7~10月。>**分布**：见于大有村、青龙山和火焰山等地，生于海拔500 m以下坡地和灌丛中。我国江苏、安徽、浙江、江西、湖北等省有分布。日本和朝鲜亦有。>**用途**：茎皮可提取绿色染料。

长叶冻绿
Rhamnus crenata

鼠李科 Rhamnaceae
鼠李属 *Rhamnus*

>**识别要点**：落叶灌木或小乔木。小枝顶端有时成刺状。叶互生，倒卵状椭圆形、椭圆形或倒卵形，边缘具齿。聚伞花序腋生，花序梗被柔毛；花基数5；萼片与萼管等长，外有疏毛；花瓣近圆形；雄蕊与花瓣等长而短于萼片。核果球形，具3分核；种子无沟。花期5~8月，果期8~10月。>**分布**：见于青龙山、开山老殿和仙人顶等地，生于海拔200~1300 m的林缘和灌丛中。我国江苏、安徽、浙江、江西等省有分布。日本、朝鲜和越南等国亦有。>**用途**：根可作黄色染料或入药。

圆叶鼠李
Rhamnus globosa

鼠李科 Rhamnaceae
鼠李属 *Rhamnus*

> **识别要点**：落叶灌木，雌雄异株。枝顶端具针刺。叶互生或近对生，近圆形、倒卵状圆形或卵圆形，边缘具圆齿状锯齿，两面有柔毛。花单性，聚伞花序腋生。核果球形；种子背面下半部有纵沟。花期4~5月，果期6~10月。> **分布**：见于交口村、禅源寺、朱陀岭、一里亭、外曲湾和半山坞等地，生于林缘和灌丛中。我国东北、华北和长江中下游地区以及陕西、甘肃均有分布。> **用途**：可提制绿色染料或入药。

枣
Ziziphus jujuba

鼠李科 Rhamnaceae
枣属 *Ziziphus*

> **识别要点**：落叶小乔木。有长枝、短枝和无芽小枝，长枝呈"之"字形曲折，具2个托叶刺，长刺直伸，短刺下弯。叶片卵形，顶端钝或圆形，具小尖头，基部近圆形，边缘具圆锯齿，具基生3出脉。花单生或2~8个密集成腋生聚伞花序。核果长卵圆形，熟时由红色变为紫色。花期5~7月，果期8~9月。> **分布**：栽培于山麓农家。原产于我国。亚洲、欧洲和美洲均有栽培。> **用途**：果实可制蜜饯和果脯或入药；木材可供雕刻。

异叶蛇葡萄

Ampelopsis glandulosa var. *heterophylla*

葡萄科 Vitaceae
蛇葡萄属 *Ampelopsis*

>**识别要点**：落叶木质藤本。单叶，心形或卵形，3~5中裂，常混生有不分裂者，边缘有齿，上面绿色，无毛，下面浅绿色且脉上疏被柔毛。聚伞花序分枝疏散。浆果近球形，熟时淡黄色或淡蓝色；种子长椭圆形。花期5~6月，果期8~9月。
>**分布**：见于西关、横塘、禅源寺、半月池和开山老殿等地，生于山坡杂木林中、水沟边和疏林岩石旁。我国东北、华东、华中及西南等地均有分布。日本也有。>**用途**：根皮入药；栽培供观赏。

牯岭蛇葡萄

Ampelopsis glandulosa var. *kulingensis*

葡萄科 Vitaceae
蛇葡萄属 *Ampelopsis*

>**识别要点**：落叶木质藤本。全株无毛或近无毛。单叶，心状五角形或肾状五角形，3浅裂，侧裂片先端渐尖，常稍呈尾状，边缘有齿，上面深绿色，下面浅绿色。聚伞花序分枝疏散。浆果近球形；种子长椭圆形。花期5~6月，果期8~9月。
>**分布**：见于开山老殿，生于山坡和山溪旁灌木丛中。我国江苏、安徽、浙江、江西、湖南等省有分布。
>**用途**：根和茎可入药。

乌蔹莓
Cayratia japonica

葡萄科 Vitaceae
乌蔹莓属 *Cayratia*

> **识别要点**：草质藤本。小枝有纵棱，卷须分叉。鸟足状复叶有5小叶；小叶片椭圆形，顶端急尖或渐尖，侧生小叶较小。伞房状聚伞花序腋生，具长梗；花瓣4，黄绿色；花盘发达，橙红色。浆果近球形。花期5~6月，果期8~10月。
> **分布**：天目山常见种，攀缘于山坡和路边杂草丛中。我国华中、华东、华南和西南各地均有分布。印度、越南和日本等国也有。> **用途**：全草入药。

绿叶爬山虎
（绿叶地锦）
Parthenocissus laetevirens

葡萄科 Vitaceae
爬山虎属 *Parthenocissus*

> **识别要点**：木质藤本。卷须末端吸盘呈弯钩状。叶为掌状5小叶，倒卵状长椭圆形，顶端渐尖，基部楔形，边缘有稀疏粗锯齿。多歧聚伞花序与叶对生或顶生于侧枝上；花萼蝶形；花瓣椭圆形。浆果球形，熟时蓝黑色。花期6~8月，果期9~10月。> **分布**：见于天目村、太子庵、后山门和一都村等地，攀缘于山坡和路边的岩石上。我国华东、华中及西南等地均有分布。> **用途**：垂直绿化或药用植物。

地锦
（爬山虎）
Parthenocissus tricuspidata

葡萄科 Vitaceae
爬山虎属 *Parthenocissus*

>**识别要点**：木质藤本。卷须多分枝。叶两型；长枝上的叶为单叶，宽卵形，先端3浅裂，基部心形，边缘有粗锯齿；短枝上的叶3全裂或为3出复叶，中间叶卵形，侧生小叶斜卵形，边缘具粗锯齿。聚伞花序常生于具2叶的短枝上。浆果球形，熟时蓝色。花期6~7月，果期9月。>**分布**：天目山常见种，攀缘于山坡岩石和墙壁上。我国华东、中南、华北和东北等地均有分布。日本和韩国也有。>**用途**：可供垂直绿化或入药。

253

山葡萄
Vitis amurensis

葡萄科 Vitaceae
葡萄属 *Vitis*

>**识别要点**：木质藤本。叶厚纸质，宽圆形或近五角状圆形，3浅裂或中裂，裂片三角形或卵形，基部心形，边缘有不整齐粗锯齿。聚伞圆锥花序疏散，具一回或二回分枝的卷须；雄花花药黄色；雌花子房锥形。浆果球形，黑色。花期6月，果期8~9月。>**分布**：见于仙人顶，生于海拔1400~1500 m的山坡林缘。我国东北、华东及华中地区均有分布。朝鲜和俄罗斯也有。>**用途**：绿化或蜜源植物；果可食或入药。

蘡薁
Vitis bryoniifolia

葡萄科 Vitaceae
葡萄属 *Vitis*

> **识别要点**：木质藤本。全株被锈色或灰色绒毛。叶片宽卵形或卵形，掌状3~5（7）深裂或浅裂，中裂片最大，菱形，边缘有缺刻粗齿，下面密被锈色绒毛。花杂性异株，圆锥花序与叶对生；花萼盘形，近全缘；花瓣5，早落。浆果球形，熟时紫红色。花期4~5月，果期7~8月。> **分布**：见于武山村和横塘村等地，生于海拔100~700 m的山坡阔叶林中。我国江苏、安徽、浙江、江西、福建、湖北、湖南、广东和云南等省有分布。> **用途**：全株可入药。

254

秃瓣杜英
Elaeocarpus glabripetalus

杜英科 Elaeocarpaceae
杜英属 *Elaeocarpus*

> **识别要点**：常绿乔木。叶纸质，倒披针形，先端锐尖，基部楔形，边缘有浅锯齿，两面无毛；叶片在落叶前变紫红色或鲜红色。总状花序常生于无叶的去年枝上，纤细；花瓣5，白色，上端细裂至中部呈流苏状；花药顶端有毛丛；花盘5裂，被毛；子房被毛。核果椭圆形。花期7月，果期10~11月。
> **分布**：栽培于南大门路旁。我国江西、浙江、福建、湖南、广东、广西、云南和贵州等地均有分布，多地广泛栽培。
> **用途**：绿化观赏树种；木材可作家具。

田麻
Corchoropsis crenata

椴树科 Tiliaceae
田麻属 *Corchoropsis*

> **识别要点**：一年生草本。茎有星状短柔毛。叶片卵形，边缘有钝齿，两面密生星状短柔毛，基出脉3。花有细柄，单生于叶腋；萼片狭披针形；花瓣5，倒卵形，黄色；发育雄蕊15枚，每3枚成1束；退化雄蕊5枚，与萼片对生，匙状条形。蒴果角状圆筒形，有星状柔毛。花期8~9月，果期9~10月。
> **分布**：天目山常见种，生于丘陵、低矮干燥的山坡和多石处。我国东北、华北、华东、华中和华南各地均有分布。
> **用途**：全草可入药；茎皮纤维可代麻。

扁担杆
Grewia biloba

椴树科 Tiliaceae
扁担杆属 *Grewia*

> **识别要点**：落叶灌木或小乔木。叶片椭圆形或倒卵状椭圆形，先端锐尖，基部楔形或钝，基出脉3，边缘有锯齿；叶柄被星状毛；托叶线形。聚伞花序与叶对生，有花5~8朵，花黄绿色。核果红色，有2~4分核。花期6~8月，果期8~10月。> **分布**：见于朱陀岭和五里亭等地，生于海拔400 m以下的山坡溪边林下。我国长江流域及其以南地区有分布。
> **用途**：枝、叶可入药。

糯米椴
Tilia henryana var. *subglabra*

椴树科 Tiliaceae
椴树属 *Tilia*

> **识别要点**：落叶乔木。嫩枝有黄色星状毛，后秃净无毛。叶纸质，卵形，先端渐尖，基部斜心形或楔形，边缘具粗锯齿，齿端具芒。聚伞花序下垂；总花梗与苞片近中部结合，苞片长圆状线形，被毛；花瓣稍长于萼片。核果卵圆形，具5条棱脊。花期6~7月，果期8~10月。> **分布**：见于倒挂莲花、幻住庵、横塘和西关等地，生于海拔1000~1300 m的山坡林中和溪边岩石上。我国华东和华中各地均有分布。> **用途**：材用树种；蜜源植物；花和嫩叶可代茶。

南京椴
Tilia miqueliana

椴树科 Tiliaceae
椴树属 *Tilia*

> **识别要点**：落叶乔木。小枝有星状毛。叶片卵圆形，先端急短尖，基部为偏斜的心形，上面无毛，下面被星状绒毛，边缘有锯齿；叶柄被毛。聚伞花序；苞片两面被星状毛。核果球形，无棱，被星状柔毛。花期6~7月，果期8~10月。> **分布**：见于里曲湾、半月池和仙人顶等地，生于海拔200~1450 m的山谷坡地林中。我国江苏、安徽、浙江、江西、广东有分布。日本亦有。> **用途**：观赏树种或蜜源植物。

苘麻
Abutilon theophrasti

锦葵科 Malvaceae
苘麻属 *Abutilon*

> **识别要点**：亚灌木状草本。单叶互生，叶纸质，卵形或披针形，顶端急尖或钝，基部圆形或心形，边缘有锯齿，基出脉3条。聚伞花序顶生或腋生；花无柄；花瓣5，白色，后变淡红色。蒴果圆球形，有5棱，密被长柔毛。花果期8~10月。
> **分布**：见于禅源寺、后山门等地，生于开阔的路旁和路边草丛中。我国长江流域及其以南地区均有分布。亚洲热带地区也有。> **用途**：茎皮纤维可供编织用。

257

木芙蓉
Hibiscus mutabilis

锦葵科 Malvaceae
木槿属 *Hibiscus*

> **识别要点**：落叶灌木或小乔木。小枝、叶柄、花梗和花萼均密被星状毛和短柔毛。叶片圆卵状心形，5~7掌状分裂，具钝圆锯齿。花大，单生于枝端叶腋，花梗长5~8 cm，近顶端具节；小苞片线形，基部合生；花萼钟形，裂片卵形；花瓣白色或粉红色。蒴果扁球形。花期8~10月，果期9~11月。> **分布**：栽培于天目村、告岭村等地。我国各地广泛栽培。> **用途**：园林观赏植物。

木槿
Hibiscus syriacus

锦葵科 Malvaceae
木槿属 *Hibiscus*

>**识别要点**：落叶灌木。嫩枝有黄色星状绒毛。叶片菱形至三角状卵形，具深浅不同的3裂或不裂，基部楔形，边缘具钝齿。花单生于枝端叶腋，被星状短绒毛；花钟形，淡紫色；雄蕊柱和柱头不伸出花冠。蒴果卵圆形；种子肾形。花期7~10月，果期9~11月。>**分布**：见于交口村、天目村、禅源寺和三里亭，栽培于庭院、菜圃、溪边和路旁。原产于我国中部地区。除北部地区部分省外，我国各地均有栽培。>**用途**：园林观赏或绿篱植物。

梧桐
Firmiana simplex

梧桐科 Sterculiaceae
梧桐属 *Firmiana*

>**识别要点**：落叶乔木。树皮青绿色，平滑。叶片心形，掌状3~5裂，裂片三角形，顶端渐尖，基部深心形，基生脉5~7。圆锥花序顶生，花黄绿色；花萼5深裂，萼片条形并向外卷曲；无花瓣。蓇葖果4~5，纸质，叶状；种子2~4，圆球形，着生于叶状果片内缘。花期6月，果期11月。>**分布**：见于禅源寺和后山门，多为人工栽培。我国南北各地均有分布。日本也有。>**用途**：观赏树种；种子可食。

马松子
Melochia corchorifolia

梧桐科 Sterculiaceae
马松子属 *Melochia*

> **识别要点**：亚灌木状草本。单叶互生，叶纸质，卵形或披针形，顶端急尖或钝，基部圆形或心形，边缘有锯齿，基出脉3条。聚伞花序顶生或腋生；花无柄；花瓣5，白色，后变淡红色。蒴果圆球形，有5棱，密被长柔毛。花果期8~10月。> **分布**：见于禅源寺、后山门等地，生于开阔的路旁和路边草丛中。我国长江流域及其以南地区均有分布。亚洲热带地区也有。> **用途**：茎皮纤维可供编织用。

中华猕猴桃
Actinidia chinensis

猕猴桃科 Actinidiaceae
猕猴桃属 *Actinidia*

> **识别要点**：落叶木质藤本。嫩枝密被黄褐色硬毛；茎髓片层状。叶纸质，倒阔卵形至倒卵形，边缘具睫状小齿，背面密被星状绒毛。花1~3朵呈聚伞花序，腋生；花初放时白色，后淡黄色，有香气；萼片通常5；花瓣通常5。浆果黄褐色，近球形，密被棕色柔毛。花期5月，果期8~9月。> **分布**：天目山常见种，生于沟谷溪旁、山坡林中或林缘。我国长江流域及其以南地区均有分布。> **用途**：果可食用。

葛枣猕猴桃
Actinidia polygama

猕猴桃科 Actinidiaceae
猕猴桃属 *Actinidia*

>**识别要点**：落叶木质藤本。小枝近无毛；髓实心，白色。叶薄纸质，卵形或椭圆卵形，边缘有细锯齿，背面绿色，上面无毛或散生糙伏毛。花1~3朵，聚伞状；花序轴薄被微绒毛；花白色，芳香；萼片5。果实熟时淡橘黄色，柱状卵球形，无毛及斑点，具短喙和宿萼。花期6~7月，果期9~10月。
>**分布**：见于里曲湾、大镜坞、平溪村和仙人顶。我国黑龙江、吉林、河北、山东、湖北、浙江、四川、云南和贵州等省均有分布。日本、朝鲜和俄罗斯也有。>**用途**：果可食用。

对萼猕猴桃
Actinidia valvata

猕猴桃科 Actinidiaceae
猕猴桃属 *Actinidia*

>**识别要点**：落叶木质藤本。茎髓白色，实心。叶薄纸质，阔卵形至长卵形；边缘有细锯齿，腹面绿色，背面稍淡，两面无毛。花白色；萼片2~3片，花时反折，宿存；花药橙黄色。果实熟时橙黄色，卵珠状，无斑点，顶端有尖喙。花期5~6月，果期8~9月。>**分布**：见于西关等地，生于水沟旁和沼泽地等湿地旁。我国华东地区及湖南和湖北省有分布。
>**用途**：根可入药。

尖连蕊茶
Camellia cuspidata

山茶科 Theaceae
山茶属 *Camellia*

> **识别要点**：常绿灌木。小枝无毛。叶革质，卵状披针形或椭圆形，边缘密具细锯齿，两面无毛或仅初时上面沿中脉有微细毛。花单朵顶生，白色或略带红晕；花萼杯状，萼片5，与苞片果时均宿存；花瓣6~7，基部连生。蒴果圆球形；种子1粒，圆球形。花期4~5月，果期9~10月。> **分布**：见于三里亭和五里亭等地，生于林下或路边灌丛中。我国长江流域及其以南地区和山西省南部均有分布。> **用途**：种子含油，供工业用。

毛柄连蕊茶
Camellia fraterna

山茶科 Theaceae
山茶属 *Camellia*

> **识别要点**：常绿灌木。嫩枝密生粗毛或柔毛。叶革质，椭圆形，下面初时有长毛，后变秃，仅在中脉上有毛，边缘有钝锯齿。花常单生于枝顶；苞片4~5，阔卵形，被毛；花萼杯状，萼片5，卵形，有褐色长丝毛；花冠白色；花瓣5~6片。蒴果圆球形，果壳薄革质。花期4~5月，果期10~11月。> **分布**：见于大有村、南大门、一里亭、七里亭和西坑等地，生于向阳山坡林中。我国江西、江苏、安徽、浙江和福建均有分布。> **用途**：种子含油，供食用及工业用。

红淡比
Cleyera japonica

山茶科 Theaceae
红淡比属 *Cleyera*

> **识别要点**：常绿灌木或小乔木。全株无毛。顶芽显著。叶革质，长圆形或长圆状椭圆形，全缘；常2列互生。花单生或2~3朵腋生，白色；苞片2，微小；萼片5，卵圆形；花药顶端有透明刺毛；子房圆球形。浆果球形，熟时紫黑色。花期6~7月，果期9~10月。> **分布**：见于告岭村、西关和东关村等地，生于山坡和溪边树丛中。我国长江流域及其以南地区有分布。日本、朝鲜、缅甸和印度亦有。> **用途**：在日本作为"木神"供神祭祖。

262

窄基红褐柃
Eurya rubiginosa var. *attenuata*

山茶科 Theaceae
柃木属 *Eurya*

> **识别要点**：常绿灌木，雌雄异株。嫩枝具明显2棱，与顶芽均无毛。叶革质，干后下面呈黄褐色，卵状披针形，基部窄楔形，侧脉在上面突起，边缘密生细锯齿；叶柄极短。花淡紫色，2~3朵簇生于叶腋；雄花药室无分隔。果实圆球形，熟时紫黑色。花期11~12月，果期翌年4~7月。> **分布**：见于里曲湾、七里亭和开山老殿等地，生于海拔360~1100 m的山坡林中。我国长江流域及其以南地区有分布。> **用途**：园林绿化树种。

木荷
Schima superba

山茶科 Theaceae
木荷属 *Schima*

> **识别要点**：常绿乔木。叶厚革质，椭圆形，边缘有钝齿。花单生于枝顶叶腋，常多朵排成总状花序，白色；花柄粗壮；萼片5，近圆形；花瓣5，白色，倒卵状圆形。蒴果扁球形，5裂。花期6~8月，果期翌年9~10月。> **分布**：见于外曲湾和太子庵等地，生于常绿阔叶林或针阔混交林中。我国华东、中南地区有分布。> **用途**：绿化、材用或防火树种。

长柱紫茎
（长喙紫茎）
Stewartia rostrata

山茶科 Theaceae
紫茎属 *Stewartia*

> **识别要点**：落叶灌木或小乔木。树皮薄片状剥落；冬芽具2~3枚鳞片。叶片椭圆形或卵状椭圆形，基部楔形，边缘有锯齿。花单生叶腋，白色；萼片长卵形；子房仅基部被毛。蒴果近球形，顶端具喙。花期5~6月，果期10~11月。> **分布**：见于里曲湾、开山老殿和仙人顶等地，生于路边林缘、溪边和山坡灌丛中。我国安徽、浙江、江西和湖南有分布。> **用途**：树皮、根和果可入药。

厚皮香
Ternstroemia gymnanthera

山茶科 Theaceae
厚皮香属 *Ternstroemia*

>**识别要点**：常绿乔木。全株无毛。叶革质，螺旋形互生，常聚生于枝端，全缘。花单独腋生或侧生，淡黄白色；花柄稍下垂；小苞片三角形，顶端尖，与萼片果时均宿存。果实浆果状，圆球形。花期6~7月，果期8~10月。>**分布**：见于忠烈祠。我国长江流域及其以南地区多有分布。越南、柬埔寨和印度等国也有。>**用途**：观赏树种；亦可药用；种子含油，供工业用。

黄海棠
Hypericum ascyron

藤黄科 Guttiferae
金丝桃属 *Hypericum*

>**识别要点**：多年生草本。茎直立，具4棱。叶无柄，卵状披针形，先端渐尖，基部抱茎，两面具黑色斑点。顶生聚伞花序，多花；花大，金黄色；萼片、花瓣各5，宿存；花柱5，中部以上5裂。蒴果大，圆锥形；种子圆柱形。花果期6~9月。>**分布**：见于坞子岭、青龙山和平溪村等地，生于山坡林下或草丛中。除新疆和青海外，我国其他地区均有分布。日本、越南、俄罗斯和北美洲也有。>**用途**：果实入药；叶可代茶用。

小连翘
Hypericum erectum

藤黄科 Guttiferae
金丝桃属 *Hypericum*

> **识别要点**：多年生草本。茎圆柱形，有隆起线2。叶片长椭圆形，先端钝，基部心形抱茎，下面有小黑腺点；无柄。聚伞花序顶生或腋生；萼片卵状披针形；花瓣黄色，长椭圆形，宿存，萼片和花瓣均有黑腺条纹。雄蕊基部合生为3束，宿存；花柱3。蒴果圆锥形。花期7~8月，果期8~9月。> **分布**：天目山常见种，生于海拔1500 m以下的山野及山坡草丛中。我国江苏、安徽、浙江和福建等省均有分布。朝鲜、日本和俄罗斯也有。> **用途**：全草入药。

地耳草
Hypericum japonicum

藤黄科 Guttiferae
金丝桃属 *Hypericum*

> **识别要点**：一年生或多年生草本。茎直立或披散，纤细，具4棱，基部近节处生细根。叶片卵形，先端近锐尖至圆形，基部抱茎。花小，聚伞花序顶生；萼片卵状披针形宿存；花瓣宿存，与萼片几等长。蒴果长圆形；种子圆柱形。花期5~7月，果期7~9月。> **分布**：天目山常见种，生于山麓沟边或向阳山坡潮湿处。我国辽宁、山东至长江以南地区均有分布。朝鲜、日本、缅甸、印度、斯里兰卡和大洋洲也有。> **用途**：全草入药。

金丝桃
Hypericum monogynum

藤黄科 Guttiferae
金丝桃属 *Hypericum*

> **识别要点**：半常绿灌木。全株光滑无毛。茎红色，圆柱形。叶对生，椭圆形至长圆形，先端锐尖，全缘。花顶生，单生或成聚伞花序；萼片5，卵状椭圆形，宿存；花瓣5，宽卵形；雄蕊基部合生为5束；花柱细长，顶端5裂，宿存。蒴果卵圆形；种子红褐色。花期6~7月，果期8~9月。> **分布**：栽培于天目村、画眉山庄和禅源寺。我国江苏、安徽、浙江、江西、福建等省有分布。> **用途**：观赏花卉；全株入药。

元宝草
Hypericum sampsonii

藤黄科 Guttiferae
金丝桃属 *Hypericum*

> **识别要点**：多年生草本。全株光滑无毛。茎直立，圆柱形，有纵肋2。叶对生，长椭圆状披针形，无柄，其基部合生为一体而茎贯穿其中心。花小，黄色；萼片、花瓣各5，几等长，宿存，边缘有黑腺点。蒴果卵圆形。花期6~7月，果期7~9月。
> **分布**：生于山坡草丛或旷野路旁阴湿处。我国秦岭以南各地及台湾均有分布。日本、越南、缅甸和印度也有。> **用途**：全草入药。

柽柳
Tamarix chinensis

柽柳科 Tamaricaceae
柽柳属 *Tamarix*

>**识别要点**：灌木或小乔木。小枝细弱，下垂，暗红色。叶互生，钻形或卵状披针形，先端渐尖，基部抱茎，背面有突起，无柄。总状花序集合形成圆锥花序，生于新枝顶端，下垂；花梗纤细；萼片5；花瓣5，粉红色。蒴果圆锥形。花期4~9月，果期10月。>**分布**：栽培于禅源寺，生于河流冲积平原、海滨、滩头、潮湿盐碱地和沙荒地。我国华北地区及辽宁、陕西和甘肃等省有分布，多地有栽培。>**用途**：观赏树种及盐碱土造林植物。

如意草
（堇菜）
Viola arcuata

堇菜科 Violaceae
堇菜属 *Viola*

>**识别要点**：多年生草本。根状茎短粗；地上茎丛生。基生叶多，叶片宽心形，边缘具浅波状圆齿，有长柄；茎生叶少，具短柄；托叶离生，卵状披针形。花小，腋生，淡紫色或白色，具长梗。蒴果长圆形。花期4~5月，果期5~8月。
>**分布**：见于里曲湾、香炉峰和横塘，生于海拔700~1200 m的山坡荒地、路边和水沟旁。我国东北、华北、长江流域及西南地区均有分布。蒙古、日本、朝鲜、俄罗斯、尼泊尔、泰国和越南也有。>**用途**：全草入药。

戟叶堇菜
Viola betonicifolia

堇菜科 Violaceae
堇菜属 *Viola*

> **识别要点**：多年生草本。叶均基生，狭披针形，先端尖，基部截形或略呈浅心形，边缘具波状齿，叶柄较长，上部具狭翼；托叶与叶柄合生。花白色或淡紫色；花长于叶或与叶等长。蒴果长圆形。花期3~4月，果期5~8月。> **分布**：见于半月池和一都村，生于路边、林下和石缝中。我国长江流域及其以南地区有分布。日本、印度、马来西亚、菲律宾、印度尼西亚、越南、泰国、缅甸和澳大利亚南部亦有。> **用途**：全草入药。

紫花堇菜
Viola grypoceras

堇菜科 Violaceae
堇菜属 *Viola*

> **识别要点**：多年生草本。全株无毛。叶片心形，边缘具齿；基生叶具长柄，茎生叶具短柄；托叶披针形，边缘具栉状长齿。花腋生，淡紫色；花梗长，远超于叶；萼片披针形；花瓣有褐色腺点。蒴果椭圆形，密生褐色腺点。花期3~4月，果期5~6月。> **分布**：见于禅源寺、四面峰、开山老殿和横塘，生于海拔300~1000 m的山坡荒地、路旁林下和岩石上。我国长江流域及其以南地区有分布。日本和朝鲜亦有。
> **用途**：全草入药。

长萼堇菜
Viola inconspicua

堇菜科 Violaceae
堇菜属 *Viola*

> **识别要点**：多年生草本。全株无毛。叶片三角状卵形，基生，基部宽心形，稍下延于叶柄成狭翅，有两垂片，边缘具圆锯齿；托叶大部分与叶柄合生，分离部分披针形，边缘有短齿。花淡紫色；花梗长，中部稍上处有2枚小苞片；萼片披针形，附属物狭长。蒴果椭圆形。花期3~4月，果期5~10月。
> **分布**：见于禅源寺、三里亭和半月池，生于田边、路边和溪中岩石缝中。我国长江流域有分布。日本、印度、马来西亚、菲律宾、越南和缅甸也有。> **用途**：全草入药。

269

紫花地丁
Viola philippica

堇菜科 Violaceae
堇菜属 *Viola*

> **识别要点**：多年生草本。全株被短柔毛。叶莲座状，叶形多变，长椭圆形至广披针形，先端圆钝，基部截形，稍下沿于叶柄，边缘具圆齿；托叶大部分与叶柄合生，披针形，分离部分具疏齿。花有长柄；萼片卵状披针形；花瓣蓝紫色，距长囊状。蒴果长圆形。花期3~4月，果期5~10月。
> **分布**：见于大有村、武山村和一都村，生于海拔250~1000 m的荒地、路旁和岩石缝中。除西北外，我国各地均有分布。日本、朝鲜和俄罗斯也有。> **用途**：药用植物。

山桐子
Idesia polycarpa

大风子科 Flacourtiaceae
山桐子属 *Idesia*

>**识别要点**：落叶乔木。叶片卵形，先端渐尖，基部常心形，边缘有圆锯齿，上面深绿色，下面有白粉；叶柄长。圆锥花序下垂；花黄绿色，芳香；萼片5；无花瓣；雄花具雄蕊多数；子房球形，花柱5或6。浆果球形，红色。花期5月，果期9~10月。>**分布**：见于地藏殿等地，生于山坡阔叶林中。我国华东、华中、华南及西南地区均有分布。朝鲜和日本也有。
>**用途**：优良观赏树种；种子含油，可制肥皂或做润滑油。

270

中国旌节花
Stachyurus chinensis

旌节花科 Stachyuraceae
旌节花属 *Stachyurus*

>**识别要点**：落叶灌木。叶片卵形、长圆状卵形至长圆状椭圆形，先端渐尖或尾尖，基部钝圆至近心形，边缘有齿；叶柄常暗紫色。穗状花序腋生，先叶开放，花梗极短；小苞片三角状卵形；萼片4；花瓣4枚，黄色；雄蕊与花瓣等长。浆果球形。花期4月，果期8~9月。>**分布**：天目山常见种，常见于海拔400~1200 m处，生于沟谷林缘或灌丛中和山坡林中。我国华东、华中、华南和西南等地均有分布。越南也有。
>**用途**：园林观赏或药用树种。

中华秋海棠
Begonia grandis subsp. *sinensis*

秋海棠科 Begoniaceae
秋海棠属 *Begonia*

>**识别要点**：多年生草本。茎几无分枝。叶薄纸质，椭圆状卵形至三角状卵形，先端渐尖，基部心形，宽侧下延呈圆形，下面偶带红色。花单性，雌雄花生于同一花束上；聚伞花序较短，腋生；雄蕊多数，雄蕊与花丝基部合生成长约1 mm的雄蕊柱；雌花子房下位。蒴果具不等3翅。花果期8~9月。
>**分布**：见于开山老殿和西关等地，生于海拔600~1100 m的山地林下阴湿处和沟边岩石旁。我国长江流域及河北、陕西和山西有分布。>**用途**：观赏或药用植物。

仙人掌
Opuntia dillenii

仙人掌科 Cactaceae
仙人掌属 *Opuntia*

>**识别要点**：丛生肉质灌木。茎下部木质，上部扁平肉质呈掌状，有绿色分枝，具节，外被蓝粉并散生小窝，上面簇生长刺。叶片钻形，早落。花辐射对称，单生于茎顶端的小窝上，黄色；花被片多数，离生。浆果倒卵球形，紫红色。花期5~6月，果期6~10月。>**分布**：栽培于天目村、画眉山庄和禅源寺等地。原产于美洲。全国各地普遍栽培。>**用途**：园林观赏或药用植物。

芫花
Daphne genkwa

瑞香科 Thymelaeaceae
瑞香属 *Daphne*

>**识别要点**：落叶灌木。叶对生，纸质，椭圆状长圆形，先端急尖，基部宽楔形。花先叶开放，常3~6朵簇生于叶腋；花萼外被柔毛，裂片4，卵形；雄蕊8，2轮；子房长倒卵形，柱头红色。核果肉质，包藏于宿存的花萼筒下部，具1颗种子。花期3~5月，果期6~7月。>**分布**：见于红庙和西关等地，生于向阳山坡、岩石边和疏林下。我国华东、华中、西南地区均有分布。日本和韩国也有。>**用途**：可供园林观赏；茎可用于造纸和制人造棉。

结香
Edgeworthia chrysantha

瑞香科 Thymelaeaceae
结香属 *Edgeworthia*

>**识别要点**：落叶灌木。茎皮韧性强；嫩枝棕红色，有柔毛。叶互生，常簇生于枝端，长圆形、披针形至倒披针形，先端短尖，基部楔形而下延，两面均被毛，下面较多。头状花序腋生，下垂；花先叶开放，芳香，无梗；花萼长管状，外被毛，花瓣状。核果卵形。花期3~4月，果期8~9月。>**分布**：栽培于画眉山庄。我国长江流域及其以南地区有分布。日本亦有。>**用途**：观赏植物；茎可造纸和制人造棉。

宜昌胡颓子
Elaeagnus henryi

胡颓子科 Elaeagnaceae
胡颓子属 *Elaeagnus*

>识别要点：常绿直立或蔓生状灌木。幼枝密被褐色鳞片，老枝鳞片脱落。叶革质，宽卵圆形或倒卵状椭圆形，顶端渐尖或急尖，基部钝或宽楔形。花银白色，由1~3朵组成短总状花序腋生；花梗长2~3 mm。果实长圆形，熟时红色。花期10~11月，果期翌年4月。>分布：见于禅源寺、一里亭和红庙等地，生于山坡林缘和溪边灌丛中。我国长江流域及其以南地区有分布。>用途：果可食或酿酒。

273

胡颓子
Elaeagnus pungens

胡颓子科 Elaeagnaceae
胡颓子属 *Elaeagnus*

>识别要点：常绿直立灌木。具刺；幼枝密被锈色鳞片。叶革质，椭圆形或阔椭圆形，边缘微反卷或皱波状，上面幼时具鳞片，下面密被银白色鳞片，散生少数褐色鳞片。花白色，下垂，密被鳞片，1~3朵生于叶腋。果实椭圆形，被褐色鳞片，熟时红色。花期9~12月，果期翌年4~6月。>分布：见于禅源寺、三里亭和大树王等地，生于山坡林缘、疏林下和沟谷灌丛中。我国长江流域及其以南地区均有分布。日本也有。>用途：果可食或酿酒。

紫薇
Lagerstroemia indica

千屈菜科 Lythraceae
紫薇属 *Lagerstroemia*

>**识别要点**：落叶灌木或小乔木。树皮平滑。叶互生或近对生，纸质，椭圆形或倒卵形，顶端短尖或钝形，基部阔楔形；几无柄。花两性，辐射对称，常组成顶生的圆锥花序；花瓣6，皱缩，具长爪。蒴果椭圆状球形。花期7~9月，果期9~11月。>**分布**：栽培于天目村、禅源寺、忠烈祠和告岭村等地。我国华东、华中、华南、西南、华北和吉林省均有分布。>**用途**：园林观赏或材用树种。

千屈菜
Lythrum salicaria

千屈菜科 Lythraceae
千屈菜属 *Lythrum*

>**识别要点**：多年生草本。枝常具4棱。叶对生或3叶轮生，狭卵状披针形，全缘；无柄。由簇生于苞腋的小聚伞花序组成顶生的穗状花序；萼筒有纵棱12条；花瓣6，紫红色。蒴果椭圆球状，包于宿萼内。花期7~9月，果期10月。>**分布**：见于朱陀岭附近，生于沼泽中。我国各地均有分布。亚洲、欧洲、非洲、北美洲和大洋洲也有。>**用途**：观赏花卉。

石榴
Punica granatum

石榴科 Punicaceae
石榴属 *Punica*

>**识别要点**：落叶灌木或小乔木。枝顶常成尖锐长刺。叶对生，纸质，长圆状披针形；叶柄短。花大，1至数朵顶生或腋生；花萼钟形，质厚，外面近顶端有1黄绿色腺体，边缘有小乳突。浆果近球形，果皮革质，黄褐色至红色；种子多数，红色至乳白色。花期5~7月，果期9~11月。>**分布**：栽培于太子庵、天目山庄及附近村庄。我国各地广泛栽培。>**用途**：观赏树种及果树。

喜树
Camptotheca acuminata

蓝果树科 Nyssaceae
喜树属 *Camptotheca*

>**识别要点**：落叶乔木。叶互生，纸质，椭圆状卵形，顶端短锐尖，基部近圆形或阔楔形，全缘，羽状脉。常由2~9个近球形的头状花序组成圆锥花序；雌花顶生，雄花腋生；雄蕊10，两轮，外轮较长；花瓣5，淡绿色。翅果长圆形，顶端具宿存的花盘，具窄翅。花期7月，果期9~11月。>**分布**：栽培于禅源寺和忠烈祠，生于低海拔山麓和沟谷土层深厚而湿润肥沃的壤土中。我国南方各地多有分布。>**用途**：可作行道树。国家Ⅱ级重点保护野生植物。

珙桐
Davidia involucrata

蓝果树科 Nyssaceae
珙桐属 *Davidia*

>**识别要点**：落叶乔木。叶互生，纸质，阔卵形或近圆形，顶端急尖，具微弯曲的尖头，基部心形，边缘有粗锯齿，下面密被丝状粗毛。头状花序着生于幼枝的顶端，基部具花瓣状苞片2枚；两性花与雄花同株，两性花位于花序的顶端，雄花环绕于其周围。核果长圆形。花期4月，果期10月。
>**分布**：栽培于太子庵和后山门。我国湖北、湖南、贵州和四川等省有分布。我国多地有栽培。>**用途**：观赏树种。国家Ⅰ级重点保护野生植物。

蓝果树
Nyssa sinensis

蓝果树科 Nyssaceae
蓝果树属 *Nyssa*

>**识别要点**：落叶乔木，雌雄异株。叶互生，纸质，长椭圆形，边缘略呈浅波状，上面无毛，下面沿脉具很稀疏的微柔毛。花单性：雄花生于叶已脱落的老枝上，花瓣早落，窄长圆形；雌花生于具叶的幼枝上，花瓣鳞片状，子房下位，与花托合生。核果椭圆形，熟时深蓝色。花期4~5月，果期7~10月。>**分布**：见于七里亭、大树王和开山老殿等地，生于海拔800~1300 m阳光充足而又较潮湿的阔叶林中。我国华东、华中、西南和华南地区均有分布。>**用途**：行道树或园林景观树种。

八角枫
Alangium chinense

八角枫科 Alangiaceae
八角枫属 *Alangium*

> **识别要点**：落叶灌木。叶纸质，近圆形，顶端渐尖，基部偏斜，全缘或3~7裂。多二歧聚伞花序，腋生，有花7~15；花瓣6~8，黄白色，花期外卷。核果卵圆形，具宿存萼齿和花盘，熟时黑色。花期6~7月，果期9~10月。> **分布**：天目山常见种，生于低海拔沟谷林缘和向阳山地疏林。我国黄河流域及其以南地区均有分布。> **用途**：根可入药。

轮叶蒲桃
Syzygium grijsii

桃金娘科 Myrtaceae
蒲桃属 *Syzygium*

> **识别要点**：常绿灌木。叶对生或3叶轮生，革质，狭窄长圆形或狭披针形，先端钝或略尖，基部楔形，有腺点。聚伞花序顶生，少花；萼筒倒卵形，萼片和花瓣各4~5；雄蕊多数；子房下位。果实球形。花期5~6月，果期10月。> **分布**：见于西关、大镜坞等地，生于沟旁、灌丛或林缘。我国安徽、浙江、江西和广东等省均有分布。日本和越南也有。> **用途**：可供园林观赏。

地菍
Melastoma dodecandrum

野牡丹科 Melastomataceae
野牡丹属 *Melastoma*

> **识别要点**：常绿小灌木。叶对生，卵形或椭圆形，顶端急尖，基部楔形，全缘或具密浅细锯齿，3~5基出脉；叶柄被糙伏毛。花常1~3朵顶生，淡紫色或粉红色；基部有叶状总苞2；雄蕊不等大，花药基部有延长且2裂的药隔。果实坛状球形，肉质，不开裂。花果期6~10月。> **分布**：见于朱陀岭，生于山坡路旁。我国贵州、湖南、广西、广东、江西、浙江和福建有分布。越南亦有。> **用途**：可供观赏；果可食用。

露珠草
（牛泷草）
Circaea cordata

柳叶菜科 Onagraceae
露珠草属 *Circaea*

> **识别要点**：多年生草本。叶对生，狭卵形至宽卵形，基部常心形，边缘疏具锯齿。总状花序顶生或腋生；花柄与花序轴被毛；具1个极小的刚毛状小苞片；花瓣白色。果实坚果状，斜倒卵形，外被钩状毛。花期6~8月，果期7~9月。> **分布**：天目山常见种，常呈小片状生于海拔600 m以上的林下阴湿处。我国东北、华中、华东和西南地区均有分布。朝鲜、日本和俄罗斯等国也有。
> **用途**：全草可入药。

长籽柳叶菜
Epilobium pyrricholophum

柳叶菜科 Onagraceae
柳叶菜属 *Epilobium*

> **识别要点**：多年生草本。茎多分枝，密被柔毛。茎生叶对生；花序上的叶互生；叶片卵形至宽卵形。花腋生，无柄；花瓣淡紫红色。蒴果狭长，被腺毛，具4棱；种子顶端具黄褐色种缨。花期7~9月，果期8~10月。> **分布**：见于仙人顶、西关和千亩田，生于湿地或水边。我国江西、浙江、福建、广东、河南和湖南等省有分布。日本和俄罗斯亦有。> **用途**：全草可入药。

小二仙草
Gonocarpus micranthus

小二仙草科 Haloragaceae
小二仙草属 *Gonocarpus*

> **识别要点**：多年生细弱草本。叶对生，卵圆形，基部圆形，先端短尖或钝，边缘具稀疏锯齿；具短柄。茎上部的叶有时互生，逐渐缩小而变为苞片。由总状花序组成的圆锥花序顶生；萼筒4深裂，宿存；花瓣4，淡红色，比萼片长2倍。核果小，近球形，有8棱。花期6~7月，果期7~8月。> **分布**：天目山常见种，生于海拔1500 m以下的路边草丛和山顶灌丛岩缝间。我国江苏、安徽、浙江、江西和福建等省均有分布。日本也有。> **用途**：全草可入药。

楤木
Aralia elata

五加科 Araliaceae
楤木属 *Aralia*

>**识别要点**：落叶灌木或乔木。枝疏生直刺。二回或三回羽状复叶，叶柄粗壮；羽片有小叶5~13，卵形、阔卵形或长卵形，上面疏生糙毛，下面有短柔毛，脉上更密，边缘有锯齿。圆锥花序顶生；总花梗、花梗密生短柔毛；苞片锥形。浆果球形，有5棱。花期6~8月，果期9~10月。>**分布**：见于开山老殿、横塘、九狮村和武山村等地，生于低山疏林、沟谷溪边、林缘和郊野路边旷地或灌丛中。我国华东、华南、西南和华北地区有分布。>**用途**：根皮可入药；种子油可供制皂。

树参
Dendropanax dentiger

五加科 Araliaceae
树参属 *Dendropanax*

>**识别要点**：常绿小乔木。叶互生，革质，叶形多变，不裂叶椭圆形或卵状椭圆形，常具半透明红棕色腺点。伞形花序顶生，单生或2~5个聚生成复伞形花序；花淡绿色。果实长圆形，有5棱。花期7~8月，果期9~10月。>**分布**：见于西关和天目大峡谷等地，生于海拔1200 m以下的山谷或山坡阔叶林中。我国长江流域及其以南地区多有分布。越南、老挝和柬埔寨也有。>**用途**：可供观赏；嫩叶可作野菜。

糙叶五加
Eleutherococcus henryi

五加科 Araliaceae
五加属 *Eleutherococcus*

> **识别要点：** 落叶灌木。枝疏生下弯粗刺。小叶5，椭圆形或卵状披针形，边缘仅中部以上有细锯齿。伞形花序簇生枝顶；花瓣5，长卵形，淡绿色，开花时反曲；子房下位，5室。果实球形，有5浅棱，有宿存花柱。花期7~8月，果期9~10月。
> **分布：** 见于七里亭、狮子口、横塘和西关等地，生于海拔1300 m以下的沟谷林下。我国安徽、浙江、湖北、四川、河南、河北、山西和陕西有分布。> **用途：** 根可入药。

白簕
Eleutherococcus trifoliatus

五加科 Araliaceae
五加属 *Eleutherococcus*

> **识别要点：** 攀缘状灌木。枝疏生向下刺。叶有小叶3，小叶椭圆状卵形至椭圆状长圆形，边缘有锯齿。伞形花序3~10个集生枝顶；花黄绿色，反曲。果实扁球形。花期9~10月，果期11~12月。> **分布：** 见于五里亭、横塘和西关等地，生于海拔1200 m以下的林缘和山谷沟边。我国华中、华南及西南地区有分布。印度、越南和菲律宾亦有。> **用途：** 根、茎和叶可入药。

吴茱萸五加
Gamblea ciliata var. *evodiifolia*

五加科 Araliaceae
萸叶五加属 *Gamblea*

> **识别要点**：落叶灌木或乔木。掌状复叶有3小叶；小叶片卵形至长圆状倒披针形，先端渐尖，基部楔形，全缘或有锯齿。伞形花序常几个组成顶生复伞形花序；花瓣开花时反曲。果实球形，有2~4浅棱。花期5月，果期9月。> **分布**：见于三里亭、七里亭、狮子口和开山老殿等地，生于海拔400~1450 m的谷地阔叶林中和林缘。我国安徽、浙江、江西、湖南、广西等地有分布。> **用途**：可供观赏；根皮入药。

常春藤
Hedera nepalensis var. *sinensis*

五加科 Araliaceae
常春藤属 *Hedera*

> **识别要点**：常绿藤本。幼枝的柔毛鳞片状。叶两型，不育枝上的为三角状卵形或戟形，可育枝上的为椭圆状卵形至披针形；叶柄被锈色鳞片。伞形花序单生或2~7个组成复伞形花序；花萼被鳞片；雄蕊5；子房下位，花柱宿存。浆果球形，熟时黄色或红色。花期10~11月，果期翌年3~5月。> **分布**：见于禅源寺、画眉山庄、五里亭和西关等地，生于海拔1300 m以下的山坡林下。我国华东、华南、西南和华北地区有分布。越南亦有。> **用途**：可供园林绿化或入药。

刺楸
Kalopanax septemlobus

五加科 Araliaceae
刺楸属 *Kalopanax*

>**识别要点：**落叶乔木。枝干有粗刺。单叶互生，纸质，掌状5~7裂，裂片阔三角状卵形至长圆状卵形，边缘有细锯齿；叶柄细长。圆锥花序顶生；花白色或淡绿黄色。果实球形，熟时蓝黑色。花期7~10月，果期9~12月。>**分布：**见于狮子口、开山老殿和西关等地，生于海拔1350 m以下的山坡林中、路边或林缘空旷地。我国华东、华中、华南、西南、华北和东北地区均有分布。日本、朝鲜和俄罗斯也有。>**用途：**根及树皮可入药；嫩叶可食用。

通脱木
Tetrapanax papyrifer

五加科 Araliaceae
通脱木属 *Tetrapanax*

>**识别要点：**常绿灌木。幼枝密生黄色星状厚绒毛。叶大，集生茎顶，纸质或薄革质，掌状5~11裂，裂片通常再分裂为2~3小裂片，下面密被毛；托叶锥形，与叶柄基部合生。圆锥花序顶生；花淡黄白色。浆果状核果球形，紫黑色。花期10~11月，果期翌年4~5月。>**分布：**栽培于武山村和干坑等地。我国江西、福建、台湾、湖北、湖南、广东、广西、四川、贵州、云南和陕西有分布。
>**用途：**茎髓入药，名"通草"。

重齿当归
Angelica biserrata

伞形科 Umbelliferae
当归属 *Angelica*

> **识别要点**：多年生草本。根圆柱形，有特殊香气。茎中空，常带紫色。基生叶和茎下部叶有长柄，叶二回或三回羽状全裂，顶生的多3深裂，基部常沿叶轴下延成翅状，其余无柄，末回裂片卵圆形至长椭圆形，边缘有锯齿。复伞形花序顶生和侧生；花白色，无萼齿。果实椭圆形。花果期7~10月。
> **分布**：见于天目大峡谷和开山老殿等地，生于海拔800~1200 m的山坡林下或沟边草丛。我国安徽、浙江、江西、湖北、四川和陕西有分布。> **用途**：根可入药。

紫花前胡
Angelica decursiva

伞形科 Umbelliferae
当归属 *Angelica*

> **识别要点**：多年生草本。全草有强烈气味。茎常紫色。基生叶和茎下部叶有长柄，叶鞘宽；叶一回或二回羽状分裂，侧方和顶端裂片基部联合，沿叶轴呈翅状延长，末回裂片卵形，边缘有锯齿；茎上部叶简化成囊状膨大的紫色叶鞘。复伞形花序顶生和侧生；花紫色。果实卵圆形。花期8~9月，果期9~11月。> **分布**：见于天目村、朱陀岭、五里亭、开山老殿和仙人顶，生于山坡林下或阴湿草丛。我国东北、华东和华中等地均有分布。日本、朝鲜和俄罗斯也有。
> **用途**：根可入药；果实可提制芳香油。

积雪草
Centella asiatica

伞形科 Umbelliferae
积雪草属 *Centella*

> **识别要点**：多年生草本。茎匍匐。叶草质，圆形、肾形或马蹄形，边缘有钝齿；基部叶鞘透明，膜质。伞形花序2~4个簇生于叶腋；每个伞形花序有花3~4；花瓣卵形，白色。果实圆球形，主棱间有网状纹相连。花果期4~10月。> **分布**：见于天目山低海拔地区，生于山脚、旷野、路边和水沟边较阴湿处。我国江苏、安徽、浙江、江西、福建等省均有分布。热带和亚热带地区广泛分布。> **用途**：全草可入药。

285

明党参
Changium smyrnioides

伞形科 Umbelliferae
明党参属 *Changium*

> **识别要点**：多年生草本。根纺锤形或长索形。基生叶有长柄，叶二至三回羽状全裂，一回羽片广卵形，二回羽片长圆状卵形，三回羽片广卵圆形，末回裂片长圆状披针形；茎上部叶缩小呈鳞片状或鞘状。复伞形花序顶生或侧生；花白色，有紫色中脉。果实卵球形，果棱不明显。花期4~5月，果期5~6月。> **分布**：见于天目山低海拔地区。我国江苏、安徽、浙江、江西、湖北和四川有分布。> **用途**：根可入药。

鸭儿芹
Cryptotaenia japonica

伞形科 Umbelliferae
鸭儿芹属 *Cryptotaenia*

> **识别要点**：多年生草本。叶片三角形至广卵形，常为3小叶，中间小叶片呈菱状倒卵形或心形，两侧小叶片斜倒卵形至长卵形，边缘均有锯齿，最上部的茎生叶近无柄。复伞形花序呈圆锥状，小伞形花序有花2~4；花瓣白色。果实线状长圆形，主棱5条，果棱细线状圆钝。花期4~5月，果期6~10月。
> **分布**：见于禅源寺、朱陀岭、七里亭、开山老殿和大树王等地，生于东南山坡林缘和路边阴湿草丛中。我国大部分省区有分布。日本、朝鲜和俄罗斯也有。> **用途**：全草入药或作蔬菜。

野胡萝卜
Daucus carota

伞形科 Umbelliferae
胡萝卜属 *Daucus*

> **识别要点**：二年生草本。主根细，常白色或棕色。茎单生，有糙硬毛。基生叶长圆形，二至三回羽状多裂，末回裂片线形或披针形；茎生叶近无柄，有叶鞘。复伞形花序；花瓣白色或淡红色；总苞有多数苞片，羽状分裂。果实圆卵形，5根主棱有白色刚毛。花期5~8月，果期7~9月。> **分布**：见于禅源寺、太子庵和横塘村，生于山沟、溪边和荒地湿润处。我国南北各地均有分布。欧洲、非洲北部和亚洲也有。> **用途**：果实可提芳香油。

短毛独活
Heracleum moellendorffii

伞形科 Umbelliferae
独活属 *Heracleum*

> **识别要点**：多年生草本。茎直立，有棱槽。叶薄膜质，广卵形，3出式分裂，裂片广卵形至圆形、心形，不规则的3~5裂，裂片边缘具锯齿；茎上部叶有显著宽展的叶鞘；有长柄。复伞形花序顶生和侧生，萼齿不显著；花瓣白色。果实圆状倒卵形，顶端凹陷，背部扁平。花期7月，果期8~10月。> **分布**：见于天目大峡谷、倒挂莲花、开山老殿和告岭村等地，生于山坡林下、路边和溪旁草丛中。我国江苏、浙江、辽宁、山东、河北和陕西有分布。> **用途**：根可入药。

天胡荽
Hydrocotyle sibthorpioides

伞形科 Umbelliferae
天胡荽属 *Hydrocotyle*

> **识别要点**：多年生草本。全草有气味。茎细长而匍匐。叶片膜质，圆形或肾形，不分裂或5~7裂，边缘有钝齿。伞形花序与叶对生，单生于节上；小总苞片卵形至卵状披针形，膜质，有黄色透明腺点；花瓣卵形，绿白色。果实略呈心形，两侧扁压。花期4~5月，果期9~10月。> **分布**：见于红庙和三里亭等地，生于山坡林下潮湿处。我国华东、华中、华南及西南地区均有分布。朝鲜、日本和东南亚各国至印度也有。> **用途**：全草可入药。

前胡
Peucedanum praeruptorum

伞形科 Umbelliferae
前胡属 *Peucedanum*

> **识别要点**：多年生草本。根圆锥形。基生叶具长柄，基部有叶鞘；叶宽卵形，二至三回分裂，末回裂片菱状倒卵形，边缘有锯齿；茎下部叶具短柄，叶片形状与茎生叶相似；茎上部的叶无柄，叶3出分裂。复伞形花序顶生或侧生；花瓣卵形，白色。果实卵圆形，侧棱狭翅状。花期8~9月，果期10~11月。> **分布**：见于山麓农家，生于海拔200~1300 m的向阳山坡林下、林缘、路旁和溪边草丛中。我国华东、华中地区及广西、贵州和四川均有分布。> **用途**：根可入药。

小窃衣
Torilis japonica

伞形科 Umbelliferae
窃衣属 *Torilis*

> **识别要点**：一年或多年生草本。叶片卵形，一回或二回羽状分裂，两面疏生紧贴的粗毛，一回羽片卵状披针形，末回裂片披针形至长圆形，边缘有粗齿、缺刻或分裂。复伞形花序顶生或腋生，总苞片常线形；花瓣白色或紫红色，倒卵形。果实圆卵形，密生具钩的皮刺。花期5~8月，果期5~10月。> **分布**：天目山常见种，生于山坡向阳处。除新疆、内蒙古和黑龙江等省外，我国各地均有分布。亚洲温带、欧洲和非洲也有。> **用途**：果和根可入药。

花叶青木
(洒金桃叶珊瑚)

Aucuba japonica var. *variegata*

山茱萸科 Cornaceae
桃叶珊瑚属 *Aucuba*

>**识别要点**：常绿灌木。叶薄革质或革质，长椭圆形或倒卵状椭圆形，上面具大小不等的黄色或淡黄色斑点，边缘中上部疏生锯齿。花瓣紫红色，卵形或椭圆状披针形；雄花花下具小苞片1；雌花子房被短柔毛，花下具小苞片2。核果卵圆形。花期3~5月，果期11月至翌年4月。>**分布**：栽培于停车场、天目山管理局、画眉山庄和天目山庄。原产于日本。我国各地均有栽培。>**用途**：观赏植物。

灯台树

Cornus controversa

山茱萸科 Cornaceae
山茱萸属 *Cornus*

>**识别要点**：落叶乔木。叶互生，纸质，阔卵形或阔椭圆状卵形，上面黄绿色，无毛，下面灰绿色，疏生毛。伞房状聚伞花序顶生，稍有短柔毛；花小，白色。核果球形，熟时紫红色至蓝黑色；核骨质，顶端有一个方形孔穴。花期5月，果期8~10月。>**分布**：天目山常见种，生于海拔350 m以上的山坡阔叶林或杂木林中。我国江苏、浙江、安徽、江西和湖南等省有分布。朝鲜、日本和印度等国亦有。>**用途**：材用或绿化树种。

四照花
Cornus kousa subsp. *chinensis*

山茱萸科 Cornaceae
山茱萸属 *Cornus*

> **识别要点**：落叶乔木。叶对生，纸质，卵形或卵状椭圆形，上面绿色，疏生白毛，下面粉绿色，除脉腋簇生白色或黄色柔毛外，其余有白毛。头状花序顶生，球形；总苞片4，白色；花瓣4，黄色。果序球形，橙红色或暗红色。花期5月，果期8~9月。> **分布**：天目山常见种，生于海拔500 m以上的山坡、沟谷。我国江苏、安徽、浙江和江西等省均有分布。
> **用途**：观赏树种；果可食用。

梾木
Cornus macrophylla

山茱萸科 Cornaceae
山茱萸属 *Cornus*

> **识别要点**：落叶乔木。叶对生，纸质，阔卵形；叶柄上面有浅沟。二歧聚伞圆锥状花序顶生；花瓣4，黄白色，有香味。核果球形，熟时黑色。花期5~6月；果期8~10月。> **分布**：天目山常见种，生于海拔1400 m以下的山坡、沟谷林中或林缘，常散生于针阔叶混交林、常绿落叶阔叶混交林和落叶阔叶混交林中。我国山东、江苏、浙江和云南等省均有分布。日本、尼泊尔和印度也有。> **用途**：园林绿化或蜜源植物。

毛梾
Cornus walteri

山茱萸科 Cornaceae
山茱萸属 *Cornus*

> **识别要点**：落叶乔木。叶对生，纸质，椭圆形或长圆状椭圆形，两面有短柔毛，侧脉4或5对。伞房状聚伞花序顶生，被灰白色短柔毛；花白色，花瓣4，长圆状披针形，上面无毛，下面有贴生短柔毛。核果球形，熟时黑色。花期5~6月，果期8~10月。> **分布**：见于青龙山，生于海拔500 m以下的山坡林中。我国浙江、辽宁、河北、山西和云南等省有分布。> **用途**：绿化观赏、水土保持树种；木本油料植物。

291

青荚叶
Helwingia japonica

山茱萸科 Cornaceae
青荚叶属 *Helwingia*

> **识别要点**：落叶灌木，雌雄异株。叶互生，纸质，卵形或卵圆形，边缘具刺状细锯齿，两面无毛。雄花数朵组成伞状花序生于叶面，雌花单生或2~3朵簇生叶脉中部或近基部；花淡绿色，花瓣3~5基数，花萼小。浆果球形，熟时黑色。花期5~6月；果期8~10月。> **分布**：天目山常见种，生于海拔350 m以上的山坡、沟谷林下或林下阴湿处。我国华东、华中及西南地区均有分布。日本、朝鲜、不丹和缅甸也有。> **用途**：可供园林观赏或入药。

水晶兰
Monotropa uniflora

鹿蹄草科 Pyrolaceae
水晶兰属 *Monotropa*

>**识别要点**：多年生腐生草本。茎肉质；地上部分无叶绿素，白色，半透明，干后变黑褐色。叶鳞片状，长圆形至宽披针形，无柄。花单一，顶生，先下垂，后直立；花冠筒状钟形；萼片鳞片状，早落；花瓣5~6。蒴果椭圆状球形，直立；种子微小，有膜质附属物。花期8~9月，果期10~11月。 >**分布**：见于后山门、七里亭和开山老殿等地，生于海拔500~1200 m林下阴湿处。我国安徽、浙江、江西和贵州等多省有分布。缅甸、印度和日本等国亦有。 >**用途**：可供观赏。

丁香杜鹃
（满山红）
Rhododendron farrerae

杜鹃花科 Ericaceae
杜鹃花属 *Rhododendron*

>**识别要点**：落叶灌木。叶2~3枚集生枝顶，卵形，全缘或边缘上半部分有细锯齿。花1~2稀3朵顶生，先叶开放；花萼小，被柔毛；花冠辐状漏斗形，5深裂，紫丁香色，上面1裂片具紫红色斑点。蒴果长圆柱形，密被毛。花期4~5月，果期9~10月。 >**分布**：天目山常见种，生于海拔300~1500 m的中上坡至山顶灌丛或林下。我国江西、浙江、湖南和福建等省有分布。日本亦有。 >**用途**：可供观赏或入药。

羊踯躅
Rhododendron molle

杜鹃花科 Ericaceae
杜鹃花属 *Rhododendron*

> **识别要点**：落叶灌木。幼枝被柔毛。叶纸质，长圆形至长圆状披针形，两面被柔毛；叶柄被毛。总状伞形花序顶生，先叶开放或与叶同放；花萼小，被微柔毛和睫毛；花冠阔漏斗形，黄色或金黄色，内有浅绿色斑点。蒴果圆柱形。花期4~5月，果期8~9月。> **分布**：见于后山门、红庙、火焰山和坞子岭等地，生于海拔800 m以下的山坡、山脊灌丛或林下。我国江苏、安徽、浙江、江西、福建、湖北、湖南、广东、广西和云南有分布。> **用途**：观赏或药用植物。

马银花
Rhododendron ovatum

杜鹃花科 Ericaceae
杜鹃花属 *Rhododendron*

> **识别要点**：常绿灌木。叶革质，卵形、卵圆形或椭圆状卵形，顶端短尖而微凹，常集生枝顶。花单生枝端叶腋；花冠5深裂，上方裂片内面有紫色斑点，外面无毛。蒴果卵球形，有宿萼包围，花期4~5月，果期8~9月。> **分布**：天目山常见种，生于山坡灌丛或林下。我国长江流域及其以南地区有分布。> **用途**：可供观赏或入药。

南烛
（乌饭树）
Vaccinium bracteatum

杜鹃花科 Ericaceae
乌饭树属 *Vaccinium*

>**识别要点**：常绿灌木。叶革质，椭圆形或长椭圆形，边缘有细锯齿，下面脉上有刺突。总状花序腋生，被短柔毛；苞片披针形，宿存；花萼5浅裂，裂片三角形，被柔毛；花冠白色，圆筒状卵形，两面有柔毛。浆果球形，熟时紫黑色。花期6~7月，果期10~11月。>**分布**：天目山常见种，但以低海拔地区为多，生于山坡灌丛或林下。我国长江流域及其以南地区均有分布。日本、朝鲜、越南和泰国也有。>**用途**：叶和果可入药或食用。

紫金牛
Ardisia japonica

紫金牛科 Myrsinaceae
紫金牛属 *Ardisia*

>**识别要点**：半常绿小灌木。叶对生或在枝端轮生，纸质，椭圆形至椭圆状倒卵形，边缘具细锯齿。伞形花序腋生或生于近茎顶端的叶腋；花瓣粉色或白色，广卵形。果实球形，具黑色腺点。花期5~6月，果期9~11月。>**分布**：见于后山门、大树王、西关、水竹湾和青龙坑，生于海拔380~1500 m的山坡和沟谷地带。我国长江流域及其以南地区均有分布。日本和朝鲜也有。
>**用途**：可供观赏或入药。

点地梅
Androsace umbellata

报春花科 Primulaceae
点地梅属 *Androsace*

> **识别要点**：一年生或二年生草本。叶基生，近圆形或卵圆形，边缘具三角状钝牙齿，两面被短柔毛；叶柄被柔毛。花葶常数枚自叶丛中抽出，伞形花序；花冠白色，高脚碟状，5裂，裂片倒卵状长圆形。蒴果近球形，5裂。花期2~4月，果期5~7月。> **分布**：见于后山门、香炉峰和东关村等地，生于山坡荒地和路边草丛。我国东北、华北和秦岭以南地区均有分布。朝鲜、日本和菲律宾等国也有。> **用途**：全草可入药。

泽珍珠菜
Lysimachia candida

报春花科 Primulaceae
珍珠菜属 *Lysimachia*

> **识别要点**：多年生草本。全株无毛。基生叶匙形，具有带狭翼的长柄；茎生叶互生，线形，基部下延成短柄。总状花序顶生，花密集；花冠白色，管状钟形，5裂，近中部合生，裂片倒卵状披针形。蒴果球形。花果期6~10月。> **分布**：见于白鹤村、禅源寺、告岭村等地，生于低海拔的农田边或山脚湿地。我国江苏、浙江、福建、广东、广西、云南、贵州、四川、山东和山西有分布。日本、朝鲜、马来西亚和印度亦有。
> **用途**：全草可入药。

过路黄
Lysimachia christiniae

报春花科 Primulaceae
珍珠菜属 *Lysimachia*

> **识别要点：** 多年生草本。叶对生，心形，先端圆钝，全缘，被透明腺条，干时腺条变黑色。花单生叶腋；花萼5裂，裂片披针形，具腺条；花冠黄色，5裂，基部合生，裂片舌形，具黑色长腺条。蒴果球形，有黑色腺条。花期5~7月，果期8~9月。
> **分布：** 见于禅源寺、忠烈祠、后山门、红庙、化身窑等地，生于山坡疏林和林缘灌丛。我国河南、陕西和长江流域及其以南地区均有分布。日本亦有。> **用途：** 全草可入药。

296

星宿菜
Lysimachia fortunei

报春花科 Primulaceae
珍珠菜属 *Lysimachia*

> **识别要点：** 多年生草本。全株无毛。茎基部带紫红色，有黑色腺点。叶互生，长椭圆形。总状花序顶生；花萼5裂，裂片有黑色腺点；花冠白色，管状钟形，裂片长圆形，有黑色腺点。蒴果球形。花期6~7月，果期8~10月。> **分布：** 见于天目村、后山门和西关等地，生于低海拔的田边或林缘草丛。我国华东、华中和华南地区均有分布。日本、朝鲜和印度也有。> **用途：** 全草可入药。

野柿

Diospyros kaki var. *silvestris*

柿科 Ebenaceae
柿属 *Diospyros*

>**识别要点**：落叶乔木。小枝和叶柄密被黄褐色短柔毛。叶片近革质，椭圆状卵形至长圆形，小而薄，少光泽，疏生褐色柔毛。花钟状，黄色；雄花2朵集成聚伞花序，雌花单生叶腋；花萼4深裂，子房有毛。浆果小。花期4~5月，果期8~10月。>**分布**：见于后山门和一里亭，生于海拔380~800 m的阴湿山坡林下和沟谷地带。我国华东、华中、华南和西南地区均有分布。日本也有。>**用途**：果可食用或提取柿漆。

老鸦柿

Diospyros rhombifolia

柿科 Ebenaceae
柿属 *Diospyros*

>**识别要点**：落叶灌木，枝有刺。叶纸质，菱状倒卵形，上面深绿色，下面浅绿色。花单生叶腋，单性；雄花花萼线状披针形，雌花花萼4深裂，几裂至基部，有明显的纵脉；花冠白色；花萼宿存，有直脉纹。浆果球形，熟时橘红色，有光泽，具宿存花柱。花期4~5月，果期8~10月。>**分布**：见于化身窑、西游村和西关，生于海拔290~1500 m的山坡灌丛或岩石中。我国华东地区均有分布。>**用途**：可作盆景或入药；果可提取柿漆。

光亮山矾
（四川山矾）

Symplocos lucida

山矾科 Symplocaceae
山矾属 *Symplocos*

> **识别要点**：常绿乔木。嫩枝有棱，黄绿色。叶革质，倒卵状椭圆形或长椭圆形，边缘疏生锯齿，中脉在两面均隆起。穗状花序腋生；花瓣白色，裂片椭圆形；雄蕊花丝基部连合成5体。核果长圆球形，熟时黑褐色，宿存花萼直立。花期5月，果期10月。> **分布**：见于里曲湾、五里亭、太子庵、香炉峰、七里亭、狮子口和开山老殿，生于海拔250~1050 m的山地林中。我国长江流域及其以南地区有分布。> **用途**：绿化、材用或防火造林树种。

白檀
（华山矾）

Symplocos paniculata

山矾科 Symplocaceae
山矾属 *Symplocos*

> **识别要点**：落叶灌木。嫩枝、叶柄、叶背、花序轴、苞片和萼片均被灰黄色皱曲柔毛。叶纸质，椭圆形或倒卵形，边缘有细尖锯齿。圆锥花序顶生或腋生；花冠白色，芳香。核果卵状圆球形，歪斜，被紧贴的柔毛，熟时蓝色。花期4~5月，果期8~9月。> **分布**：见于横塘和西关等地，生于海拔300~1000 m的山地丘陵。我国长江流域及其以南地区均有分布。> **用途**：枝叶可入药；种子油可供制皂。

老鼠矢
Symplocos stellaris

山矾科 Symplocaceae
山矾属 *Symplocos*

> **识别要点**：常绿乔木。芽、嫩枝、嫩叶柄、苞片和小苞片均被红褐色绒毛。叶厚革质，披针状椭圆形，全缘，中脉在叶面凹下，在叶背明显凸起。团伞花序着生于前一年枝上；花冠白色，5深裂几达基部。核果椭圆形，顶端宿存萼片直立。花期4月，果期6月。 > **分布**：见于里曲湾、三里亭、五里亭和香炉峰等地，生于海拔300~900 m的山地林中。我国长江流域及其以南地区有分布。 > **用途**：材用或防火造林树种；种子油可供制皂。

山矾
Symplocos sumuntia

山矾科 Symplocaceae
山矾属 *Symplocos*

> **识别要点**：常绿灌木或小乔木。叶薄革质，卵状披针形或椭圆形，先端常尾状渐尖，基部楔形，边缘具浅锯齿，中脉仅上面1/3部分凸起。总状花序腋生，长2~4 cm，被展开的柔毛；花冠白色，5深裂几达基部。核果坛状，黄绿色，宿存萼裂片内弯。花期3~4月，果期6月。 > **分布**：天目山常见种，生于海拔200~800 m的山地林间。我国长江流域及其以南地区均有分布。尼泊尔和印度也有。 > **用途**：根和叶可入药；种子油可作润滑油；木材可制器具。

赤杨叶
Alniphyllum fortunei

安息香科 Styracaceae
赤杨叶属 *Alniphyllum*

> **识别要点：** 落叶乔木。单叶互生，椭圆形、宽椭圆形或倒卵状椭圆形，边缘疏生硬质锯齿，两面疏生星状毛。总状或圆锥花序；花萼杯状，外被星状短柔毛；花冠裂片长椭圆形，白色或略带粉红色，两面被星状细绒毛。蒴果暗褐色；种子两端有不等大的膜质翅。花期4~5月，果期10~11月。
> **分布：** 见于西关和天目大峡谷等地，生于海拔200~1000 m的阔叶林中。我国长江流域及其以南地区有分布。越南和印度也有。 > **用途：** 可供园林绿化。

300

小叶白辛树
Pterostyrax corymbosus

安息香科 Styracaceae
白辛树属 *Pterostyrax*

> **识别要点：** 落叶乔木。叶片倒卵形或椭圆形，边缘有锐尖锯齿。圆锥花序伞房状，被星状毛；花白色，花梗极短；花萼钟状；花冠白色，两面密被星状短柔毛。核果倒卵形，有5狭翅，密被星状绒毛。花期4~5月，果期7月。 > **分布：** 见于里曲湾、大树王和西关等地，生于海拔400~1100 m的沟谷地带和山坡低凹湿润处。我国福建、浙江、江西和广东等省有分布。日本亦有。 > **用途：** 木材可制器具；低湿河流两岸的造林树种。

芬芳安息香
（郁香野茉莉）
Styrax odoratissimus

安息香科 Styracaceae
安息香属 *Styrax*

> **识别要点：** 落叶灌木或小乔木。叶片长椭圆形或卵状椭圆形，先端渐尖，基部宽楔形，两面无毛。总状花序顶生或腋生；花萼钟形，密被柔毛；花冠5深裂，白色。核果近球形，密被星状毛，顶具凸尖。花期4~5月，果期7~8月。
> **分布：** 见于禅源寺、红庙、三里亭、开山老殿和仙人顶等地，生于海拔270~1500 m的阴湿山谷和山坡疏林中。我国江苏、安徽、浙江和江西等省有分布。> **用途：** 栽培供观赏；种子油可作润滑油和肥皂。

流苏树
Chionanthus retusus

木犀科 Oleaceae
流苏树属 *Chionanthus*

> **识别要点：** 落叶灌木或乔木。叶片长圆形、椭圆形或圆形，全缘或有小锯齿，下面被长柔毛；叶柄被黄色卷曲柔毛。聚伞状圆锥花序顶生于枝端；花冠白色，4深裂，裂片线状倒披针形。核果椭圆形，蓝黑色或黑色。花期4~5月，果期9~10月。> **分布：** 见于大目大峡谷，生于向阳山谷和溪边。我国黄河流域至长江流域有分布。日本和朝鲜也有。
> **用途：** 观赏或制茶。

雪柳
Fontanesia phillyreoides subsp. *fortunei*

木犀科 Oleaceae
雪柳属 *Fontanesia*

>识别要点：落叶灌木或小乔木。叶纸质，披针形或卵状披针形，全缘，两面无毛。圆锥花序顶生或腋生；花萼杯状；花冠深裂至基部，裂片卵状披针形。翅果倒卵状椭圆形，先端微凹。花期5~6月，果期9~10月。>分布：见于一里亭、红庙、鲍家村和西坑等地，生于海拔300~600 m的沟谷和溪边疏林下。我国江苏、安徽、浙江、江西、山东、河南、河北、山西和陕西有分布。>用途：绿篱或制茶。

苦枥木
Fraxinus insularis

木犀科 Oleaceae
白蜡树属 *Fraxinus*

>识别要点：落叶乔木。奇数羽状复叶，小叶3~7，革质，长圆形或椭圆状披针形，边缘具浅锯齿或中部以下近全缘，两面无毛；叶柄长1~1.5 cm。圆锥花序生于当年生枝端；花萼杯形；花冠白色。翅果匙形，先端微凹。花期5~6月，果期7~9月。>分布：见于里曲湾、七里亭、四面峰和狮子口等地，生于海拔300~1100 m的山坡和山冈杂木林中。我国浙江、福建、台湾、湖北和湖南等省有分布。日本亦有。
>用途：茎皮可入药。

野迎春
（云南黄馨）
Jasminum mesnyi

木犀科 Oleaceae
素馨属 *Jasminum*

> **识别要点**：半常绿灌木。叶对生，三出复叶或小枝基部具单叶；叶近革质，长圆状卵形或披针形。花叶同放，花常单生于叶腋，苞片叶状；花萼钟形，裂片小叶状；花冠黄色，漏斗状，裂片6~8，宽倒卵形。浆果圆球形。花期3~4月，果期翌年4~5月。> **分布**：栽培于天目山庄和画眉山庄等地。我国四川、贵州和云南有分布，我国多地广泛栽培。> **用途**：观赏植物。

迎春花
Jasminum nudiflorum

木犀科 Oleaceae
素馨属 *Jasminum*

> **识别要点**：落叶灌木。叶对生，3出复叶；小叶卵形至长圆状卵形，边缘有睫毛。花先叶开放，单生于去年枝的叶腋；花萼裂片5，圆状披针形；花冠黄色，5或6裂，长椭圆形。浆果圆球形。花期3~4月，果期翌年5月。> **分布**：栽培于天目山庄和画眉山庄等地。我国四川、贵州、云南、陕西和甘肃等地有分布。世界各地广泛栽培。> **用途**：早春观赏植物。

小叶女贞
Ligustrum quihoui

木犀科 Oleaceae
女贞属 *Ligustrum*

>**识别要点**：落叶灌木。叶薄革质，长圆状椭圆形或倒卵形，叶缘反卷，常有腺点，两面无毛。圆锥花序顶生；花白色，无柄；花冠4裂，裂片卵形或椭圆形；雄蕊伸出裂片外。核果倒卵形、宽椭圆形或近球形，熟时紫黑色。花期7月，果期9~10月。>**分布**：见于青龙山、红庙和鲍家村，生于海拔100~500 m的山坡疏林下或溪边灌丛中的岩石边。我国华中、西南及华东地区均有分布。>**用途**：园林绿化树种；亦可药用。

木犀
（桂花）
Osmanthus fragrans

木犀科 Oleaceae
木犀属 *Osmanthus*

>**识别要点**：常绿乔木。叶革质，椭圆形、长椭圆形或倒卵状长椭圆形，边缘常上半部分有锯齿或全缘。花4~12朵簇生叶腋；基部有1苞片，先端2浅裂；花萼钟状，4裂；花冠顶端4深裂，乳白色至金黄色或橙红色。核果椭圆形。花期8~10月，果期翌年3~5月。>**分布**：栽培于禅源寺、天目山管理局、画眉山庄和山麓农家。我国各地广泛分布和栽培。>**用途**：园林观赏树种；花可食用或药用。

醉鱼草
Buddleja lindleyana

马钱科 Loganiaceae
醉鱼草属 *Buddleja*

>**识别要点**：落叶灌木。幼枝、叶背、叶柄、花序、苞片及小苞片均密被星状绒毛。小枝具四棱，棱上略有窄翅。叶对生，卵形、椭圆形至长圆状披针形。穗状聚伞花序顶生；花冠紫色，顶端4浅裂。蒴果长圆形。花期6~8月，果期10月。
>**分布**：见于禅源寺、朱陀岭和五里亭等地，生于低海拔的向阳山坡、灌木丛、溪沟和路旁的石缝间。我国华东、华中及西南等地均有分布。
>**用途**：可供观赏或入药。

305

蓬莱葛
Gardneria multiflora

马钱科 Loganiaceae
蓬莱葛属 *Gardneria*

>**识别要点**：常绿攀缘藤本。叶对生，革质，椭圆形或长椭圆形，全缘；托叶退化成线状痕迹。聚伞花序腋生；花冠裂片椭圆状披针，黄色。浆果圆球状，顶端有时宿存花柱，熟时红色。花期6~7月，果期9月。
>**分布**：见于禅源寺、狮子口、开山老殿和西关，生于山坡阴湿处的林下、灌丛中或岩石旁。我国江苏、安徽、浙江、江西、台湾、湖北、湖南、广东、广西、四川、贵州和云南有分布。日本和朝鲜亦有。>**用途**：根或种子可入药。

灰绿龙胆
Gentiana yokusai

龙胆科 Gentianaceae
龙胆属 *Gentiana*

> **识别要点**：一年生草本。基生叶莲座状，卵形或宽卵形；茎生叶对生，基部渐狭成鞘状合生，近无柄，边缘具睫毛。花单生于小枝顶端；花萼裂片卵形，开展；花冠蓝紫色，裂片卵形。蒴果卵圆形；种子椭圆形，表面具致密的细网纹。花果期4~5月。> **分布**：见于仙人顶等地，生于山坡和山顶草丛中。我国江苏、浙江、江西、湖北、广东、四川和陕西等地有分布。> **用途**：不明。

306

荇菜
Nymphoides peltata

龙胆科 Gentianaceae
荇菜属 *Nymphoides*

> **识别要点**：多年生水生草本。叶飘浮于水面，近革质，卵圆形，基部心形，全缘，有不明显的掌状叶脉，下面紫褐色；叶柄基部变宽呈鞘状，半抱茎。花簇生叶腋；花萼5深裂，裂片椭圆状披针形；花冠金黄色，喉部具毛，5深裂，裂片宽倒卵形，边缘有毛。蒴果椭圆形。花期7~9月，果期10月。
> **分布**：见于天目村等地的水体中。我国南北各地均有分布。日本、朝鲜和俄罗斯也有。> **用途**：全草入药。

细茎双蝴蝶
Tripterospermum filicaule

龙胆科 Gentianaceae
双蝴蝶属 *Tripterospermum*

> **识别要点：** 多年生草本。全株无毛。基生叶卵形，边缘有细皱纹，有短柄；茎生叶卵状椭圆形，边缘有细皱纹，具叶柄。花生于叶腋，玫瑰红色；花萼5脉；花冠5裂，裂片三角形或三角状披针形。蒴果。花果期9月至翌年1月。> **分布：** 见于天目书院等地，生于海拔400~550 m的林下阴湿处。我国浙江和湖北有分布。> **用途：** 可栽培供观赏。

长春花
Catharanthus roseus

夹竹桃科 Apocynaceae
长春花属 *Catharanthus*

> **识别要点：** 多年生草本或半灌木。叶片倒卵状长圆形，先端钝圆，有短尖头，基部渐狭而成叶柄。聚伞花序腋生或顶生；花萼5深裂，萼片线形；花冠淡红色或白色，高脚碟状，喉部紧缩，具刚毛，花冠裂片宽倒卵形。蓇葖果双生，有条纹，被柔毛；种子黑色。花期4~10月，果期5~12月。> **分布：** 栽培于山麓农家。原产于非洲东部。我国各地均有栽培。> **用途：** 观赏或药用植物。

夹竹桃
Nerium oleander

夹竹桃科 Apocynaceae
夹竹桃属 *Nerium*

> **识别要点**：常绿灌木。全株含水液。叶3~4枚轮生，在枝条下部为对生，窄披针形，叶面深绿，无毛，叶背浅绿色。聚伞花序顶生；花萼5深裂，红色，披针形；花冠深红色或粉红色，漏斗状，喉部有撕裂状的副花冠。蓇葖果2，离生，长圆形；种子顶端具黄褐色绢质种毛。花期6~7月。> **分布**：栽培于天目村和武山村等地。原产于伊朗。我国各地均有栽培。
> **用途**：观赏植物。

308

络石
Trachelospermum jasminoides

夹竹桃科 Apocynaceae
络石属 *Trachelospermum*

> **识别要点**：常绿木质藤本。叶对生，革质，椭圆形至卵状椭圆形，叶面无毛，叶背疏被短柔毛。聚伞花序腋生或顶生；花白色，与叶等长或较长；花萼5深裂，顶部反卷；花冠筒圆筒形，中部膨大，喉部内面及雄蕊着生处被短柔毛。蓇葖果双生，叉开；种子顶端具毛。花期6~7月，果期8~10月。
> **分布**：天目山常见种，生于山坡、田埂或攀附于大树和墙上。除东北和新疆、青海、西藏等省外，我国各地均有分布。日本、朝鲜和越南也有。> **用途**：植株药用；茎皮可制人造棉。

蔓长春花
Vinca major

夹竹桃科 Apocynaceae
蔓长春花属 *Vinca*

> **识别要点**：蔓性半灌木。叶对生，卵形，先端急尖，基部圆形或楔形。花单生叶腋；花萼5深裂；花冠蓝紫色，漏斗状，裂片5，斜倒卵形；雄蕊着生于花冠筒中部之下，花丝短而扁平，花药的顶端有毛。蓇葖果双生，直立。花期3~4月，果期5~6月。> **分布**：栽培于忠烈祠和画眉山庄等地。原产于欧洲。我国东部地区有栽培。> **用途**：观赏植物。

蔓剪草
Cynanchum chekiangense

萝藦科 Asclepidaceae
鹅绒藤属 *Cynanchum*

> **识别要点**：多年生蔓性草本。全株近无毛。叶对生，卵状椭圆形，叶面和叶缘略被微毛。伞形状聚伞花序腋生；总花梗长3~5 mm，远短于叶；花萼裂片具缘毛；花冠深红色；副花冠比合蕊冠短或等长。蓇葖果常单生。花期5~6月，果期7~9月。> **分布**：见于五里亭、仙人顶和阳山坪等地，生于海拔850~1500 m的山坡路边。我国浙江、湖南、广东和河南有分布。> **用途**：根可入药。

竹灵消
Cynanchum inamoenum

萝藦科 Asclepidaceae
鹅绒藤属 *Cynanchum*

> **识别要点**：多年生直立草本。茎幼时密被柔毛，老时秃净。叶对生，叶片宽卵形至宽椭圆形。伞形聚伞花序近梢部腋生；花萼5深裂；花冠黄色，副花冠较合蕊柱长，裂片卵状三角形。蓇葖果常双生；种子卵形，种毛白色，长约2cm。花期5~7月，果期7~10月。> **分布**：见于大镜坞，生于海拔1460 m的山脊处。我国安徽、浙江、湖北、湖南等省有分布。日本和朝鲜亦有。> **用途**：根可入药。

萝藦
Metaplexis japonica

萝藦科 Asclepidaceae
萝藦属 *Metaplexis*

> **识别要点**：多年生缠绕草本。植株具乳汁。叶对生，卵状心形，两面无毛，背面粉绿色；叶柄顶端有丛生腺体。花冠白色，具淡紫色斑纹，近辐状，花冠裂片披针形，顶端反折；雄蕊连生成圆锥状，雌蕊被包其中。蓇葖果单生。花期7~8月，果期9~10月。> **分布**：见于青龙山，生于路边。我国各地广泛分布。日本、朝鲜和俄罗斯也有。> **用途**：茎皮纤维可制人造棉；全株多部位可入药。

贵州娃儿藤
Tylophora silvestris

萝藦科 Asclepidaceae
娃儿藤属 *Tylophora*

> **识别要点**：攀缘木质灌木。叶片近革质，长圆状披针形，基脉3条，侧脉1~2对，边缘外卷。聚伞花序假伞状，腋生，比叶短，不规则二歧；花冠紫色；花药侧向紧压，药隔加厚，顶端圆形膜片1。蓇葖果披针形；种子顶端具白色绢质种毛。花期3~5月，果期5~8月。> **分布**：见于五里亭、半月池等地，生于海拔850~1140 m的山坡林中或向阳溪边石缝中。我国江苏、安徽、浙江、江西、四川、贵州及云南等省有分布。> **用途**：根可入药。

鼓子花
Calystegia silvatica subsp. *orientalis*

旋花科 Convolvulaceae
打碗花属 *Calystegia*

> **识别要点**：多年生草本。茎和叶柄常被细毛。茎缠绕或匍匐，有棱角，分枝。叶片明显三裂，具伸展的侧裂片，中裂片长圆形或卵圆状披针形，先端渐尖或圆钝。花单生叶腋；花冠漏斗状，通常白色，有时淡红色或紫色。蒴果球形；种子黑褐色，光滑。花期5~8月，果期8~10月。> **分布**：见于禅源寺、忠烈祠，生于房前屋后。我国江苏、浙江、湖北、湖南、贵州、云南等省有分布。> **用途**：全草可入药。

金灯藤
（日本菟丝子）
Cuscuta japonica

旋花科 Convolvulaceae
菟丝子属 *Cuscuta*

> **识别要点**：一年生寄生草本。茎较粗壮，多分枝，有红色斑点。无叶。花序穗状，基部常多分枝；苞片及小苞片鳞片状；花萼肉质，5裂，裂片卵圆形，背面有紫色斑点；花冠钟状，淡红色或白色，裂片卵状三角形。蒴果卵圆形；种子1~2个。花果期8~10月。> **分布**：见于三里亭、仙人顶、横塘等地，生于山坡路旁、溪边。我国各地广泛分布。朝鲜、日本、越南和俄罗斯也有。
> **用途**：种子可入药。

飞蛾藤
Dinetus racemosus

旋花科 Convolvulaceae
飞蛾藤属 *Dinetus*

> **识别要点**：多年生草质藤本。全株疏被柔毛。叶互生；叶片卵形或宽卵形。圆锥花序腋生，叉状分枝；着生分叉处的苞片叶状，心形；萼片线状披针形，果时增大成椭圆状匙形，具3条坚硬的纵向脉；花冠白色，管部带黄色，无毛。蒴果卵球状；种子黑褐色。花果期9~10月。> **分布**：见于天目村、武山村、禅源寺和五里亭等地，生于山坡灌丛间。我国黄河流域及其以南地区均有分布。印度和尼泊尔亦有。
> **用途**：全草可入药。

橙红茑萝
Ipomoea cholulensis

旋花科 Convolvulaceae
甘薯属 *Ipomoea*

> **识别要点**：一年生草本。茎缠绕，多分枝。叶片卵状心形，全缘或近基部有齿。聚伞花序腋生，有花1~5；苞片2；花裂片不等长，宿存；花冠高脚碟状，橙红色，喉部黄色。蒴果小，圆球形。花期7~9月，果期8~10月。> **分布**：栽培于禅源寺，有逸生。原产于南美洲。我国各地均有栽培。
> **用途**：可作垂直绿化。

三裂叶薯
Ipomoea triloba

旋花科 Convolvulaceae
甘薯属 *Ipomoea*

> **识别要点**：一年生草本。茎缠绕，有时平卧。叶片宽卵形至圆形，基部心形，全缘或有粗齿或3深裂，两面均被疏柔毛，叶柄长2~12 cm。聚伞花序腋生，有花1~2朵；苞片小，披针状长圆形；萼片长圆形；花冠漏斗状，白色、红色或淡紫红色，冠檐裂片短而钝。蒴果近球状，4瓣裂。花果期7~9月。
> **分布**：见于天目村和禅源寺等地。原产于热带美洲。我国安徽、浙江等地已归化。> **用途**：观赏植物。

柔弱斑种草
Bothriospermum zeylanicum

紫草科 Boraginaceae
斑种草属 *Bothriospermum*

> **识别要点**：一年生草本。茎细弱，被贴伏短糙毛。叶片狭椭圆形或矩圆状椭圆形，疏生紧贴的短糙毛。花序柔弱，细长；花萼有糙伏毛，5裂近基部；花冠淡蓝色，喉部有附属物5。小坚果4，肾形，密生小疣状突起。花期4~5月，果期6~7月。> **分布**：天目山常见种，生于田边、荒地及山坡林地。我国华东、华中、华南、西南、西北及东北等地均有分布。日本、朝鲜、越南和印度也有。> **用途**：全草可入药。

厚壳树
Ehretia acuminata

紫草科 Boraginaceae
厚壳树属 *Ehretia*

> **识别要点**：落叶乔木。叶互生；叶片椭圆形，顶端短尖，基部楔形或近圆形，边缘有细锯齿。圆锥花序顶生或腋生；花冠白色，裂片略长于管部；雄蕊与花冠近等长或花药稍外露。核果球状，橘红色。花期4~5月，果期7月。> **分布**：见于太子庵、三里亭和五里亭等地，生于山坡林中。我国华东、华中、华南、西南等地均有分布。日本、越南、印度及大洋洲北部也有。> **用途**：材用树种；树皮可作染料。

梓木草
Lithospermum zollingeri

紫草科 Boraginaceae
紫草属 *Lithospermum*

> **识别要点**：多年生匍匐草本。茎匍匐，被开展糙伏毛。基生叶倒卵状披针形，叶片两面均被短糙伏毛；茎生叶与基生叶同形而较小。聚伞花序长2~5 cm；苞片叶状；花冠外面有毛，紫蓝色，很少白色，喉部有5条向筒部延伸的纵褶，稍肥厚并隆起。小坚果椭圆形，白色。花期4~5月，果期7~8月。
> **分布**：见于禅源寺、一里亭和一都村等地，生于山坡路边及林下草丛中。我国江苏、安徽、浙江、湖北、四川、湖南等省有分布。日本和朝鲜亦有。> **用途**：果实可入药。

盾果草
Thyrocarpus sampsonii

紫草科 Boraginaceae
盾果草属 *Thyrocarpus*

> **识别要点**：一年生草本。茎被开展长硬毛和短糙毛。基生叶匙形，叶片两面有具基盘的长硬毛和短糙毛。花序狭长；苞片叶状，狭卵形或披针形；花冠淡蓝色或白色，裂片近圆形，喉部附属物线形，肥厚，有乳头状突起，先端微缺。小坚果顶部外层的齿轮直立，与内层边缘紧贴。花果期4~8月。
> **分布**：见于禅源寺、里曲湾和三里亭等地，生于山坡路边及岩石灌丛中。我国江苏、安徽、浙江、江西和福建等省有分布。越南亦有。> **用途**：全草可入药。

附地菜
Trigonotis peduncularis

紫草科 Boraginaceae
附地菜属 *Trigonotis*

> **识别要点**：一年生草本。茎基部略呈淡紫色，常分枝，细弱，有平伏毛。叶片匙形、卵圆形或披针形，两面有毛。总状花序顶生，幼时卷曲，呈蝎尾状；花冠淡蓝色，裂片倒卵形，喉部附属物5，白色或带黄色。小坚果三角形四面体状，具短柄。花果期3~6月。> **分布**：天目山常见种，生于田边、沟边及山坡荒地杂草丛中。我国东北、华东和华南等地均有分布。亚洲温带及欧洲东部也有。> **用途**：全草可入药。

白棠子树
Callicarpa dichotoma

马鞭草科 Verbenaceae
紫珠属 *Callicarpa*

> **识别要点**：小灌木。分枝多；小枝细长，略呈四棱形。叶片倒卵形，先端急尖至渐尖，基部楔形，边缘上半部疏生锯齿，两面无毛，背面有黄棕色腺点。聚伞花序纤弱，2或3次分枝；花冠紫红色。果实球形，紫色。花期6~7月，果期9~11月。
> **分布**：见于半月池等地，生于海拔1140 m左右的林下路边。我国江苏、安徽、浙江、江西和福建等省有分布。日本和越南亦有。> **用途**：植株供药用或观赏。

老鸦糊
Callicarpa giraldii

马鞭草科 Verbenaceae
紫珠属 *Callicarpa*

> **识别要点**：落叶灌木。小枝有星状毛。叶片宽椭圆形至披针状长圆形，顶端渐尖，基部楔形，边缘有锯齿，下面被星状毛和小黄色腺点。聚伞花序4或5次分枝，被毛；花萼钟状，有黄色腺点；花冠紫色，具毛和腺点。果实球状，熟时无毛，紫色。花期5~6月，果期7~11月。> **分布**：见于天目村、禅源寺、忠烈祠、大树王、开山老殿、西关等地，生于海拔260~1000 m的山坡林中。我国黄河流域及其以南地区均有分布。> **用途**：全株可入药。

日本紫珠
Callicarpa japonica

马鞭草科 Verbenaceae
紫珠属 *Callicarpa*

> **识别要点**：落叶灌木。小枝圆柱形，幼嫩部分被星状毛。叶片倒卵状椭圆形或椭圆形，先端急尖至尾尖，基部楔形，背面有不明显的黄色腺点，边缘有锯齿。聚伞花序2或3次分枝；花冠淡红色，有腺点。果实球形，熟时紫红色。花期6~7月，果期10~11月。> **分布**：见于开山老殿、半月池和仙人顶等地，生于海拔900~1500 m的山坡、溪旁、谷地或灌丛中。我国江苏、安徽、浙江和江西等省有分布。日本、朝鲜亦有。
> **用途**：可供观赏。

单花莸
Caryopteris nepetifolia

马鞭草科 Verbenaceae
莸属 *Caryopteris*

> **识别要点**：多年生蔓性草本。茎四方形，被向下弯曲的柔毛。叶片广卵形，两面都有柔毛和腺点。花单生叶腋；花萼顶端5裂，裂片卵状三角形；花冠淡蓝色或白色带紫色斑纹，下唇中裂片全缘。蒴果4瓣裂，果瓣倒卵形。花果期8~11月。
> **分布**：见于天目村、禅源寺和九狮村等地，生于海拔200~1000 m的山坡路旁、林下、荒地、田间石子堆中。我国江苏、安徽、浙江和福建有分布。> **用途**：全草可入药。

大青
Clerodendrum cyrtophyllum

马鞭草科 Verbenaceae
大青属 *Clerodendrum*

> **识别要点**：落叶灌木或小乔木。枝内髓部白色，坚实。叶片长椭圆形至卵状椭圆形。伞房状聚伞花序顶生或腋生；花小，有柑橘香味；花萼粉红色，结果时增大，变紫红色；花冠白色；花丝与花柱均伸出花冠外。果实熟时蓝紫色，直径5~7 mm。花果期7~12月。> **分布**：见于大有村、禅源寺、太子庵和开山老殿等地，生于海拔300~1000 m的山坡林下。我国长江流域及其以南地区均有分布。朝鲜、越南也有。
> **用途**：叶和根可入药。

藿香
Agastache rugosa

唇形科 Labiatae
藿香属 *Agastache*

> **识别要点**：多年生草本。植株有强烈香味。叶片心状卵形，顶端尾状长渐尖。轮伞花序多花，在主茎或侧枝上组成顶生密集的圆筒形穗状花序；花冠淡紫色，下唇中间裂片有波状细齿；雄蕊伸出花冠外。小坚果卵状长圆形。花果期8~11月。
> **分布**：见于香炉峰、开山老殿和西关等地，栽培于海拔1200 m以下的房前屋后。我国东北、华东和西南地区有分布或栽培。日本、朝鲜、俄罗斯及北美也有。> **用途**：全草可入药。

金疮小草
Ajuga decumbens

唇形科 Labiatae
筋骨草属 *Ajuga*

> **识别要点**：一年生或二年生草本。全株密被白色长柔毛。茎平卧，具匍匐茎，逐节生根。叶片匙形或倒卵状披针形，边缘有不整齐的波状圆齿或近全缘。轮伞花序有花6~8朵，排列成有间断的假穗状花序；花冠淡蓝色、淡红紫色或白色。小坚果有网纹。花期4~6月，果期5~8月。> **分布**：见于禅源寺、朱陀岭、三里亭、大树王和开山老殿等地，生于海拔310~1100 m的林下或荒草地中。我国长江流域及其以南地区均有分布。日本和朝鲜也有。> **用途**：全草可入药。

紫背金盘
Ajuga nipponensis

唇形科 Labiatae
筋骨草属 *Ajuga*

> **识别要点**：一年生或二年生草本。茎直立，稀平卧。叶片宽椭圆形，基部楔形，边缘有波状圆齿，两面有毛。轮伞花序下部者间隔大，向上逐渐密集成顶生假穗状花序；花冠淡蓝色或蓝紫色，稀白色；下唇伸长，3裂。小坚果卵形三棱状。花果期5~8月。> **分布**：见于幻住庵、地藏殿等地，生于海拔1100 m以下的路边草丛、山坡林缘及疏林下。我国长江流域及其以南地区均有分布。日本和朝鲜也有。> **用途**：全草可入药。

毛药花
Bostrychanthera deflexa

唇形科 Labiatae
毛药花属 *Bostrychanthera*

> **识别要点**：多年生草本。茎四棱形，具深槽，密被倒向短硬毛。叶几无柄，长披针形，先端渐尖或尾状渐尖，基部楔形或近圆形。花冠淡紫红色，直伸，中裂片宽卵形。小坚果核果状，黑色，近球形。花期8~9月，果期10~11月。> **分布**：见于三里亭等地，生于海拔650 m左右的林下、林缘路旁。我国浙江、江西、福建、台湾等省有分布。> **用途**：全草可入药。

活血丹
Glechoma longituba

唇形科 Labiatae
活血丹属 *Glechoma*

> **识别要点**：多年生匍匐草本。茎细，基部淡紫红色，近无毛。叶片肾形至圆心形，背面有腺点。轮伞花序常有花2朵；苞片近等长或长于花柄，刺芒状；萼齿狭三角状披针形，顶端芒状；花冠淡紫色。小坚果长圆状。花期4~5月，果期5~6月。
> **分布**：见于禅源寺、朱陀岭和告岭村等地，生于海拔500 m以下的山坡、路旁。除甘肃、青海、西藏、新疆外，我国其他地区均有分布。朝鲜及俄罗斯也有。> **用途**：全草可入药。

野芝麻
Lamium barbatum

唇形科 Labiatae
野芝麻属 *Lamium*

> **识别要点**：多年生草本。茎单生，中空，几无毛。叶片卵状心形至卵状披针形。轮伞花序；苞片狭线形或丝状，锐尖；萼齿披针状钻形，具缘毛；花冠白色或浅黄色，上唇直伸；雄蕊花丝扁平并黏连，花药深紫色。小坚果倒卵形。花果期4~8月。
> **分布**：见于禅源寺、朱陀岭和开山老殿等地，生于海拔1200 m以下的荒地、山坡路旁及林缘草丛。我国浙江、四川、贵州、陕西等省有分布。日本和朝鲜亦有。> **用途**：药用或蜜源植物。

益母草
Leonurus japonicus

唇形科 Labiatae
益母草属 *Leonurus*

> **识别要点**：一年生或二年生草本。茎下部叶片纸质，卵形，掌状3全裂，中裂片有3小裂，两侧裂片有1或2小裂；花序上叶片线形或线状披针形。花冠淡红色或紫红色，上唇外面有毛，全缘，下唇3裂，中裂片倒心形。小坚果长圆形三棱状。花期5~7月，果期8~9月。> **分布**：见于禅源寺、天目山管理局和西关等地，生于海拔300~500 m的山坡路旁、林缘及草丛。我国各地均有分布。日本、朝鲜、非洲和美洲也有。
> **用途**：全草可入药，名"益母草"。

硬毛地笋
Lycopus lucidus var. *hirtus*

唇形科 Labiatae
地笋属 *Lycopus*

> **识别要点**：多年生草本。茎直立，通常不分枝，节上密集硬毛。叶片长圆状披针形。轮伞花序无梗；花萼有5齿，齿端针状；花冠白色，外面在冠檐上具腺点，内面在喉部具白色短柔毛。小坚果倒卵圆状四边形，有腺点。花果期8~10月。
> **分布**：见于禅源寺、西关等地，生于山坡农舍旁湿地或水沟中。我国各地广泛分布。日本和俄罗斯亦有。
> **用途**：根状茎可腌制作蔬菜；全草可入药。

薄荷
Mentha canadensis

唇形科 Labiatae
薄荷属 *Mentha*

> **识别要点：** 多年生草本。茎直立或基部平卧，多分枝，有倒生细毛或近无毛。叶片两面疏生微柔毛和腺点。轮伞花序腋生；苞片披针形至线状披针形，边缘有毛；花萼外面有毛和腺点，齿5，近三角形；花冠青紫色、淡红色或白色，4裂，上裂片顶端2裂，较大，其余近等大。小坚果卵形，具小腺窝。花果期8~10月。> **分布：** 见于泗部村和告岭村等地，生于海拔200~500 m的路旁及沟边草丛中。我国各地均有分布。亚洲东部和南部以及北美洲也有。> **用途：** 茎和叶可入药、代茶或作蔬菜。

牛至
Origanum vulgare

唇形科 Labiatae
牛至属 *Origanum*

> **识别要点：** 多年生草本或半灌木。植株芳香。叶片卵形，常全缘。伞房状圆锥花序，花多密集，由多数长圆状小穗状花序组成，果时不同程度伸长；花萼圆筒状；花冠紫红色或白色。小坚果棕褐色。花期8月，果期9~10月。> **分布：** 见于白鹤村，生于海拔150~250 m的山坡路旁。我国华东、华中、华南、西南等地均有分布。欧洲及北非也有。> **用途：** 全草可入药。

紫苏
Perilla frutescens

唇形科 Labiatae
紫苏属 *Perilla*

> **识别要点**：一年生草本。茎上部有长柔毛。叶片宽卵形，边缘有粗锯齿。轮伞花序2花，组成偏向一侧的假总状花序；花萼钟状；花冠白色。小坚果近球形。花果期8~10月。
> **分布**：见于大有村、禅源寺、朱陀岭等地，生于海拔1200 m以下的地边、路旁、林缘草丛或山坡疏林。我国各地均有栽培或野生。日本、朝鲜、东南亚和南亚也有。> **用途**：全草入药，名"紫苏"。

南方糙苏
Phlomis umbrosa var. *australis*

唇形科 Labiatae
糙苏属 *Phlomis*

> **识别要点**：多年生草本。茎直立，多分枝。叶片卵形至广卵形，基部心形，边缘有圆齿状牙齿。轮伞花序4~8花；苞片卵形，似茎生叶；花萼管状，萼齿先端有小刺尖；花冠粉红色，具红色斑点。小坚果无毛。花果期8~10月。> **分布**：见于开山老殿至仙人顶，生于海拔1000~1500 m的山坡或沟边。我国安徽、浙江、湖北、湖南、陕西、甘肃及西南地区有分布。> **用途**：全草可入药。

夏枯草
Prunella vulgaris

唇形科 Labiatae
夏枯草属 *Prunella*

> **识别要点**：多年生草本。叶片卵形。轮伞花序密集排列成顶生的假穗状花序，呈圆筒状；苞片肾形，顶端锐尖或尾状尖，外面和边缘有毛；花冠紫色、蓝紫色或略红紫色，上唇顶端微凹，下唇中间裂片边缘有细条裂。小坚果棕色或黄褐色。花期5~6月，果期7~10月。> **分布**：见于南大门、禅源寺、开山老殿、仙人顶等地，生于海拔200~1500 m的山脚或山坡路边草丛中。我国华东、华中、华南等地均有分布。亚洲其他国家及欧洲、非洲、北美洲也有。> **用途**：全草可入药；叶可代茶。

南丹参
Salvia bowleyana

唇形科 Labiatae
鼠尾草属 *Salvia*

> **识别要点**：多年生草本。根肥厚，表面红色。羽状复叶有小叶5~9，顶生小叶基部圆形或浅心形。轮伞花序组成顶生总状花序或圆锥花序；花萼管状；花冠淡紫色或紫红色。小坚果椭圆形。花期5~7月，果期7~8月。> **分布**：见于赤坞和幻住庵，生于海拔400~1150 m左右的竹林或山谷疏林下。我国浙江、江西、福建和湖南等省有分布。> **用途**：根可入药。

荔枝草
Salvia plebeia

唇形科 Labiatae
鼠尾草属 *Salvia*

> **识别要点**：二年生草本。叶片长圆形，上面皱，下面有腺点。轮伞花序有花2~6；花萼钟状，外面有金黄色腺点和短毛；花冠紫色或蓝紫色。小坚果卵圆形，褐色，平滑。花期5~6月，果期6~7月。> **分布**：见于天目山管理局、禅源寺和告岭村等地，生于海拔500 m以下的旷野草地、路旁草丛和池塘湿地。我国各地均有分布。亚洲和大洋洲也有。
> **用途**：全草可入药。

光紫黄芩
Scutellaria laeteviolacea

唇形科 Labiatae
黄芩属 *Scutellaria*

> **识别要点**：多年生草本。茎中部叶片卵圆形，顶端圆钝，基部圆形、宽楔形至浅心形，边缘有圆锯齿，上面无毛，下面常带紫色，除脉上有细毛外，其余无毛。花对生，在茎或枝条顶端排列成长总状花序；花冠紫红色，外面及喉部有柔毛，二唇形，下唇中裂片卵圆形，顶端微凹，有紫色斑点。小坚果卵状，外面具瘤。花期3~4月，果期4~5月。> **分布**：见于七里亭，生于海拔970 m左右的林下。我国江苏、安徽、浙江等省有分布。日本亦有。> **用途**：全草可入药。

庐山香科科
Teucrium pernyi

唇形科 Labiatae
香科科属 *Teucrium*

> **识别要点**：多年生草本。茎密生倒向短柔毛。叶片卵状披针形，基部楔形，边缘有粗锯齿。假穗状花序腋生或顶生；花萼钟状，萼内有毛环，上唇有3齿，中齿最大，卵圆形；花冠白色，单唇形，唇片5裂，中间裂片发达，椭圆状匙形；雄蕊超过花冠筒一倍以上。小坚果有白色斑点。花果期8~10月。> **分布**：见于忠烈祠、后山门、红庙、一里亭、东关村等地，生于海拔800 m以下的山坡疏林、路边或草丛。我国江苏、安徽、浙江等省有分布。> **用途**：全草可入药。

微毛血见愁
Teucrium viscidum var. *nepetoides*

唇形科 Labiatae
香科科属 *Teucrium*

> **识别要点**：多年生草本，具根状茎。叶片卵形至卵状披针形，基部圆形或宽楔形，下面脉上散生淡黄色腺点。轮伞花序具2花，常组成穗状花序，生于枝上部；苞片披针形；花萼钟状；花冠白色、淡红色或淡紫色；花柱与后对雄蕊等长。小坚果扁球形。花果期7~10月。> **分布**：见于红庙、幻住庵等地，生于海拔450~1150 m的沟谷疏林下。我国安徽、浙江、江西和湖北等省有分布。> **用途**：全草可入药。

曼陀罗
Datura stramonium

茄科 Solanaceae
曼陀罗属 *Datura*

>**识别要点**：一年生草本或半灌木状。叶片宽卵形。花常单生于叶腋或枝杈间；花柄直立；花萼筒状，长4~5 cm，筒部有5棱角；花冠漏斗状，下半部带绿色，上部白色或淡紫色。蒴果直立，卵球状，熟时从顶端4瓣裂，表面有坚硬不等长的针刺或有时无刺而近平滑。花果期6~11月。>**分布**：栽培于大镜坞等地。我国各地都有分布。世界温带至热带地区也有。>**用途**：栽培供观赏或入药。

枸杞
Lycium chinense

茄科 Solanaceae
枸杞属 *Lycium*

>**识别要点**：落叶小灌木。茎多分枝，枝细长，常弓曲下垂，淡灰色，有纵条纹和棘刺，刺长可达2 cm，小枝顶端锐尖成棘刺状。叶互生，或2~4叶簇生于短枝上。花冠紫红色，漏斗状；花丝基部密生绒毛；柱头绿色。浆果卵形，熟时红色；种子肾形，黄白色。花期6~9月，果期7~11月。>**分布**：见于交口村等地，生于路边、山坡灌草丛。我国南北各地均有分布。日本、朝鲜及欧洲也有。>**用途**：嫩叶可作蔬菜；叶和根皮可入药，名"地骨皮"。

烟草
Nicotiana tabacum

茄科 Solanaceae
烟草属 *Nicotiana*

>识别要点：一年生草本。全株被腺毛。叶片长椭圆形，基部渐狭，半抱茎。圆锥花序顶生，多花；花冠长管状漏斗形，淡红色或白色，筒部色更淡，稍弓曲；雄蕊中1枚显著较其余4枚短，不伸出花冠喉部。蒴果卵球状，熟时2瓣裂。花果期5~10月。>分布：栽培于天目村、朱陀岭等地。原产于南美洲。全国各地均有栽培。>用途：卷烟原料。

329

江南散血丹
Physaliastrum heterophyllum

茄科 Solanaceae
散血丹属 *Physaliastrum*

>识别要点：多年生草本。叶片卵形或椭圆状披针形。花单生或双生于叶腋或枝腋；花柄纤细，弧状弓曲；花萼短钟状，果时增大近球形，紧密包闭并贴近浆果，外面有柔毛，顶端缢缩；花冠白色，宽钟状；花丝有疏髯毛。浆果球状，有宿存萼片包围；种子近圆盘形。花果期8~9月。>分布：见于里曲湾、三里亭、大树王和开山老殿等地，生于海拔450~1030 m的山坡草丛和山谷林下潮湿处。我国华东和华中地区有分布。>用途：根可入药。

白英
Solanum lyratum

茄科 Solanaceae
茄属 *Solanum*

> **识别要点**：多年生草质藤本。茎、叶密生有节的长柔毛。叶片琴形，基部常全缘或有时3~5深裂，裂片全缘，两面都有长柔毛。二歧聚伞花序；花梗纤细；花冠蓝色或白色。浆果球状，熟时红色；种子扁平。花期7~8月，果期10~11月。
> **分布**：见于天目村、太子庵、禅源寺和开山老殿等地，生于海拔300~1500 m的山坡路旁。我国长江流域及其以南地区均有分布。日本、朝鲜及中南半岛也有。> **用途**：全草可入药。

龙葵
Solanum nigrum

茄科 Solanaceae
茄属 *Solanum*

> **识别要点**：一年生草本。叶片卵形。短蝎尾状或近伞状花序，花4~10朵；花萼杯状，绿色；花冠白色，5深裂，裂片卵状三角形；雄蕊5，花丝短，花药长约为花丝长度的4倍，顶孔向内。浆果球状，熟时黑色；种子卵形。花果期9~10月。
> **分布**：见于禅源寺、地藏殿、外横塘、仙人顶等地，生于海拔300~1500 m的山坡林缘、灌草丛中和村庄田边。我国各地均有分布。亚、欧、美洲的温带至亚热带地区也有。> **用途**：全草可入药。

阳芋
（马铃薯）
Solanum tuberosum

茄科 Solanaceae
茄属 *Solanum*

>**识别要点**：多年生草本。地下块茎扁球状或椭圆状，外皮浅褐色、淡红色或白色。奇数羽状复叶，小叶5~9对，常大小相间。伞房花序顶生，后侧生；花萼钟状，裂片5或6；花冠白色，幅状，裂片5，三角形。浆果球状；种子扁，黄色。花果期9~10月。>**分布**：栽培于朱陀岭、九狮村等地。原产于南美洲。我国各地普遍栽培。>**用途**：茎块食用或作工业淀粉原料。

331

龙珠
Tubocapsicum anomalum

茄科 Solanaceae
龙珠属 *Tubocapsicum*

>**识别要点**：多年生直立草本。茎2歧分枝，具细纵棱。叶互生或大小不等2叶双生于枝上端；叶片全缘或浅波状。花单生或2至数朵簇生叶腋；花梗细长而下垂；花萼果时稍增大而宿存；花冠淡黄色，5浅裂。浆果球形，熟时红色；种子淡黄色。花期7~9月，果期8~11月。>**分布**：见于外曲湾、三里亭、五里亭和地藏殿等地，生于山坡林缘、山谷溪边及灌草丛中。我国长江流域及其以南地区均有分布。日本和朝鲜也有。>**用途**：茎、叶和果实可入药。

母草
Lindernia crustacea

玄参科 Scrophulariaceae
母草属 *Lindernia*

> **识别要点**：一年生小草本。叶片卵形或三角状卵形。花单生叶腋；花萼坛状，5浅裂；花冠紫色，筒略长于花萼，上唇直立，卵形，钝头。蒴果长椭圆形，与宿存萼片近等长；种子近球状，浅黄褐色，表面有明显的蜂窝状瘤突。花果期7~10月。> **分布**：见于天目村、告岭村等地，生于稻田及低湿处。我国华东、华中、华南和西南地区均有分布。全球热带和亚热带地区也有。> **用途**：全草可入药。

332

匍茎通泉草
Mazus miquelii

玄参科 Scrophulariaceae
通泉草属 *Mazus*

> **识别要点**：多年生草本。茎有匍匐茎和直立茎，花后抽出长匍匐茎，着土时在节上易生根。叶片倒卵状匙形。花萼钟状漏斗形；花冠紫色或白色带紫斑，二唇形，上唇短而直立，深2裂，下唇中裂片较小，倒卵圆形，无毛。蒴果圆球形，无毛，稍伸出萼筒。花果期4~8月。> **分布**：见于天目村、黄坞里、禅源寺、朱陀岭、鲍家村等地，生于潮湿的路边、沟边、田边、疏林中。我国江苏、安徽、浙江、江西、湖南和台湾有分布。日本亦有。> **用途**：全草可入药。

弹刀子菜
Mazus stachydifolius

玄参科 Scrophulariaceae
通泉草属 *Mazus*

> **识别要点**：多年生草本。全体有细长软毛。根状茎短，地上部分全部被多节白色长柔毛。叶片长椭圆形。总状花序顶生；花萼漏斗状，萼裂片稍长于或等于筒部，披针状三角形；花冠蓝紫色。蒴果圆球状，有短柔毛，包于花萼筒内；种子多数，细小，圆球状。花果期4~6月。
> **分布**：见于黄坞里、天目村、禅源寺、朱陀岭、鲍家村等地，生于山坡、路边。我国东北、华北至广东、台湾等地有分布。朝鲜和蒙古亦有。> **用途**：全草可入药。

山罗花
Melampyrum roseum

玄参科 Scrophulariaceae
山罗花属 *Melampyrum*

> **识别要点**：一年生寄生草本。全株疏被鳞片状短毛。茎直立，四棱状，有时茎上有2列柔毛。总状花序生于枝端；苞片三角状披针形，边缘有刺状锯齿；花萼钟状，脉上常被多节柔毛；花冠红色至紫色。蒴果斜卵球状，室背2裂；种子黑色。花果期8~9月。> **分布**：见于横坞、开山老殿和仙人顶等地，生于山坡林缘、荒山、灌丛中。我国华中、华北及华东等地均有分布。日本、朝鲜和俄罗斯也有。> **用途**：全草可入药。

尼泊尔沟酸浆
Mimulus tenellus var. *nepalensis*

玄参科 Scrophulariaceae
沟酸浆属 *Mimulus*

>识别要点：多年生草本。茎直立，多分枝，四方形，棱上具窄翅。叶片卵形。花单生叶腋，花梗长1~2 cm；花萼筒状，果期膨大，有明显5棱；花冠黄色，较花萼长一倍。蒴果卵圆形。花果期6~9月。>分布：见于倒挂莲花、开山老殿和西茅蓬等地，生于海拔1000 m左右的林下。我国山东、河南和陕西等省有分布。尼泊尔、印度和日本亦有。>用途：全草可入药。

返顾马先蒿
Pedicularis resupinata

玄参科 Scrophulariaceae
马先蒿属 *Pedicularis*

>识别要点：多年生寄生草本。茎直立，有4棱。叶片卵形或披针形，边缘有锯齿，齿端有胼胝或刺状尖头，常反折。花单生枝端叶腋，无梗或有短梗；花萼裂片常卵圆形；花冠淡紫红色，筒部直伸，近顶端处略扩大。蒴果斜长圆状披针形。花期6~8月；果期7~9月。>分布：见于开山老殿、仙人顶等地，生于海拔1000 m以上的林缘和草地。我国东北、华北和华东等地均有分布。欧洲、俄罗斯、蒙古、日本和朝鲜也有。>用途：全草可入药。

松蒿
Phtheirospermum japonicum

玄参科 Scrophulariaceae
松蒿属 *Phtheirospermum*

> **识别要点**：一年生草本。全株有腺毛。叶片三角状卵形，边缘有细牙齿。花单生叶腋；花萼5裂，花后稍增大，叶状，边缘有锯齿；花冠淡红色，下唇裂片先端圆钝，喉部有黄色条纹，边缘有纤毛。蒴果长扁卵圆球状，有细短毛；种子卵圆球状，扁平。花果期6~10月。> **分布**：见于横坞、太子庵、禅源寺和东关等地，生于山坡草地和山地林下阴湿处。除新疆、青海外，我国各地均有分布。
> **用途**：全草可入药。

天目地黄
Rehmannia chingii

玄参科 Scrophulariaceae
地黄属 *Rehmannia*

> **识别要点**：多年生草本。根圆柱形，肉质，橘黄色。茎单一或多分枝。基生叶多少莲座状排列，椭圆状矩形。花单生，连同花梗总长超过苞片；花萼钟状，萼齿卵状披针形；花冠紫红色，冠筒顶部2唇形，上唇3裂片。蒴果卵形，包于宿萼内，室背开裂；种子多数，具网眼。花期4~5月，果期5~6月。
> **分布**：见于天目村、横坞、太子庵、禅源寺、忠烈祠和红庙等地，生于山坡草丛中。我国安徽和浙江有分布。> **用途**：根可入药。

玄参
(浙玄参)
Scrophularia ningpoensis

玄参科 Scrophulariaceae
玄参属 *Scrophularia*

> **识别要点**：多年生草本。根数条，纺锤状或圆锥形。单叶对生，叶片卵形。聚伞花序顶生，疏散开展呈圆锥状；花柄细长，有腺毛；花冠暗紫色，二唇形，上唇长于下唇，裂片圆形。蒴果圆卵状。花期7~8月，果期8~9月。> **分布**：见于禅源寺、忠烈祠、红庙和告岭村等地，生于山坡、山谷疏林下或灌草丛中。我国河北、河南、安徽和浙江等省有分布。日本和朝鲜亦有。> **用途**：根可入药。

阴行草
Siphonostegia chinensis

玄参科 Scrophulariaceae
阴行草属 *Siphonostegia*

> **识别要点**：一年生草本。全株被柔毛。叶片厚纸质，有翼状短柄，三角形，羽状深裂。花对生于茎枝上部，密集枝端成穗形总状花序；苞片叶状，羽状深裂或全裂；花萼5裂，裂片披针形；花冠黄色。蒴果包于宿萼内，狭长圆形，与萼筒等长；种子长卵形，有皱纹，黑色。花期7~8月，果期9~10月。
> **分布**：见于黄坞里、太子庵、红庙和西茅蓬，生于山坡、丘陵、山脚路边荒草丛或疏林下草丛。我国各地均有分布。日本、朝鲜和俄罗斯也有。> **用途**：全草可入药。

紫萼蝴蝶草
Torenia violacea

玄参科 Scrophulariaceae
蝴蝶草属 *Torenia*

> **识别要点**：一年生草本。茎四方形，呈倒伏状，上部枝斜向上开展。叶片卵圆形。花3~5朵成顶生的短总状花序；花萼长椭圆状圆筒形，顶端略呈二唇形，有翅3片；花冠蓝紫色或白色，下唇3裂，裂片近等长，各有1枚蓝紫色斑块。蒴果光滑，狭椭圆球状，包于花萼内。花果期8~11月。> **分布**：见于横坞、朱陀岭、西关等地，生于路边、山坡草丛和林下。我国华东、华中、华南和西南地区均有分布。> **用途**：全草可入药。

毛蕊花
Verbascum thapsus

玄参科 Scrophulariaceae
毛蕊花属 *Verbascum*

> **识别要点**：二年生草本。全株被密厚的灰黄色星状绒毛。基生叶和茎下部叶为倒披针状椭圆形；茎上部叶渐小。穗状花序顶生，圆柱状，花密集，苞片密被星状绒毛；花无柄；花冠黄色，辐射状；雄蕊5，全育，后方3枚花丝有须毛。蒴果卵形；种子多数，细小。花期6~8月，果期7~10月。> **分布**：见于天目村、禅源寺和红庙等地，栽培后有逸生。我国江苏、浙江、四川和云南有分布。北半球广泛分布。> **用途**：全草可入药。

阿拉伯婆婆纳
Veronica persica

玄参科 Scrophulariaceae
婆婆纳属 *Veronica*

> **识别要点**：一年生至越年生草本。全株有柔毛。茎自基部分枝；下部伏生地面，斜上。叶片卵圆形或卵状长圆形，边缘有钝锯齿。花单生于苞腋；花柄长于苞片；花冠淡蓝色，有放射状深蓝色条纹，裂片卵形至圆形，喉部疏被毛。蒴果2深裂，倒扁心形；种子长圆球状。花果期2~5月。> **分布**：见于禅源寺、朱陀岭、告岭村等地，生于农田、路旁或荒地。原产于亚洲西南部。我国华东、华中和西南地区均有分布。世界大部分地区广泛分布。> **用途**：全草可入药。

338

爬岩红
Veronicastrum axillare

玄参科 Scrophulariaceae
腹水草属 *Veronicastrum*

> **识别要点**：多年生草本。根状茎短，横走；茎细长，伏卧。叶片长椭圆形或长卵形。穗状花序腋生，少为顶生；花生于苞腋，苞片披针形；花无柄；花冠筒状，紫红色，裂片卵状三角形，筒部上端内面有毛。蒴果卵球形；种子长圆球状，种皮具不明显网纹。花果期7~11月。> **分布**：见于天目村、横坞、禅源寺、忠烈祠和红庙等地，生于林下、林缘、草地及山谷阴湿处。我国江苏、安徽、浙江和福建等省有分布。日本亦有。> **用途**：全草可入药。

厚萼凌霄
Campsis radicans

紫葳科 Bignoniaceae
凌霄属 *Campsis*

> **识别要点**：落叶攀缘藤本。奇数羽状复叶，小叶9~11；小叶片椭圆形，基部楔形。圆锥花序顶生；花萼钟状，5裂至1/3处，裂片三角形；花冠橘红色至鲜红色，漏斗状钟形，筒部细长，为萼裂片长的3倍。蒴果长圆状，先端具喙尖，沿缝线具龙骨状突起，室背开裂。花期7~10月，果期11月。
> **分布**：栽培于天目村。原产于北美洲。我国江苏、浙江、湖南和广西等省区有栽培。> **用途**：庭园观赏植物。

楸
Catalpa bungei

紫葳科 Bignoniaceae
梓树属 *Catalpa*

> **识别要点**：落叶乔木。叶对生，三角状卵形或宽卵状椭圆形，顶端尾尖，基部宽楔形或心形，全缘。伞房状总状花序；萼片顶端2尖裂；花冠淡红色，内面有紫红色斑点。蒴果线形，下垂；种子狭长椭圆形。花期5月，果期6~10月。> **分布**：栽培于禅源寺。我国江苏、浙江、湖南、山东、河南、河北、山西、陕西、甘肃有分布，多地广泛栽培。> **用途**：行道树或绿化观赏树种。

芝麻
(胡麻)
Sesamum indicum

胡麻科 Pedaliaceae
胡麻属 *Sesamum*

> **识别要点**：一年生直立草本。茎直立，四棱形。叶对生或上部叶互生；叶片披针形或狭椭圆形。花单生或2~3朵生于叶腋；花有柄；花冠白色或淡紫色。蒴果四棱状长椭圆形，有细毛；种子多数，黑色、白色或淡黄色。花期6~7月，果期8~9月。
> **分布**：栽培于山麓农家，偶有逸生。原产于亚洲西部。我国华东、华中地区常有栽培。 > **用途**：种子含油率高，食用或药用。

野菰
Aeginetia indica

列当科 Orobanchaceae
野菰属 *Aeginetia*

> **识别要点**：一年生寄生草本。全株无毛。茎单一或从基部分枝，黄褐色或紫红色。少数鳞片状叶疏生于茎的基部。花单生茎端，稍俯垂；花柄常直立；花萼佛焰苞状，侧斜裂至近基部，具紫红色条纹，先端急尖或渐尖；花冠常与花萼同色。蒴果圆锥状；种子细小，有孔纹。花果期9~11月。
> **分布**：见于天目大峡谷、西关水库，寄生于禾草类植物的根上。我国江苏、安徽、浙江和江西等省有分布。日本、东南亚、印度等国亦有。 > **用途**：全草可入药。

旋蒴苣苔
Boea hygrometrica

苦苣苔科 Gesneriaceae
旋蒴苣苔属 *Boea*

> **识别要点**：多年生草本。叶全部基生，莲座状，叶片卵圆形；无柄。聚伞花序伞状，花序梗长，被淡褐色短柔毛和腺状柔毛；花萼钟状，5裂至近基部，裂片稍不等，上唇2枚略小，线状披针形；花冠淡蓝紫色，二唇形，裂片宽卵形。蒴果长圆形，螺旋状卷曲；种子卵圆形。花果期7~9月。> **分布**：见于东关和禅源寺，生于林下岩石上。我国浙江、江西、福建、湖北和湖南等省有分布。
> **用途**：全草可入药。

降龙草
（半蒴苣苔）
Hemiboea subcapitata

苦苣苔科 Gesneriaceae
半蒴苣苔属 *Hemiboea*

> **识别要点**：多年生草本。茎上升，基部具匍匐枝。叶对生或下部近互生，全缘，肉质，菱状卵形，顶端渐尖；叶柄基部有翅合生成船形。聚伞花序腋生；花冠白色，具紫斑。蒴果线形，稍弯，镰刀状。花果期8~11月。> **分布**：见于忠烈祠、一里亭、五里亭和开山老殿等地，生于海拔450~1100 m的溪边和林下阴湿岩石缝中。我国江苏、安徽、浙江和江西等省有分布。> **用途**：观赏或药用植物；叶可作蔬菜。

吊石苣苔
Lysionotus pauciflorus

苦苣苔科 Gesneriaceae
吊石苣苔属 *Lysionotus*

>**识别要点**：小型附生灌木。茎顶端叶密集；茎下部叶3~5片轮生；叶片狭卵形，上面深绿色，背面色淡，主脉明显。聚伞花序有花1~3；花冠白色带紫色条纹，外面无毛，管状，中部以上膨胀，二唇形；花盘杯状。蒴果线形；种子细小，纺锤形，顶端有毛。花果期7~10月。>**分布**：见于禅源寺、外曲湾、三里亭和西关等地，生于海拔300~1000 m林下阴湿处。我国浙江、云南、广西和广东等省有分布。越南和日本也有。>**用途**：药用植物。

白接骨
Asystasia neesiana

爵床科 Acanthaceae
十万错属 *Asystasia*

>**识别要点**：多年生草本。叶片纸质，椭圆形。总状花序顶生；花冠粉红色或淡紫色，漏斗状，外面疏生腺毛，花冠管细长，5裂；雄蕊4枚，2强，着生于花冠喉部。蒴果长椭圆球状，上部具种子4，下部实心，细长似柄。花期7~10月，果期8~11月。>**分布**：见于禅源寺、横坞和开山老殿等地，生于阴湿的山坡林地、涧边、路边草丛。我国安徽、浙江、江西和广东等省有分布。印度、缅甸和越南也有。>**用途**：全草可入药。

九头狮子草
Peristrophe japonica

爵床科 Acanthaceae
观音草属 *Peristrophe*

>**识别要点：** 多年生草本。叶片卵状长圆形，顶端急尖、渐尖或尾尖，基部楔形，全缘，具缘毛，被柔毛和钟乳体。聚伞花序顶生或腋生；花冠淡红紫色，二唇形。蒴果椭圆状；种子4，表面有小疣状突起。花果期8~11月。>**分布：** 见于横坞、禅源寺、雨华亭、忠烈祠、红庙等地，生于海拔400~1000 m的林下、浅沟边、溪边和路旁。我国江苏、安徽、浙江和江西等省有分布。>**用途：** 全草可入药。

343

密花孩儿草
Rungia densiflora

爵床科 Acanthaceae
孩儿草属 *Rungia*

>**识别要点：** 多年生草本。茎稍粗壮，被2列倒生柔毛。叶对生，椭圆状卵形。穗状花序顶生和腋生，密花；苞片4列，通常均匙形；花冠天蓝色，二唇形，上唇直立，长三角形，顶端2短裂，下唇长圆形，顶端3裂。蒴果长圆形。花果期8~11月。
>**分布：** 见于忠烈祠、鲍家村等地，生于海拔400~800 m较湿润的山沟林下、山坡、涧边草丛。我国安徽、浙江、江西和广东有分布。>**用途：** 全草可入药。

少花马蓝
Strobilanthes oliganthus

爵床科 Acanthaceae
马兰属 *Strobilanthes*

> **识别要点:** 多年生草本。叶对生,叶片宽卵形至椭圆形,边缘具钝圆状疏锯齿。花数朵集生成头状的穗状花序,顶生或腋生;苞片叶状;花萼5裂;花冠漏斗状,淡紫色,花冠筒稍弯曲,喉部扩大呈钟形。蒴果长圆形。花果期8~10月。
> **分布:** 见于禅源寺、忠烈祠、红庙和西关等地,生于林下或阴湿草地。我国安徽、浙江、江西、福建和湖南省有分布。日本亦有。 > **用途:** 全草可入药。

透骨草
Phryma leptostachya
subsp. *asiatica*

透骨草科 Phrymaceae
透骨草属 *Phryma*

> **识别要点:** 多年生草本。茎四棱形,节间的下部稍膨大。叶对生,叶片卵状长椭圆形。总状花序顶生或腋生;苞片和小苞片钻形;花小,两性,开花时直立,花后下垂;花萼筒状;花冠唇形,粉红色或白色。瘦果包于萼内,下垂,棒状。花期7~8月,果期9~10月。 > **分布:** 见于禅源寺、忠烈祠、红庙和三里亭等地,生于山脚、山坡林下或路边草丛。我国大部分省区均有分布。印度、越南和日本等国也有。 > **用途:** 全草可入药。

车前
Plantago asiatica

车前科 Plantaginaceae
车前属 *Plantago*

>**识别要点**：多年生草本。根状茎短而肥厚，须根系。叶基生外展，卵形至宽卵形。穗状花序排列不紧密；花冠绿白色，冠筒与萼片约等长，裂片狭三角形披针形；花药白色。蒴果椭圆球状，近中部盖裂；种子细小，黑色。花果期4~8月。
>**分布**：天目山常见种，生于村庄周围、路边或林下小道。全国各地均有分布。世界各地广泛分布。>**用途**：全草可入药。

大车前
Plantago major

车前科 Plantaginaceae
车前属 *Plantago*

>**识别要点**：多年生草本。根状茎粗短，须根系。叶片草质或纸质，宽卵形至宽椭圆形。穗状花序细圆柱状，基部常间断；花冠白色；花药紫色。蒴果圆锥形，盖裂；种子卵形，黄褐色。花果期5~8月。>**分布**：见于大有村、天目山管理局等地，生于房前屋后及路边草丛。全国大部分省区有分布。世界各地广泛分布。
>**用途**：全草可入药。

细叶水团花
Adina rubella

茜草科 Rubiaceae
水团花属 *Adina*

> **识别要点**：落叶灌木。小枝红褐色，被柔毛。叶对生，卵状椭圆形。头状花序单一；花萼裂片匙形；花冠淡紫红色，花冠管5裂，裂片三角状；花柱显著伸出花冠。小蒴果长卵状楔形。花期6~7月，果期8~10月。> **分布**：见于大有村等地，生于海拔10~600 m的溪边、沟边、石隙和灌丛中。我国长江流域及其以南地区均有分布。朝鲜也有。> **用途**：全株入药或观赏。

346

虎刺
Damnacanthus indicus

茜草科 Rubiaceae
虎刺属 *Damnacanthus*

> **识别要点**：常绿灌木。根稍肉质，念珠状或节状缢缩。茎假二叉分枝，小节部常具成对针刺，针刺长0.5~2 cm。叶生，叶片卵形，具异型叶，大小叶成对在枝条上相间排列。花小，白色，1~2朵生于叶腋。核果近球状，熟时红色。花期4~5月，果期7~11月。> **分布**：见于大有村等地，生于海拔600 m以下的阴山坡竹林下和溪谷两旁灌丛中。我国长江流域及其以南地区均有分布。日本、朝鲜和印度也有。> **用途**：全株入药或观赏。

香果树
Emmenopterys henryi

茜草科 Rubiaceae
香果树属 *Emmenopterys*

> **识别要点**：落叶乔木。叶对生，宽卵形。圆锥状聚伞花序顶生；花萼5裂；部分花萼中有1个萼片显著膨大呈叶状，白色或黄白色，并具长1~3 cm的柄，宿存；花冠漏斗状，白色或黄白色。蒴果长椭圆球状，熟时裂成2瓣；种子多数，小而有阔翅。花期6~8月，果期9~11月。 > **分布**：见于七里亭、倒挂莲花和开山老殿等地，生于海拔600~1100 m的山坡谷底、溪边、林中阴湿处。我国陕西、甘肃、浙江和江苏等省有分布。 > **用途**：庭园观赏植物；材用树种。国家Ⅱ级重点保护野生植物。

四叶葎
Galium bungei

茜草科 Rubiaceae
拉拉藤属 *Galium*

> **识别要点**：多年生丛生草本。根红色丝状。叶4片轮生，叶形变化大；叶面、中脉及叶缘常有刺状硬毛。聚伞花序顶生或腋生；花冠淡黄绿色。果实近球状，通常双生，有鳞片状突起。花期4~5月，果期5~6月。
> **分布**：见于太子庵等地，生于海拔1000 m以下的山坡、路旁及溪边。除新疆、青海、台湾、海南外，分布几遍全国。日本和朝鲜也有。 > **用途**：全草可入药。

栀子
Gardenia jasminoides

茜草科 Rubiaceae
栀子属 *Gardenia*

> **识别要点**：常绿灌木。叶对生或3叶轮生，长椭圆形；托叶合生成鞘状。花大，芳香，通常单生于枝端或叶腋；萼筒有纵棱，顶端通常6裂，裂片宿存；花冠白色或乳黄色。浆果卵状至椭圆形，有5~7翅状纵棱，顶端有宿存萼片，橙黄色至橙红色。花期5~7月，果期8~11月。> **分布**：天目山常见种，生于海拔900 m以下的山谷溪边及路旁林下。我国东部、中部和南部地区均有分布。日本和越南也有。> **用途**：观赏或药用植物；果可制染料。

金毛耳草
Hedyotis chrysotricha

茜草科 Rubiaceae
耳草属 *Hedyotis*

> **识别要点**：多年生匍匐草本。全株被金黄色硬毛。叶对生，叶片椭圆形。聚伞花序腋生；花冠白色或淡紫色，漏斗状，里面有髯毛，顶端深4裂；花柱2裂。蒴果球状，熟时不开裂。花期6~11月，果期6~9月。> **分布**：见于西坞等地，生于山坡、谷底、路边草丛及田边。我国长江流域及其以南地区均有分布。日本也有。> **用途**：全草可入药。

鸡矢藤
（鸡屎藤）
Paederia foetida

茜草科 Rubiaceae
鸡屎藤属 *Paederia*

> **识别要点**：多年生缠绕草质藤本。茎多分枝，基部木质化，揉碎有臭味。叶对生；叶片纸质，形状和大小变异很大。聚伞花序排成圆锥花序状，顶生或腋生；花萼钟状；花冠筒外面灰白色，内面紫红色，有茸毛。核果球形，熟时淡黄色，有光泽。花期7~8月，果期9~11月。> **分布**：见于禅源寺、红庙、开山老殿等地，生于海拔200~1000 m的山地、路旁、岩石缝和田埂。我国长江流域及其以南地区均有分布。日本和印度也有。> **用途**：全草可入药。

东南茜草
Rubia argyi

茜草科 Rubiaceae
茜草属 *Rubia*

> **识别要点**：多年生草质藤本。茎枝有4棱，倒生皮刺。叶4片轮生，通常1对较大，另1对较小；叶片纸质，心形至阔卵状心形，基出脉常5~7条。圆锥状聚伞花序顶生或腋生；萼筒短；花冠白色，干时变黑，裂片5，卵形至披针形。浆果近球状，熟时黑色。花期7~9月，果期9~11月。> **分布**：见于天目村、禅源寺和三里亭等地，生于海拔200~1000 m的山坡路旁及溪边灌丛中。我国大部分地区均有分布。日本和朝鲜也有。> **用途**：根可入药。

六月雪
Serissa japonica

茜草科 Rubiaceae
六月雪属 *Serissa*

> **识别要点**：落叶灌木。分枝密集；揉碎有臭气。叶片革质，卵形至倒披针形，顶端短尖至长尖，无毛；叶柄短。花单生或数朵簇生；萼檐裂片细小，锥形，被毛；花冠白色或淡红色，裂片扩展，顶端4~6裂。核果球状。花期5~6月，果期7~8月。> **分布**：栽培于忠烈祠等地。我国长江流域及其以南地区均有分布。日本和越南也有。> **用途**：观赏或药用植物。

鸡仔木
Sinoadina racemosa

茜草科 Rubiaceae
鸡仔木属 *Sinoadina*

> **识别要点**：落叶乔木。小枝红褐色，具皮孔，无毛。叶对生；叶片薄革质，卵形或宽卵形。头状花序球状，常10个排列成顶生的总状花序；具小苞片；花萼管密被长柔毛；花冠淡黄色，外面密被微柔毛。小蒴果楔形倒卵状，褐色。花期6~7月，果期8~10月。> **分布**：见于禅源寺、雨华亭和青龙山等地，生于海拔400 m以下的山坡谷地及溪边林中。我国浙江、四川、云南和贵州等省有分布。日本、泰国和缅甸亦有。> **用途**：材用树种；全株入药。

七子花
Heptacodium miconioides

忍冬科 Caprifoliaceae
七子花属 *Heptacodium*

> **识别要点**：落叶灌木。茎干树皮灰白色，片状剥落；幼枝略呈四棱形，红褐色。叶片厚纸质，顶端长尾尖，近基部3出脉。圆锥花序分枝开展；各对小苞片形状、大小不等；花冠白色，外面密生倒向短柔毛。核果瘦果状，宿存萼片有明显的主脉。花期6~7月，果期9~11月。> **分布**：栽培于植物园、禅源寺附近。我国浙江、安徽和湖北有分布。> **用途**：绿化观赏树种。国家Ⅱ级重点保护野生植物。

忍冬
Lonicera japonica

忍冬科 Caprifoliaceae
忍冬属 *Lonicera*

> **识别要点**：半常绿藤本。小枝、叶柄和总花梗密被糙毛、腺毛和短柔毛。小枝髓心逐渐变为中空。叶片纸质，卵状椭圆形，有糙缘毛。总花梗常单生上部叶腋；花冠白色，后变黄色，芳香，上唇4裂，下唇反转。浆果球形，熟时蓝黑色。花期4~6月，果期10~11月。> **分布**：天目山常见种，生于低海拔地区的路旁、山坡灌丛或疏林中。我国东北、华中、华北和西南地区有分布。朝鲜和日本亦有。> **用途**：观赏或药用植物。

盘叶忍冬
Lonicera tragophylla

忍冬科 Caprifoliaceae
忍冬属 *Lonicera*

>**识别要点**：落叶木质藤本。幼枝无毛。叶纸质，矩圆形；花序下方1~2对叶连合成近圆形的盘，盘两端通常钝形或具短尖头。聚伞花序密集成头状花序，生于小枝顶端，有花6~9朵；萼筒壶形，萼齿小，顶钝；花冠黄色至橙黄色。浆果熟时由黄色变为深红色，近圆形。花期6~7月，果期9~10月。
>**分布**：见于横塘、仙人顶和西关，生于林下灌丛中。我国河南、湖北、浙江、四川及贵州也有分布。>**用途**：花蕾和嫩枝可入药。

接骨木
Sambucus williamsii

忍冬科 Caprifoliaceae
接骨木属 *Sambucus*

>**识别要点**：落叶灌木。茎无棱，有皮孔，髓部黄棕色。叶对生，奇数羽状复叶。顶生圆锥花序，具总花梗，花序分枝多成直角开展；花小而密，白色或淡黄色。果实红色，卵圆球状。花期4~5月，果期7~10月。>**分布**：见于开山老殿、西关等地，生于林下或林缘灌丛中。我国华东、华中、西南、西北地区至甘肃等省均有分布。>**用途**：可供观赏；亦可入药。

荚蒾
Viburnum dilatatum

忍冬科 Caprifoliaceae
荚蒾属 *Viburnum*

>**识别要点**：落叶灌木。当年生小枝连同芽、叶柄和花序均密被土黄色或黄绿色开展的小刚毛状粗毛及星状短毛。叶片纸质，常宽卵形，背面有带黄色或近无色的透明腺点，侧脉6~8对，直达齿端。复伞式聚伞花序稠密；花冠白色，幅状。果实红色，椭圆形卵球状；果核扁，卵形，有3条浅腹沟和2条浅背沟。花期5~6月，果期9~11月。>**分布**：见于忠烈祠、红庙、后山门至开山老殿。我国长江流域及其以南地区均有分布。>**用途**：可供观赏。

鸡树条
（天目琼花）
Viburnum opulus subsp. *calvescens*

忍冬科 Caprifoliaceae
荚蒾属 *Viburnum*

>**识别要点**：落叶灌木。具鳞芽；小枝有皮孔。叶片纸质，卵圆形，通常3裂并具掌状3出脉；叶柄顶端有2~4腺体，基部常有2钻形托叶。复伞形式聚伞花序直径5~10 cm，周围有5~10朵大型白色不孕花。果实红色，近圆形；果核扁，无纵沟。花期5~6月，果期9~10月。>**分布**：见于倒挂莲花、仙人顶和千亩田等地。我国长江中下游、黄河流域以及东北地区有分布。日本、朝鲜和俄罗斯亦有。>**用途**：栽培供观赏或药用。

茶荚蒾
（饭汤子）
Viburnum setigerum

忍冬科 Caprifoliaceae
荚蒾属 *Viburnum*

> **识别要点：** 落叶灌木。芽及叶干后变黑色；冬芽鳞片无毛。叶片纸质，常卵状矩圆形，叶面初时中脉被长纤毛，后变无毛，叶背仅中脉及侧脉被浅黄色贴生长纤毛。复伞形式聚伞花序，常弯垂；花冠白色，辐状。核果卵球状，红色；核扁，卵形。花期4~5月，果期8~10月。> **分布：** 见于火焰山、里曲湾、东湖坪、香炉峰和平峰岗等地，生于海拔300~1500 m的山坡林中。我国华东、华南、华中和西南等地有分布。
> **用途：** 栽培供观赏或入药。

合轴荚蒾
Viburnum sympodiale

忍冬科 Caprifoliaceae
荚蒾属 *Viburnum*

> **识别要点：** 落叶灌木或小乔木。幼枝具星毛状鳞片；二年生小枝平滑，棕褐色，合轴生长；冬芽无鳞片。叶片卵形至卵状椭圆形。花序无总梗，复伞形状，有白色大型不孕花，花芳香；花冠白色带微红色，辐状。核果椭圆状，紫红色；核略扁，背具1浅槽、腹具1深沟。花期4~5月，果期8~10月。
> **分布：** 见于狮子口、半月池、开山老殿、里横塘等地，生于海拔900~1100 m的林内。我国浙江、四川、贵州、甘肃、陕西和福建等省有分布。> **用途：** 可供观赏。

锦带花
（路边花）
Weigela florida

忍冬科 Caprifoliaceae
锦带花属 *Weigela*

> **识别要点：** 落叶灌木。幼枝具2列短柔毛。叶常倒卵形，上面疏生短柔毛，脉上毛较密，下面密生短柔毛或绒毛。花侧生于枝顶；萼筒被柔毛；花冠紫红色或玫瑰红色，外面疏生短柔毛，裂片不整齐，开展，内侧浅红色。果实顶端有短柄状喙，疏生柔毛。花期4~5月，果期9~10月。> **分布：** 栽培于山麓农家。我国东北、华北和华东等地均有分布。日本和朝鲜也有。> **用途：** 观赏植物。

南方六道木
Zabelia dielsii

忍冬科 Caprifoliaceae
六道木属 *Zabelia*

> **识别要点：** 落叶灌木。当年生小枝红褐色；老枝灰白色。叶片纸质，卵状椭圆形至披针形，边缘疏生锯齿或下部全缘；叶柄基部连合膨大。花2朵生于侧枝顶部叶腋，具总花梗；萼檐4裂，裂片倒卵形；花冠筒状钟形，白色至浅黄色。果实瘦果状，顶冠以宿萼。花期4~6月，果期8~9月。> **分布：** 见于东关一带，生于山坡灌丛或路边林下。我国华东、华中、西南等地均有分布。> **用途：** 栽培供观赏。

少蕊败酱

Patrinia monandra

败酱科 Valerianaceae
败酱属 *Patrinia*

> **识别要点：** 二年生或多年生草本。单叶对生，叶片卵形；茎生叶不分裂或稀基部具1片或1、2对耳状小裂片。聚伞花序有5~6级分枝；花冠漏斗状，淡黄色，常有褐色斑纹和斑点。瘦果卵球状，翅状果苞干膜质；种子扁椭圆状。花果期8~11月。

> **分布：** 见于七里亭、开山老殿和九狮村等地，生于海拔200~1200 m的山坡、路旁、林中溪沟边灌丛和草丛中。我国江西、安徽、浙江和福建等省有分布。日本亦有。 > **用途：** 全草可入药。

攀倒甑
（白花败酱草）

Patrinia villosa

败酱科 Valerianaceae
败酱属 *Patrinia*

> **识别要点：** 二年生或多年生草本。茎直立，密被白色倒生粗毛或仅沿两侧各有1纵列倒生短粗伏毛。叶片卵形或长圆形，边缘具粗齿。伞房状圆锥花序；花序梗密生或仅两列粗毛；总苞片卵状披针形；花冠钟状，白色；雄蕊4。瘦果倒卵形，与宿存增大的苞片贴生。花果期8~12月。 > **分布：** 见于禅源寺、大树王和西塘等地，生于海拔300~1200 m的山地林下、林缘或溪边灌草丛中。我国江苏、安徽、江西等省有分布。日本亦有。 > **用途：** 全草可入药。

日本续断
Dipsacus japonicus

川续断科 Dipsacaceae
川续断属 *Dipsacus*

> **识别要点**：多年生草本。主根长圆锥状，黄褐色，坚硬。茎中空，分枝，具棱，棱上具钩刺。基生叶具长柄；茎生叶对生，叶片椭圆状卵形。头状花序顶生；苞片和小苞片顶端尖成芒刺；花冠蓝白色或紫红色。瘦果楔形椭圆球状，包藏于小总苞内。花果期8~11月。> **分布**：见于忠烈祠、天目大峡谷、千亩田和仙人顶等地，生于灌草丛中。我国南北各地均有分布。朝鲜、日本也有。> **用途**：果实可入药。

357

盒子草
Actinostemma tenerum

葫芦科 Cucurbitaceae
盒子草属 *Actinostemma*

> **识别要点**：一年生草本。茎攀缘状。叶形变异大，叶片戟形、披针状三角形或卵状心形，不分裂或下部3~5裂，边缘有疏锯齿。雄花序总状或有时圆锥状，雌花单生或稀雌雄同序；花萼裂片条状披针形；花冠裂片卵状披针形。蒴果卵状，绿色，自近中部盖裂。花期7~9月，果期9~11月。> **分布**：见于禅源寺、忠烈祠和红庙等地，生于路边草丛中。我国南北各地均有分布。朝鲜、日本和俄罗斯也有。> **用途**：全草可入药。

绞股蓝
Gynostemma pentaphyllum

葫芦科 Cucurbitaceae
绞股蓝属 *Gynostemma*

>**识别要点**：多年生草质藤本，雌雄异株。卷须纤细，常2裂。叶片膜质，5~7小叶组成鸟足状。雌雄花序均圆锥状，总花梗细；花小，花梗短；苞片钻形；花萼裂片三角形；花冠淡绿色或白色，裂片披针形。果实球形，熟时黑色。花期6~8月，果期9~10月。>**分布**：见于禅源寺、忠烈祠、红庙、后山门、大树王和开山老殿等地，生于海拔300~1100 m的林下沟边。我国长江流域及其以南地区均有分布。>**用途**：全草可入药或代茶。

南赤瓟
Thladiantha nudiflora

葫芦科 Cucurbitaceae
赤瓟属 *Thladiantha*

>**识别要点**：多年生攀缘草本，雌雄异株。全株密生硬毛。茎有深沟棱；卷须分2叉。叶片卵状心形，边缘有具小尖头的锯齿。雄花生于总状花序上，花托短钟状，花冠黄色，雄蕊5；雌花单生。果实红色，卵圆形，基部近圆形，顶端钝；种子倒卵形。花期6~8月，果期9~10月。>**分布**：见于禅源寺、大树王和开山老殿等地，生于海拔300~1100 m的山坡、沟边草灌丛中。我国秦岭及长江中下游以南地区有分布。越南也有。>**用途**：块根可入药。

台湾赤瓟
Thladiantha punctata

葫芦科 Cucurbitaceae
赤瓟属 *Thladiantha*

> **识别要点**：多年生攀缘草本，雌雄异株。全株几无毛。茎、枝有纵条纹。叶片膜质，长卵形，边缘有小齿或缺刻状齿，齿端有小尖头。雄花序常为总状或上部分枝成圆锥花序，花序轴细弱，花萼筒宽钟状，花冠黄色；雌花单生。果实卵形，表面光滑。花期6~7月，果期8~11月。
> **分布**：天目山常见种，生于沟边林下、林缘及路边、山坡草丛。我国安徽、浙江、江西、福建和台湾省有分布。> **用途**：不明。

王瓜
Trichosanthes cucumeroides

葫芦科 Cucurbitaceae
栝楼属 *Trichosanthes*

> **识别要点**：多年生攀缘草质藤本。块根膨大，呈纺锤形。茎多分枝；卷须2歧。叶互生，叶片掌状3~5浅裂至深裂，轮廓略呈三角形。雄花花序总状，苞片及花萼裂片均为线形，花冠白色；雌花单生。果实卵圆形，熟时橙红色；种子近圆形，中央有突起的增厚环带。花期5~8月，果期8~11月。
> **分布**：见于禅源寺、忠烈祠和大树王等地，生于海拔300~1000 m的山坡、沟边疏林中。我国华东、华中、华南和西南地区均有分布。日本也有。> **用途**：根、果实和种子可入药。

栝楼
Trichosanthes kirilowii

葫芦科 Cucurbitaceae
栝楼属 *Trichosanthes*

> **识别要点**：多年生攀缘草本，雌雄异株。块根肥厚，圆柱状。茎无毛；卷须腋生，顶端2~5裂。叶互生，常5~7掌状浅裂或中裂。雄花单生或数朵生于总花梗上部，呈总状花序，花冠白色，裂片倒卵形，顶端流苏状；雌花单生。果实近球形，熟时橙红色；种子扁平。花期7~8月，果期9~11月。
> **分布**：见于禅源寺、忠烈祠、后山门和红庙等地，生于向阳山坡、山脚、石缝、田野草丛中。我国北部至长江流域均有分布。日本、朝鲜、越南和老挝也有。> **用途**：根、果实和种子均可入药。

马㼎儿
Zehneria japonica

葫芦科 Cucurbitaceae
马㼎儿属 *Zehneria*

> **识别要点**：一年生草质藤本。茎细弱；卷须不分裂。叶片膜质，三角状心形，不分裂或3~5浅裂，边缘常疏生波状锯齿。雄花单生，花萼钟状，花冠白色；雌花常单生，花萼和花冠筒似雄花。果实近球形，熟时红色或橘红色。花期7~9月，果期10月。> **分布**：见于禅源寺、大树王、倒挂莲花和开山老殿等地，生于沟边、路边灌草丛中。我国江苏、安徽、浙江和四川等省有分布。日本、朝鲜和越南等国亦有。> **用途**：叶和根可入药。

轮叶沙参
Adenophora tetraphylla

桔梗科 Campanulaceae
沙参属 *Adenophora*

> **识别要点**：多年生草本。茎生叶4~6片轮生；叶片卵圆形至线状披针形。花序分枝长，几乎平展或弓曲向上，轮生，常组成大而疏散的圆锥花序；花冠淡蓝色、蓝色或蓝紫色，无毛，冠管细小，钟状，口部稍缢缩，5浅裂，裂片三角形；雄蕊5，常稍伸出。蒴果球状圆锥形。花果期7~10月。
> **分布**：见于大镜坞和平溪村，生于海拔800~1300 m的山坡路边灌草丛中。我国浙江、广东、广西和四川有分布。朝鲜、日本、俄罗斯和越南亦有。> **用途**：根可入药。

361

羊乳
Codonopsis lanceolata

桔梗科 Campanulaceae
党参属 *Codonopsis*

> **识别要点**：多年生缠绕藤本。全株无毛。根倒卵状纺锤形。主茎上的叶互生，叶片披针形；小枝顶端的叶常2~4簇生且叶片较大。花单生或对生于小枝顶端；花冠外面乳白色，内面深紫色，有网状脉纹；花盘肉质。蒴果下部半球状，上部有喙，具宿存花萼，上部3瓣裂；种子有翅。花果期8~10月。> **分布**：天目山常见种，生于海拔1500 m以下的山地灌丛或林下阴湿处。我国华东、华中、华南和东北地区均有分布。日本也有。> **用途**：根可入药。

半边莲
Lobelia chinensis

桔梗科 Campanulaceae
半边莲属 *Lobelia*

> **识别要点**：多年生矮小草本。茎细弱，匍匐，节上生根，分枝直立。叶互生，条形。花单生叶腋，花柄超出叶外；花冠粉红色或白色，5裂，裂片近相等，偏向一侧，两侧裂片披针形，较长，中间3裂片椭圆状披针形，较短，基部有绿色斑点。蒴果倒圆锥状；种子椭圆状，稍扁压。花果期4~9月。
> **分布**：见于天目山管理局、红庙、西关等地，生于低海拔的田边低湿处。我国长江中下游及其以南地区均有分布。印度以东的亚洲国家也有。> **用途**：全草可入药。

袋果草
Peracarpa carnosa

桔梗科 Campanulaceae
袋果草属 *Peracarpa*

> **识别要点**：多年生纤细草本。植株稍带肉质。根状茎细长。叶互生，叶片卵圆形。花单生或簇生顶端叶腋；花冠白色或带紫色，钟状，5裂，裂片披针形或狭椭圆形。果实卵圆状，顶端稍收缩，形状如袋，果皮膜质，顶端有宿存的萼裂片；种子多数，纺锤状椭圆形。花期4~5月，果期4~11月。
> **分布**：见于一里亭至五里亭等地，生于海拔490~850 m的林下路旁和矮草丛中。我国江苏、浙江、湖北和四川等省有分布。日本、俄罗斯和菲律宾亦有。> **用途**：全草可入药。

桔梗
Platycodon grandiflorus

桔梗科 Campanulaceae
桔梗属 *Platycodon*

>识别要点：多年生草本。植株具白色乳汁，常无毛。根圆锥形，肉质。叶轮生或互生，叶片卵形。花单生或数朵生于枝顶成假总状。花有柄；花萼和子房贴生，筒部半球状或圆球状倒圆锥形；花冠广钟状，蓝紫色；子房半下位，柱头5裂。蒴果圆卵形，顶端5裂。花果期8~10月。>分布：见于告岭村等地，生于山地草丛中。我国南北各地均有分布。朝鲜、日本和俄罗斯也有。>用途：根可药用；花供观赏。

363

藿香蓟
Ageratum conyzoides

菊科 Compositae
藿香蓟属 *Ageratum*

>识别要点：一年生草本。叶常对生；中部茎生叶卵形至长圆形；全部叶基部钝或宽楔形，基出3~5脉，边缘具圆锯齿，两面疏被白色短柔毛和黄色腺点。头状花序伞房状；总苞片2层，长圆形，边缘撕裂；管状花紫色或白色。瘦果黑褐色，5棱；冠毛膜片，5或6枚。花果期7~10月。>分布：见于交口村、天目村等地，生于屋旁荒地。原产于中南美洲。我国长江流域及其以南地区有逸生或栽培。印度、印度尼西亚和东南亚也有。>用途：全草可入药。

杏香兔儿风
Ainsliaea fragrans

菊科 Compositae
兔儿风属 *Ainsliaea*

> **识别要点**：多年生草本。叶聚生于茎基部；叶片厚纸质，卵形至卵状长圆形。花全部两性，白色，开放时具杏仁香气。瘦果圆柱状或近纺锤状，栗褐色，略压扁；冠毛多数，淡褐色，羽毛状。花果期8~10月。
> **分布**：见于禅源寺、三里亭、七里亭和开山老殿等地，生于山坡疏林下、山脊灌草丛中。我国江苏、浙江、江西和广东等省有分布。
> **用途**：全草可入药。

香青
Anaphalis sinica

菊科 Compositae
香青属 *Anaphalis*

> **识别要点**：多年生草本或亚灌木状。茎直立，丛生，被白色或灰白色绵毛。叶密集，上面被蛛丝状绵毛，或下面或两面被白色或黄白色厚绵毛，常有腺毛。头状花序多数，密集排列成伞房状；总苞片6或7层；外层浅褐色，内层乳白色；冠毛常较花冠稍长。瘦果被小腺点。花果期7~10月。
> **分布**：见于后山门、鲍家村和阳山坪等地，生于海拔500 m以上的向阳山坡林下。我国华北、华中、华东至华南地区均有分布。日本和朝鲜也有。> **用途**：全草可入药。

牛蒡
Arctium lappa

菊科 Compositae
牛蒡属 *Arctium*

> **识别要点**：二年生草本。植株常被糙毛和长蛛丝状毛，具棕黄色腺点。直根粗大，肉质。叶片宽卵形。头状花序排成伞房状或圆锥状；总苞片多层，多数，外层三角状或披针状钻形，中、内层披针状或线状钻形，近等长，顶端有软骨质钩刺；小花紫红色。瘦果两侧压扁。花果期6~9月。> **分布**：见于忠烈祠和告岭村等地，生于山脚草丛中。我国南北各地零星分布。日本和朝鲜也有。
> **用途**：根可食用或入药。

野艾蒿
Artemisia lavandulifolia

菊科 Compositae
蒿属 *Artemisia*

> **识别要点**：多年生草本。植株有香气。茎、叶及总苞片被灰白色或灰黄色蛛丝状柔毛。有营养枝。叶上面密被白色腺点，下面密被灰白色绵毛；中部叶卵形、长圆形或近圆形，一至二回羽状全裂或第二回为深裂。头状花序圆锥状；雌花4~9；两性花10~20。瘦果长卵形。花果期9~11月。> **分布**：见于大湾、平溪等地，生于海拔1200 m以下的山坡林缘。我国江苏、浙江、陕西和甘肃等省有分布。朝鲜和俄罗斯亦有。> **用途**：全草可入药。

白莲蒿
Artemisia stechmanniana

菊科 Compositae
蒿属 *Artemisia*

>**识别要点**：半灌木状草本。植株幼时被灰蛛丝状毛，后近无毛。茎基部木质化。茎下部与中部叶二至三回栉齿状羽状分裂。头状花序近球形；两性花花冠管状；花柱与花冠管近等长。瘦果椭圆形，无毛。花果期9~11月。>**分布**：见于禅源寺、朱陀岭和西关等地，生于海拔500 m以下的山坡灌草丛或岩石上。除西藏、台湾外，我国各地均有分布。日本也有。
>**用途**：全草可入药。

东风菜
Aster scabra

菊科 Compositae
紫菀属 *Aster*

>**识别要点**：多年生草本。基生叶花期枯萎；茎生叶较小，卵状三角形，具短翅柄。头状花序排成圆锥伞房状；总苞片约3层，边缘干膜质，有微缘毛；舌状花约10朵，舌片白色。瘦果倒卵圆状，无毛，冠毛污黄白色。花期6~10月，果期8~10月。>**分布**：天目山常见种，生于海拔400~1500 m的山谷林下、山坡林缘、山顶灌丛或竹林下。我国东北、华北、华中、华东至华南地区均有分布。日本、朝鲜和俄罗斯也有。>**用途**：根状茎可入药。

白术
Atractylodes macrocephala

菊科 Compositae
苍术属 *Atractylodes*

> **识别要点**：多年生草本。根状茎结节状。茎直立，无毛。叶全部或部分3~5羽状全裂，裂片椭圆形；紧接花序下部的叶片不裂，无柄。头状花序顶生，直径3.5 cm；叶状苞片针刺状；小花紫红色，檐部5深裂。瘦果倒圆锥状，密被白色长毛，冠毛污白色。花果期8~10月。> **分布**：栽培于朱陀岭、开山老殿和幻住庵等地。我国安徽、浙江、江西和福建等省有分布。> **用途**：根状茎入药。

雏菊
Bellis perennis

菊科 Compositae
雏菊属 *Bellis*

> **识别要点**：多年生或一年生草本。植株上部疏被小绒毛、糙伏毛或具柄腺毛。叶基生，叶片匙形。头状花序单生；花葶被毛；总苞片近2层，叶状，中脉薄，半透明；舌状花1层，雌性，舌片白色带粉红色；管状花多数，两性，可育，花冠黄色。瘦果倒卵形，扁平，被细毛，无冠毛。花果期4~7月。
> **分布**：栽培于山麓农家。原产于欧洲。我国多地有栽培。
> **用途**：观赏植物。

大狼杷草
Bidens frondosa

菊科 Compositae
鬼针草属 *Bidens*

>**识别要点**：一年生草本。叶对生；一回羽状复叶，小叶3~5枚，披针形，边缘有粗锯齿，顶生小叶具明显的柄。头状花序单个，顶生；盘花两性，圆柱状，花冠5裂。瘦果扁平，狭楔形，顶端芒刺2枚，具倒刺毛。花果期8~10月。>**分布**：见于路边荒地。原产于北美。我国江苏、安徽、浙江和广东等省有分布。>**用途**：外来入侵植物。

翠菊
Callistephus chinensis

菊科 Compositae
翠菊属 *Callistephus*

>**识别要点**：一年生或二年生草本。茎直立，单生，有纵棱。下部叶花期常脱落；中部叶片菱状卵形；上部叶渐小。头状花序单生茎顶；总苞半球状，总苞片3层，近等长；舌状花1或多层，红色、淡红色、蓝色或淡蓝紫色；盘花黄色。瘦果外层冠毛宿存，内层冠毛白色，易脱落。花果期7~9月。>**分布**：栽培于山麓农家。原产于日本和朝鲜。我国各地有栽培。>**用途**：观赏植物。

烟管头草
Carpesium cernuum

菊科 Compositae
天名精属 *Carpesium*

> **识别要点**：多年生草本。茎下部密被白色长柔毛及卷曲短柔毛。叶片长椭圆形；基部下延成长翅柄，两面均有腺点。总苞壳斗状；总苞片4层，外层叶状，披针形，密被长柔毛，常反折，中、内层狭长圆形至线形。瘦果线形。花果期7~10月。> **分布**：见于禅源寺、太子庵和鲍家村等地，生于山坡林缘、竹林下和路旁荒地。我国华东、华中和华南等地均有分布。日本、朝鲜至欧洲也有。> **用途**：全草可入药。

金挖耳
Carpesium divaricatum

菊科 Compositae
天名精属 *Carpesium*

> **识别要点**：多年生草本。茎直立，被白色柔毛。下部叶卵形或卵状长圆形，边缘有粗大具胼胝尖的牙齿；叶柄有狭翅。总苞卵状球形，叶状苞片2~4枚，其中2枚较大。瘦果细长圆柱形。花果期6~10月。
> **分布**：见于禅源寺、开山老殿和仙人顶等地，生于海拔250~1500 m的山坡疏林下、山顶灌草丛。我国华东、华中、华南、西南和东北地区均有分布。日本和朝鲜也有。> **用途**：全草可入药。

石胡荽
Centipeda minima

菊科 Compositae
石胡荽属 *Centipeda*

>**识别要点**：一年生小草本。叶互生，楔状倒卵形。头状花序扁球形，单生叶腋；总苞片2层；缘花雌性，多层，花冠细管状，淡绿黄色；盘花两性，花冠管状，顶端4深裂，淡紫红色。瘦果椭圆状，具4棱，无冠毛。花果期7~10月。>**分布**：见于天目村和林场，生于屋前旷地、田边草丛。我国各地均有分布。朝鲜、日本和印度也有。>**用途**：全草可入药，称"鹅不食草"。

370

野菊
Chrysanthemum indicum

菊科 Compositae
菊属 *Chrysanthemum*

>**识别要点**：多年生草本。中部茎生叶片卵形、长卵形或椭圆状卵形，羽状半裂、浅裂或为浅锯齿。头状花序直径1.5~2.5 cm，顶生，多数，排成疏松的伞房圆锥状或少数排成伞房状。缘花舌状，雌性，黄色；盘花两性，黄色。瘦果倒卵形。花果期6~11月。>**分布**：天目山常见种，生于海拔300~1500 m的山坡林下和山顶灌草丛。我国各地都有分布。日本、朝鲜、俄罗斯和印度也有。>**用途**：全草可入药。

蓟
Cirsium japonicum

菊科 Compositae
蓟属 *Cirsium*

> **识别要点：** 多年生草本。茎具棱，被多节长毛；头状花序下部灰白色，密被绒毛及多节长毛。基生叶长倒卵形或长椭圆形，羽状深裂。头状花序球形，顶生；总苞片多层，内层先端渐尖成软针刺状；花全为管状花，红色或紫色。瘦果偏斜楔状倒披针形，冠毛多层。花果期8~11月。> **分布：** 天目山常见种，生于海拔1200 m以下的山坡灌草丛、田边或荒地草丛。我国各省区均有分布。日本、朝鲜也有。> **用途：** 根、叶可入药；嫩茎、叶可作饲料。

371

大花金鸡菊
Coreopsis grandiflora

菊科 Compositae
金鸡菊属 *Coreopsis*

> **识别要点：** 多年生草本。基生叶披针形或匙形，有长柄；下部叶羽状全裂，裂片线形或线状长圆形。头状花序单生枝端；托苞线状钻形；舌状花6~10朵，舌片宽大，黄色；管状花两性。瘦果广椭圆状或近圆状，边缘具膜质宽翅，顶端具2短鳞片。花果期5~9月。> **分布：** 栽培于山麓农家，朱陀岭一带有逸生，生于路边和林缘草丛。原产于美洲。全国各地均有栽培，有时逸为野生。> **用途：** 观赏花卉。

野茼蒿
Crassocephalum crepidioides

菊科 Compositae
野茼蒿属 *Crassocephalum*

> **识别要点**：一年生草本。茎有纵棱。叶互生，叶片卵形。头状花序顶生或腋生，具长梗；总苞钟状，花全为管状花，两性，橙红色。瘦果狭圆柱状，赤红色，有肋，被毛，冠毛极多，白色，绢毛状。花果期7~11月。
> **分布**：见于天目村、长湾、平溪村等地，生于低海拔地区的路边荒地和林缘灌草丛。原产于热带非洲。我国华东、华中、华南等地均有分布。泰国、东南亚和非洲也有。
> **用途**：嫩茎、叶可作蔬菜；全草可入药。

蓝花矢车菊
（矢车菊）
Cyanus segetum

菊科 Compositae
矢车菊属 *Cyanus*

> **识别要点**：一年生或二年生草本。茎枝表面灰白色，被蛛丝状毛。叶基生，互生，叶片椭圆状倒披针形。头状花序排成圆锥状或伞房状；总苞片约7层，由外层向内自椭圆形渐至长椭圆形，顶端具浅褐色或白色附属物；花冠蓝色、白色、红色或紫色；盘花浅蓝色或红色。瘦果椭圆状，有柔毛。花果期4~5月。> **分布**：栽培于山麓农家。原产于欧洲。全国各地常见栽培。> **用途**：观赏植物。

大丽花
Dahlia pinnata

菊科 Compositae
大丽菊属 *Dahlia*

>**识别要点**：多年生草本。块根棒状。叶一至三回羽状全裂，上部叶有时不分裂，裂片卵形。头状花序有长花序轴；舌状花1层，白色、红色或紫色，常卵形，顶端有不明显的3齿或全缘；管状花黄色；栽培品种有时全部为舌状花。瘦果扁平，长圆形，黑色。花果期6~12月。>**分布**：栽培于山麓农家。原产于墨西哥。我国各地广泛栽培。>**用途**：观赏植物。

一点红
Emilia sonchifolia

菊科 Compositae
一点红属 *Emilia*

>**识别要点**：一年生草本。叶片质厚，下部叶片常卵形，琴状分裂或具钝齿；上部叶片较小，卵状披针形，下面常紫色，抱茎，无柄。头状花序排成疏散伞房状；总苞圆柱状，总苞片8或9枚，1层，长圆状线形；花全为管状花，紫红色。瘦果圆柱状，冠毛多数，白色。花果期5~8月。>**分布**：见于天目村等地，生于茶园、菜园地和路边草丛。我国华东、华中、华南和西南地区均有分布。亚洲热带、亚热带和非洲也有。>**用途**：全草可入药。

一年蓬
Erigeron annuus

菊科 Compositae
飞蓬属 *Erigeron*

> **识别要点**：一年生或二年生草本。基生叶花期枯萎，长圆形，边缘具粗齿；茎下部叶与基生叶同形；上部叶较小，披针形。头状花序排成疏圆锥状，总苞半球形，总苞片3层；缘花舌状，白色或淡蓝色；盘花管状，黄色。瘦果披针形，雌花冠毛极短，鳞片状，两性花冠毛粗毛状。花果期5~10月。
> **分布**：天目山常见种，生于路边、旷野、山坡荒地。原产于北美洲。我国东部、中部至西南地区广泛分布。世界各地均有归化。> **用途**：全草可入药。

多须公
(华泽兰)
Eupatorium chinense

菊科 Compositae
泽兰属 *Eupatorium*

> **识别要点**：多年生草本。叶对生，几无柄；中部茎生叶卵形、宽卵形，基部圆形，被白色短柔毛及黄色腺点，边缘具圆锯齿。头状花序排成复伞房状；花管状，白色或红色；花冠外面疏被黄色腺点。瘦果圆柱形，散生黄色腺点。花果期6~10月。
> **分布**：见于大有村、天目村和新茅蓬等地，生于海拔200~1200 m的山坡草地、林缘和林下灌丛。我国东南至西南地区广泛分布。> **用途**：根和叶可入药。

粗毛牛膝菊
（睫毛牛膝菊）
Galinsoga quadriradiata

菊科 Compositae
牛膝菊属 *Galinsoga*

>**识别要点**：一年生草本。叶对生，卵形，常基出3脉。头状花序排成疏松伞房状；总苞半球形，总苞片脱落。缘花舌状，白色；盘花管状，黄色，两性。舌状花瘦果的冠毛有具缘毛的鳞片，盘花瘦果无冠毛或有时为芒状的鳞片。花果期7~11月。>**分布**：见于禅源寺、忠烈祠和开山老殿等地，生于海拔350~1000 m的路边草丛。原产于热带美洲。我国南部多省有归化。>**用途**：外来入侵植物。

菊三七
Gynura japonica

菊科 Compositae
菊三七属 *Gynura*

>**识别要点**：多年生草本。根块状，直径3~4 cm。茎直立，中空，具沟棱。基部和茎下部叶较小，椭圆形，不分裂或大头羽状分裂；中部叶大，叶柄基部有圆形、具齿或羽状分裂的叶耳，不同程度抱茎。头状花序排成伞房圆锥状；管状花黄色。瘦果圆柱状，棕褐色，冠毛白色。花果期7~10月。>**分布**：栽培于天目山管理局、香炉峰等地，生于山坡、路旁。我国华东、华中至西南等地有分布。日本、泰国和尼泊尔也有。>**用途**：全草可入药。

菊芋
Helianthus tuberosus

菊科 Compositae
向日葵属 *Helianthus*

> **识别要点**：多年生草本。根纤维状。地下茎块状。茎直立，被白色短糙毛或刚毛。叶多数对生，上部叶互生；下部叶边缘有粗锯齿，离基三出脉，上面被白色短粗毛，下面被柔毛，叶脉上有短硬毛。总苞片多层，披针形。瘦果小，楔形，上端具2~4个有毛的锥状扁芒。花期8~9月。> **分布**：栽培于天目村、武山村和香炉峰等地，有时逸生。原产于北美。全国各地常见栽培。> **用途**：地下茎可食，俗称"洋姜"。

376

泥胡菜
Hemisteptia lyrata

菊科 Compositae
泥胡菜属 *Hemisteptia*

> **识别要点**：一年生草本。茎直立，常单生。基生叶及中下部茎生叶长椭圆形，大头羽状深裂或近全裂，裂片边缘有锯齿，上面绿色，下面灰白色。头状花序疏松伞房状或单生；总苞片多层，外层呈卵形，外面先端有小鸡冠状突起；花全为管状花，紫红色。瘦果压扁，圆锥状，冠毛白色。花果期5~8月。> **分布**：天目山常见种，生于低海拔地区的田边、路旁草丛、林缘和荒地。我国南北各地均有分布。日本、朝鲜和越南等国也有。> **用途**：可作野菜或药用。

旋覆花
Inula japonica

菊科 Compositae
旋覆花属 *Inula*

> **识别要点：** 多年生草本。中部叶长圆形至披针形，基部狭，常有圆形半抱茎小耳，上面有疏毛或近无毛，下面有疏毛和腺点。头状花序排成疏散伞房状；总苞片约6层，线状披针形；缘花舌状，黄色；盘花管状。瘦果圆柱形，冠毛灰白色。花果期8~11月。> **分布：** 见于天目村和禅源寺等地，生于海拔800 m以下的山坡路旁或湿润草地。我国中部、东部等地区均有分布。日本、朝鲜、蒙古和俄罗斯也有。> **用途：** 全草入药；栽培供观赏。

377

剪刀股
Ixeris japonica

菊科 Compositae
苦荬菜属 *Ixeris*

> **识别要点：** 多年生草本。匍匐茎长。基生叶花期宿存，匙状倒披针形或长圆形，边缘具齿，羽状半裂至深裂或大头羽状半裂至深裂，侧裂片1~3对；茎生叶少数。总苞钟状，总苞片2或3层；舌状花黄色。瘦果褐色，近纺锤状，有10条隆起的尖翅肋，具短喙，冠毛白色。花果期4~6月。> **分布：** 见于大有村，生于路边草丛中。我国华东、中南、东北地区均有分布。日本和朝鲜也有。> **用途：** 全草可入药。

多裂翅果菊(翅果菊)
Lactuca indica

菊科 Compositae
莴苣属 *Lactuca*

> **识别要点**：多年生草本。茎直立，常单生，常淡红紫色。中、下部茎生叶披针形、长披针形或长椭圆状披针形，基部心形、心状耳形或半抱茎，边缘全缘或具微齿，稀缺刻状或羽状浅裂。总苞片3或4层；舌状花淡黄色。瘦果椭圆状，压扁，中部有4~7条线形或线状椭圆形的不等粗小肋，冠毛白色，刚毛状。花果期7~9月。> **分布**：见于黄坞里、九狮村，生于路边。我国江苏、安徽、浙江和江西等省有分布。欧洲及日本、蒙古和俄罗斯亦有。> **用途**：全草可入药。

稻槎菜
Lapsanastrum apogonoides

菊科 Compositae
稻槎菜属 *Lapsanastrum*

> **识别要点**：一年生矮小草本。基生叶椭圆形至长匙形，大头羽裂或全裂；茎生叶少数。头状花序顶生；总苞片2层，外层卵状披针形，内层椭圆状披针形，先端喙状；舌状花黄色，两性。瘦果长圆形，顶端两侧各有1钩刺，无冠毛。花果期4~6月。> **分布**：见于禅源寺、一都村等地，生于田边或水沟边。我国江苏、浙江、江西、湖北、陕西、广东和云南有分布。日本和朝鲜亦有。> **用途**：全草可入药。

大头橐吾
Ligularia japonica

菊科 Compositae
橐吾属 *Ligularia*

> **识别要点**：多年生草本。基生叶和茎生叶片肾形，掌状3~5全裂，裂片再掌状浅裂，小裂片羽状或具齿，基部鞘状抱茎；具叶柄。头状花序呈伞房状；总苞片背部隆起；舌状花黄色。瘦果细圆柱状，冠毛红褐色，与花冠管部等长。花果期5~9月。> **分布**：见于七里亭、开山老殿和仙人顶等地，生于海拔600 m以上的山坡林下、沟边草丛和路边灌丛。我国江苏、浙江、江西和福建等省有分布。日本、朝鲜和印度亦有。
> **用途**：药用或观赏植物。

天目山蟹甲草
Parasenecio matsudae

菊科 Compositae
蟹甲草属 *Parasenecio*

> **识别要点**：多年生草本。茎直立。叶互生；叶片宽三角形，3~5裂，裂片三角形，边缘有锯齿。下部叶花期枯萎。头状花序圆锥状，每个花序具小花15~20朵；花全为管状。瘦果圆柱形，冠毛刚毛状，淡红褐色。花果期6~10月。> **分布**：见于狮子口、开山老殿、东茅蓬等地，生于海拔800~1300 m的林下阴湿处或林缘荒地。我国安徽和浙江有分布。> **用途**：不明。

日本毛连菜
Picris japonica

菊科 Compositae
毛连菜属 *Picris*

> **识别要点**：二年生草本。全株被钩状硬毛。茎直立。基生叶花期枯萎；下部茎生叶常椭圆形；中上部茎生叶线形，较小。头状花序排成伞房状；舌状花黄色。瘦果纺锤形，冠毛白色，羽毛状。花果期5~10月。
> **分布**：见于朱陀岭等地，生于荒地上。我国华东、华中、西南和华北地区均有分布。日本、蒙古和俄罗斯也有。> **用途**：全草可入药。

拟鼠麴草
Pseudognaphalium affine

菊科 Compositae
鼠麴草属 *Pseudognaphalium*

> **识别要点**：一年生草本。全株密被白色绵毛。叶片匙状倒披针形，基部渐狭，顶端圆。头状花序排成密集伞房状；总苞片2或3层，金黄色。瘦果倒卵形，冠毛污白色。花果期4~7月。> **分布**：天目山常见种，生于海拔200~1500 m的田埂、荒地和路旁草地。我国华北、华中和华东等地均有分布。日本、朝鲜和印度等国也有。> **用途**：嫩茎叶可做糕点；全草可入药。

金光菊
Rudbeckia laciniata

菊科 Compositae
金光菊属 *Rudbeckia*

> **识别要点**：多年生草本。全株无毛或稍被糙毛。叶互生；下部叶不分裂或羽状3~7深裂，裂片长圆状披针形；中部叶3~5裂，有短柄；上部叶不裂。头状花序单个或数个生于枝端；缘花舌状，金黄色；盘花管状，黄绿色。瘦果压扁，具4棱。花果期8~10月。> **分布**：栽培于半月池、幻住庵、仙人顶等地。原产于北美。我国各地常见栽培。> **用途**：观赏植物。

千里光
Senecio scandens

菊科 Compositae
千里光属 *Senecio*

> **识别要点**：多年生草本。茎常攀缘状，曲折，多分枝。叶片卵状披针形至长三角形，边缘具不规则钝齿、波状齿或近全缘。头状花序在枝端排成开展的复伞房状或圆锥状聚伞花序式；总苞杯状；缘花舌状，盘花管状，均黄色。瘦果圆柱形，被短毛，冠毛白色。花果期8~11月。> **分布**：天目山常见种，生于海拔1200 m以下的山坡灌草丛或疏林下。全国各地均有分布。日本、菲律宾及中南半岛地区也有。> **用途**：茎、叶可入药。

腺梗豨莶
Sigesbeckia pubescens

菊科 Compositae
豨莶属 *Sigesbeckia*

>**识别要点**：一年生草本。茎直立，粗壮，被开展的灰白色长柔毛和糙毛。基生叶卵状披针形，花期枯萎；茎中部以上的叶卵形，边缘有尖头状粗齿。头状花序排成松散的圆锥状；花序轴密被紫褐色腺毛和长柔毛；总苞片2层，外面密生紫褐色腺毛。瘦果倒卵圆状，4棱。花果期6~10月。>**分布**：见于天目山管理局、禅源寺和里曲湾等地，生于海拔800 m以下的路旁荒地、地边草丛中。全国大部分地区均有分布。
>**用途**：全草可入药。

蒲儿根
Sinosenecio oldhamianus

菊科 Compositae
蒲儿根属 *Sinosenecio*

>**识别要点**：多年生或二年生草本。植株常被白色蛛丝状绵毛。下部茎生叶卵状圆形，边缘具重锯齿，掌状脉5条。头状花序呈复伞房状；花序轴长达3 cm，基部常具1线形苞片；缘花舌状，黄色；盘花管状。瘦果圆柱状，冠毛白色。花果期4~6月。>**分布**：天目山常见种，生于海拔1000 m以下的山沟、山坡、水边荒地和路旁疏林下。我国华东、华中、华南和西南地区均有分布。越南、泰国和缅甸也有。
>**用途**：全草可入药。

加拿大一枝黄花
Solidago canadensis

菊科 Compositae
一枝黄花属 *Solidago*

> **识别要点**：多年生草本。叶茎生；茎中下部叶花期枯萎；茎中部叶最大，叶片狭卵状披针形，向上渐小。头状花序70~150个偏向一侧着生，呈蝎尾状排列；总苞狭钟状；舌状花常8~14朵；盘花常3~6朵；花冠黄色。瘦果狭倒圆锥状，具肋，冠毛白色。花果期7~9月。> **分布**：见于天目山管理局、禅源寺和天目村等地，逸生于山坡、荒地、田野和路旁。原产于北美。我国多地有逸生。> **用途**：观赏植物；外来入侵植物。

花叶滇苦菜
Sonchus asper

菊科 Compositae
苦苣菜属 *Sonchus*

> **识别要点**：一年生或二年生草本。全株无毛或花序部分被头状具柄腺毛。茎直立，单生，有纵棱或条纹。基生叶及中下部茎生叶长椭圆形至倒披针形，羽状或大头羽状深裂。舌状花多数，黄色。瘦果褐色，长椭圆状或倒披针状，压扁，每面具3条细肋，肋间有横皱纹，无喙，冠毛白色，单毛状。花果期4~10月。
> **分布**：见于禅源寺、朱陀岭、横塘和西关，生于林下。全国各地广泛分布。> **用途**：全草可入药。

钻叶紫菀
Symphyotrichum subulatum

菊科 Compositae
联毛紫菀属 *Symphyotrichum*

> **识别要点**：一年生草本。叶片卵形至披针形，基部楔形至圆形。头状花序排成近圆锥状；总苞陀螺状；盘花4~13朵，花冠黄色，有时带紫色。瘦果浅棕色至紫色，狭倒卵状至纺锤状，冠毛刚毛状。花果期8~10月。> **分布**：见于禅源寺至红庙，生于路旁、荒地或草丛中。原产于北美，我国华东、西南地区有归化。亚洲和非洲地区广泛分布。
> **用途**：全草可入药。

南方兔儿伞
Syneilesis australis

菊科 Compositae
兔儿伞属 *Syneilesis*

> **识别要点**：多年生草本。根状茎横走。基生叶1枚，花期枯萎；茎生叶2，互生，叶片圆钝形，下方叶片7~9掌状深裂至全裂，裂片再2~3叉状分裂，边缘有粗尖齿，上方叶片常4~5深裂。头状花序排成复伞房状；总苞片1层；花管状，淡红色。瘦果圆柱形，无毛，冠毛微粗糙。花果期6~8月。
> **分布**：天目山常见种，生于海拔1200 m以下的山坡阔叶林或竹林下、林缘灌丛中。我国安徽和浙江有分布。> **用途**：根可入药。

蒲公英
Taraxacum mongolicum

菊科 Compositae
蒲公英属 *Taraxacum*

>**识别要点**：多年生草本。根圆柱形。叶基生，叶片倒卵状披针形，边缘具细齿、羽状浅裂至羽状深裂。头状花序单生枝顶；总苞片2或3层，苞片外面具角状突起；花全为舌状，黄色。瘦果倒卵状披针形，具小瘤状突起或小刺，冠毛刚毛状，白色。花果期4~10月。>**分布**：见于后山门、朱陀岭和仙人顶等地，生于田边或路旁。我国华东、华中、西南、华北、西北和东北地区均有分布。朝鲜、蒙古和俄罗斯也有。
>**用途**：全草可入药或作野菜。

苍耳
Xanthium strumarium

菊科 Compositae
苍耳属 *Xanthium*

>**识别要点**：一年生草本。叶互生；叶片三角状卵形，近全缘或有3~5不明显浅裂，基出脉3条。雄头状花序球形，多花；雌头状花序椭圆形；外层总苞片披针形，内层总苞片合生成囊状，椭圆形。瘦果2，倒卵形，熟时变坚硬，外面疏生具钩的刺；喙坚硬。花果期7~10月。>**分布**：见于天目村、禅源寺和三里亭等地，生于海拔600 m以下的田边荒地或路旁。全国各地广泛分布。日本、朝鲜和印度等国也有。
>**用途**：带总苞的果实可入药，名"苍耳子"。

黄鹌菜
Youngia japonica

菊科 Compositae
黄鹌菜属 *Youngia*

> **识别要点**：一年生草本。基生叶丛生，常倒披针形，琴状或羽状分裂，全缘或有齿。头状花序顶生，排成伞房状；总苞片2层，外层苞片卵形，内层披针形；花全为舌状，黄色。瘦果纺锤状，压扁，褐色，顶端渐细，无喙，有不等形的纵肋，冠毛糙毛状。花果期4~10月。> **分布**：见于大有村、禅源寺和开山老殿等地，生于路边或林下。全国各地广泛分布。日本、朝鲜和越南等国也有。
> **用途**：药用植物或饲料。

百日菊
Zinnia elegans

菊科 Compositae
百日菊属 *Zinnia*

> **识别要点**：一年生草本。叶片宽卵圆形，基出脉3。头状花序单生；花序梗中空；缘花舌状，深红色、玫瑰色或白色；管状花黄色或橙色。舌状花瘦果倒卵圆形，扁平，腹面正中和两侧边缘各有1棱；管状花瘦果极扁，倒卵状楔形。花果期6~10月。
> **分布**：栽培于山麓农家。原产于墨西哥。我国各地广泛栽培，有时逸为野生。> **用途**：观赏花卉。

被子植物 4

单子叶植物

香蒲
Typha orientalis

香蒲科 Typhaceae
香蒲属 *Typha*

>**识别要点**：多年生沼生草本。根状茎横走；茎直立，不分枝。叶片线形，扁平，海绵质，先端渐尖，基部扩大成开裂的鞘，鞘口边缘膜质，平行脉多而密。穗状花序圆柱状，雄花序和雌花序紧密相连。果实直径达2 cm，小坚果长约1 mm，表面具一纵沟。花果期6~9月。>**分布**：见于大有村和阳山坪，生于池塘边的浅水地带。我国华东、华中、西北、东北地区有分布。日本、菲律宾、俄罗斯亦有。>**用途**：茎叶可造纸；花粉可入药，称"蒲黄"。

388

野慈姑
Sagittaria trifolia

泽泻科 Alismataceae
慈姑属 *Sagittaria*

>**识别要点**：多年生挺水草本。匍匐茎顶端膨大成球茎。叶基生；沉水叶片线形；挺水叶片箭形，大小变异很大，3裂，顶裂片三角状披针形至卵状披针形，侧裂片狭长，披针形。花茎自叶丛中伸出，花单性，总状或圆锥花序，雄雌顺序。瘦果偏扁，斜宽卵形，具翅。花果期6~9月。>**分布**：见于交口村，生于水田中。我国南北各地均有分布。亚洲各国和俄罗斯也有。>**用途**：可作家畜饲料。

黑藻
Hydrilla verticillata

水鳖科 Hydrocharitaceae
黑藻属 *Hydrilla*

> **识别要点**：多年生沉水草本。茎纤细，多分枝；休眠芽长卵圆状。叶3~6枚轮生；叶片线状披针形，先端急尖，全缘或有细锯齿，中脉明显，无柄。花小，单性，雌雄同株或异株；雄花单生，具梗，雄蕊3，花丝极短，花药线形；雌花单生，无梗。果实圆柱形，长约7 mm；种子2~6颗，表面有尖刺。> **分布**：见于交口村和鲍家村，生于水沟中。我国各地有分布。旧大陆热带至温带地区广泛分布。> **用途**：全草作饲料或绿肥。

看麦娘
Alopecurus aequalis

禾本科 Gramineae
看麦娘属 *Alopecurus*

> **识别要点**：一年生草本。须根细弱。秆细弱光滑，通常具3~5节，节部常膝曲。叶片扁平；叶鞘疏松抱茎，短于节间，其内常有分枝。圆锥花序圆柱形，灰绿色；小穗长2~3 mm；颖片膜质，外稃膜质，先端钝；花药橙黄色，长0.5~0.8 mm。颖果长约1 mm。花果期4~5月。
> **分布**：见于禅源寺，生于海拔350 m的路边。我国各地有分布。欧亚大陆和北美洲温带地区广布。
> **用途**：饲料植物。

野燕麦
Avena fatua

禾本科 Gramineae
燕麦属 *Avena*

> **识别要点**：一年生草本。秆直立，光滑，具2~4节。叶鞘光滑或基部有毛；叶舌透明，膜质；分枝有棱角，粗糙；小穗长18~25 mm，含小花2~3，小穗轴节间易断落，通常密生硬毛。颖常具9脉，草质；外稃近革质，背面中部以下常有较硬的毛。颖果腹面具纵沟。花果期4~9月。> **分布**：见于禅源寺和一都村，生于路边或水沟中。我国南北各地均有分布。欧亚大陆和非洲的温寒带广布。> **用途**：可作饲料或造纸原料。

孝顺竹
Bambusa multiplex

禾本科 Gramineae
簕竹属 *Bambusa*

> **识别要点**：乔木状或灌木状竹类。高4~7 m，径1.5~2.5 cm。幼时节间上部有棕色刺毛，有时被白粉。箨鞘脆硬，厚纸质，背面淡棕色，无毛。枝条多数簇生于一节；每小枝具叶5~10枚，排成两列；叶片披针形，质薄，表面深绿色，背面有细毛。颖果常圆柱状。笋期6~9月。> **分布**：栽培于西关、阳山坪等地。全国各地均有栽培。> **用途**：耐寒园艺观赏竹种。

方竹
Chimonobambusa quadrangularis

禾本科 Gramineae
寒竹属 *Chimonobambusa*

>**识别要点**：小乔木状。竿直立，呈钝圆四棱形，幼时密被向下的黄褐色小刺毛，毛落后仍留有疣基，使得节间粗糙。叶片薄纸质，叶脉粗糙，狭披针形，先端锐尖，基部收缩为一叶柄，叶片上表面无毛，下表面初被柔毛，后变为无毛。笋期不规则，多在秋冬季出笋，肥沃之地四季均可出笋。>**分布**：栽培于禅源寺一带。我国江苏、浙江、江西等省有栽培。>**用途**：庭园观赏或材用竹种；笋可食用。

薏苡
Coix lacryma-jobi

禾本科 Gramineae
薏苡属 *Coix*

>**识别要点**：多年生草本。秆粗壮，直立，多分枝。叶片长而宽，线状披针形，先端渐尖，基部近心形，中脉在下面凸起。总状花序多数，成束生于叶腋，具总梗。小穗单性，总苞骨质，念珠状，圆球形，光滑。雌蕊具长花柱，柱头分离；雄蕊3枚，花药黄褐色。颖果近圆球状。花果期7~10月。
>**分布**：栽培于天目村、大有村、禅源寺等地，原产于亚洲热带地区。我国各地均有栽培。>**用途**：茎、叶可造纸；总苞晾干制成念珠，作装饰用。

牛筋草
Eleusine indica

禾本科 Gramineae
䅟属 *Eleusine*

> **识别要点**：一年生草本。秆丛生，直立或斜生。叶鞘压扁，具脊，无毛或疏生疣毛，鞘口常有柔毛；叶片扁平或卷折，无毛或上面有疣基的柔毛。穗状花序2至数枚指状排列于秆顶，小穗有3~6小花。种子卵球形，长约1 mm，有明显波状皱纹。花果期9~10月。> **分布**：见于大有村、朱陀岭等地，生于海拔200~300 m的路边或荒地。分布于全世界的热带和温带地区。> **用途**：可作牧草；全草可入药。

柯孟披碱草
（鹅观草）
Elymus kamoji

禾本科 Gramineae
披碱草属 *Elymus*

> **识别要点**：多年生草本。秆直立或基部倾斜。叶鞘光滑，外侧边缘常具纤毛；叶片通常扁平，光滑或稍粗糙。穗状花序长10~20 cm，下垂，穗轴边缘粗糙或具小纤毛；小穗长15~20 mm，含3~10小花；内颖先端钝，脊上具翼。颖果顶端有茸毛。花果期4~7月。> **分布**：见于禅源寺、一都村和西关，生于山坡、路边或草丛中。分布几遍全国。日本、朝鲜也有。> **用途**：可作优良饲料。

画眉草
Eragrostis pilosa

禾本科 Gramineae
画眉草属 *Eragrostis*

> **识别要点：** 一年生草本。秆直立或自基部倾斜。叶鞘多少压扁，鞘口有柔毛。叶片扁平或内卷，上面粗糙，下面光滑。圆锥花序分枝，腋间有长柔毛。小穗成熟后暗绿色或稍带紫黑色，含3~14朵小花。颖果长圆球形。花果期7~9月。
> **分布：** 见于武山村，生于山坡路边。全国各地均有分布。全世界温暖地区也有。> **用途：** 可作饲料。

大麦
Hordeum vulgare

禾本科 Gramineae
大麦属 *Hordeum*

> **识别要点：** 越年生草本。秆直立粗壮，光滑；叶鞘疏松裹茎，顶端两侧有较大叶耳。穗状花序粗壮，每节着生3枚发育完全的小穗；小穗通常无柄。颖果成熟后与内外稃黏着而不易脱落。花果期4~6月。
> **分布：** 栽培于天目山低海拔地区。我国华北、西北、华东、华中等地普遍栽培。全球所有非热带国家或热带山地均有栽培。> **用途：** 饲料植物；可制啤酒和麦芽糖。

白茅
Imperata cylindrica

禾本科 Gramineae
白茅属 *Imperata*

> **识别要点**：多年生草本。根状茎密生鳞片。秆丛生，直立，具2~3节，节上具柔毛。叶鞘无毛，老时于基部常破碎成纤维状；叶片扁平，先端渐尖，基部渐狭，下面及边缘粗糙，主脉在下面明显突出而渐向基部变粗且质硬。圆锥花序圆柱状，分枝短缩密集；雄蕊2枚，花药黄色。花果期5~9月。
> **分布**：见于武山村、九狮村和一都村，生于路边、田边或溪边。分布几遍全国。亚洲热带和亚热带、非洲东部和大洋洲广布。> **用途**：可作牧草。

394

阔叶箬竹
Indocalamus latifolius

禾本科 Gramineae
箬竹属 *Indocalamus*

> **识别要点**：灌木状竹类。株高约1 m，节间具微毛，节平。箨鞘硬纸质或纸质，短于节间。叶片长圆状披针形，先端渐尖，下表面灰白色或灰白绿色，多少生有微毛。圆锥花序基部为叶鞘所包裹，花序分枝上升或直立。小穗常带紫色。笋期4~5月。> **分布**：见于太子庵、白虎山、青龙门、仙人顶等地，生于海拔300~1500 m的山坡、山谷或疏林下。我国江苏、安徽、浙江和福建等省有分布。> **用途**：秆可制筷子；叶可包粽子。

千金子
Leptochloa chinensis

禾本科 Graminaeae
千金子属 *Leptochloa*

>**识别要点**：一年生草本。根须状。秆丛生，直立，基部膝曲或倾斜，平滑无毛。叶鞘大多短于节间，无毛。叶鞘扁平或多少卷折，先端渐尖，微粗糙或下面平滑。圆锥花序长15~25 cm，分枝及主轴均粗糙；小穗有3~7小花。颖果长圆球形，长约1 mm。花果期8~11月。>**分布**：见于禅源寺前，生于海拔300 m的草丛中。我国江苏、安徽、浙江、湖北、山东等省有分布。印度、日本、菲律宾及非洲等地亦有。>**用途**：可作牧草。

黑麦草
Lolium perenne

禾本科 Graminaeae
黑麦草属 *Lolium*

>**识别要点**：多年生草本。秆多数丛生，基部常倾卧，具柔毛，具3~4节。叶鞘疏松，常短于节间；叶片质地柔软，扁平，无毛或上面有微毛。穗状花序顶生，小穗两侧压扁，含7~11朵小花；颖片短于小穗。花果期4~7月。>**分布**：栽培于交口村、大有村等地，原产于欧洲。我国有栽培。>**用途**：可作牧草和青饲料。

淡竹叶
Lophatherum gracile

禾本科 Gramineae
淡竹叶属 *Lophatherum*

> **识别要点**：多年生草本。具木质短缩的根状茎。须根稀疏，中部可膨大成纺锤状。秆少数丛生，直立，光滑。叶鞘光滑或一边有纤毛；叶片披针形，基部狭缩成柄状。圆锥花序长10~40 cm；小穗狭披针形，具极短柄。颖果长椭圆状。花果期6~10月。> **分布**：见于五里亭、七里亭、开山老殿等地，生于海拔350~1100 m的林下、路边。我国长江流域及华南、西南地区有分布。日本、印度、马来西亚亦有。> **用途**：全草可入药。

大花臭草
Melica grandiflora

禾本科 Gramineae
臭草属 *Melica*

> **识别要点**：多年生草本。有细弱而横走的根状茎。秆少数丛生，具5~7节。叶鞘闭合几达鞘口；叶片扁平或干燥后卷折。圆锥花序狭窄，常退化成总状；小穗含2孕性小花，不育外稃聚集成棒状；外稃卵形。花果期4~6月。> **分布**：见于大有村、大树王、横塘、西关，生于海拔300~1000 m的山坡路旁。我国江苏、安徽、浙江、山西等省有分布。日本、朝鲜亦有。> **用途**：可作牧草。

五节芒
Miscanthus floridulus

禾本科 Gramineae
芒属 *Miscanthus*

> **识别要点：** 多年生草本。株高2~4 m。秆无毛，节下常具白粉。叶鞘无毛或边缘及鞘口有纤毛。圆锥花序长30~50 cm，主轴显著延伸，几达花序顶端，或至少长达花序的2/3以上；总状花序细弱，腋间有微毛；小穗卵状披针形，长3~3.5 mm。花果期5~11月。> **分布：** 见于朱陀岭、香炉峰等地，生于山坡路边。我国华东、华中、华南、西南地区有分布。亚洲东南部亦有。> **用途：** 茎、叶可造纸；根状茎可入药。

南荻
Miscanthus lutarioriparius

禾本科 Gramineae
芒属 *Miscanthus*

> **识别要点：** 多年生草本。具粗壮被鳞片的根状茎。秆直立，高可达2 m；无毛，多节，节上具须毛。叶鞘无毛或有毛，下部者长于节间；叶片线形，除上部者基部生柔毛外其余无毛。圆锥花序顶生，由多个总状花序组成，扇形；小穗无芒。花果期8~11月。> **分布：** 见于西关，生于山谷。分布几遍全国。日本、朝鲜也有。> **用途：** 水土保持植物。

稻
Oryza sativa

禾本科 Gramineae
稻属 *Oryza*

>识别要点：一年生草本。秆丛生，直立。叶鞘下部者长于节间，无毛；叶片扁平；叶耳幼时明显，老时脱落。圆锥花序疏松，成熟时向下弯垂，分枝具棱角，常粗糙；小穗长圆形；雄蕊6枚。花果期夏秋季。>分布：天目山常见种，低海拔地区广泛栽培。全世界广为栽培，我国是主要种植国家之一。>用途：人类最主要的粮食作物之一。

狼尾草
Pennisetum alopecuroides

禾本科 Gramineae
狼尾草属 *Pennisetum*

>识别要点：多年生草本。根须状。秆直立或基部膝曲，通常较细弱。叶鞘较松弛，无毛或具柔毛；叶片扁平，先端渐尖，基部略呈钝圆形或渐窄，通常无毛。圆锥花序紧密呈圆柱形，直立；小穗常单生，小穗轴脱节于颖之下；刚毛多枚，粗糙，绿色或紫色。花果期5~10月。
>分布：见于大有村、朱陀岭、半月池，生于山坡、山脚路边草丛中。我国南北各地均有分布。亚洲温带和大洋洲广泛分布。>用途：可作饲料；谷粒可食。

显子草
Phaenosperma globosa

禾本科 Gramineae
显子草属 *Phaenosperma*

> **识别要点**：多年生草本。须根较硬。秆单生或少数丛生，直立，坚硬，光滑无毛，具4~5节。叶鞘常短于节间，光滑无毛；叶片长披针形，常反卷而使上面向下，灰绿色，下面向上，深绿色。圆锥花序长25~40 cm，分枝下部者多轮生。颖果倒卵球形，长3 mm，黑褐色，表面具皱纹。花果期5~7月。
> **分布**：见于禅源寺、太子庵、朱陀岭、里曲湾等地，生于林下、山坡或路边。我国江苏、安徽、浙江、江西、湖南、四川、陕西有分布。日本、朝鲜亦有。 > **用途**：可作饲料。

金镶玉竹
Phyllostachys aureosulcata
'Spectabilis'

禾本科 Gramineae
刚竹属 *Phyllostachys*

> **识别要点**：秆高达9 m，秆的基部常有2或3节"之"字形曲折；秆金黄色，沟槽翠绿色。幼秆被白粉及柔毛，节间长达39 cm，分枝一侧的沟槽为黄色。箨鞘背部紫绿色，常有淡黄色纵条纹；箨耳发达，边缘生繸毛。叶片披针形，先端急尖。笋期4月中旬至5月上旬。 > **分布**：栽培于禅源寺。我国江苏有分布，北京、安徽等地有栽培。欧洲也有栽培。
> **用途**：观赏竹类。

毛竹
Phyllostachys edulis

禾本科 Gramineae
刚竹属 *Phyllostachys*

> **识别要点**：单轴散生，具粗壮横走的地下茎。秆直立，大型，全竹可达70余节，基部节间甚短。叶片披针形，叶鞘无叶耳；叶舌较发达。土中冬笋白黄色，被黄棕色柔毛，3~4月出土为春笋。花期5~8月。
> **分布**：见于黄坞里、太子庵、青龙山、东坞坪。分布于我国台湾、安徽、河南、云南、广东、广西、湖南、江西、浙江、福建等地。> **用途**：笋可食用；秆可材用或造纸。

篌竹
Phyllostachys nidularia

禾本科 Gramineae
刚竹属 *Phyllostachys*

> **识别要点**：秆高3~8 m，秆环甚隆起，幼时有白粉。箨鞘薄革质，淡黄绿色，在近顶端及基部有白粉；箨叶大而直立，顶端锐尖，基部的两侧延伸。小枝有叶1~3片；叶片披针形，先端急尖，质坚韧。小穗丛以1~3枚着生于具叶小枝的下部各节上。笋期4月下旬。> **分布**：见于鲍家村一带。我国浙江、福建、广东、广西等地有分布。> **用途**：笋可食；秆可编篱笆。

紫竹
Phyllostachys nigra

禾本科 Gramineae
刚竹属 *Phyllostachys*

> **识别要点**：秆高4~10 m，直径2~5 cm。新竹绿色，当年秋冬即逐渐呈现黑色斑点，以后全秆变为紫黑色。箨鞘淡棕色，密被粗毛，无斑点；箨片三角形至长披针形，基部的直立，上部的展开反转，微褶皱，暗绿色带暗棕色；箨耳紫黑色，边缘有繸毛。叶片质薄，长7~10 cm。笋期4月中旬。
> **分布**：栽培于大镜坞等地。我国秦岭以南各地均有分布；安徽等地有栽培。> **用途**：优良园林观赏竹种；材用竹种；笋可食用。

401

早熟禾
Poa annua

禾本科 Gramineae
早熟禾属 *Poa*

> **识别要点**：一年生或越年生草本。秆柔顺，丛生。叶鞘光滑无毛，常自中部以下闭合，长于节间，或在上部者短于节间。圆锥花序开展，卵圆形，分枝光滑；颖片质薄，先端钝，有宽膜质边缘；小穗基盘无绵毛。颖果纺锤形，长2 mm。花果期3~5月。> **分布**：见于禅源寺和幻住庵，生于路边。我国大多数地区均有分布。亚洲、欧洲、美洲各地广泛分布。
> **用途**：可供早春绿化；小鸡喜食，也称"小鸡草"。

短穗竹
Semiarundinaria densiflora

禾本科 Gramineae
短穗竹属 *Semiarundinaria*

> **识别要点**：秆散生，高达2.6 m。幼秆被倒向的白色细毛，老秆则无毛。箨鞘背面绿色，老则渐变黄色，无斑点，但有白色纵条纹，以后条纹减退显紫色纵脉，被稀疏刺毛，边缘具紫色纤毛；箨耳发达，边缘有繸毛。箨片披针形，绿色或紫色，稍外展。笋期5~6月，花期3~5月。> **分布**：见于西坞庵、开山老殿、石鸡塘、洒水坞等地，生于向阳山坡的林下和路边。我国江苏、安徽、浙江、江西、湖北和广东有分布。
> **用途**：材用树种；笋可食，味略苦。

402

粱
Setaria italica

禾本科 Gramineae
狗尾草属 *Setaria*

> **识别要点**：一年生草本。须根粗大。秆粗壮，直立。叶鞘松裹茎秆，密具疣毛或无毛，毛以近边缘及与叶片交接处的背面为密，边缘密具纤毛；叶片长披针形或线状披针形，先端尖，基部钝圆，上面粗糙，下面稍光滑。圆锥花序呈圆柱状，常下垂。花果期6~10月。> **分布**：见于横塘，栽培于村落边。我国华北、东北地区广为栽培。欧亚大陆温带地区亦有栽培。> **用途**：粮食作物或饲料。

金色狗尾草
Setaria pumila

禾本科 Gramineae
狗尾草属 *Setaria*

> **识别要点：** 一年生草本。秆直立或基部倾斜地面，节处生根。下部叶鞘压扁，具脊，上部为圆形，光滑无毛；叶片下面光滑，上面具疣毛或无毛。圆锥花序紧缩成圆柱形，通常直立，刚毛金黄色或稍带紫色。小穗顶端尖，通常在一簇中仅一个小穗发育。花果期6~10月。> **分布：** 见于大有村、禅源寺、香炉峰、半月池、九狮村，生于山坡、路边草丛中。我国南北各地均有分布。欧亚大陆温带地区广泛分布。
> **用途：** 可作牧草。

鹅毛竹
Shibataea chinensis

禾本科 Gramineae
倭竹属 *Shibataea*

> **识别要点：** 小灌木状竹类。地下茎呈棕黄色或淡黄色；节间中空极小或几为实心。秆中空，表面光滑，无毛，淡绿色或稍带紫色。箨鞘纸质；箨耳发达。叶片纸质，幼时质薄，鲜绿色，熟后变为厚纸质或革质，卵状披针形，基部较宽且两侧不对称，先端渐尖，两面无毛，叶缘有小锯齿。笋期5月。
> **分布：** 天目山常见种，生于山坡、林缘或林下。我国江苏、安徽、浙江、江西、福建有分布。> **用途：** 可作地被观赏竹种。

大油芒
Spodiopogon sibiricus

禾本科 Gramineae
大油芒属 *Spodiopogon*

>**识别要点**：多年生草本。根状茎粗壮并具覆瓦状鳞片。秆直立，有7~9节。叶鞘除顶端外大多长于节间，无毛或密生柔毛。叶片宽线形，先端渐尖，基部渐狭。圆锥花序长圆形，主轴无毛；分枝近轮生，常有髯毛。花果期7~10月。>**分布**：见于大有村、太子庵、开山老殿、半月池、横塘，生于竹林下、山坡路边草丛中。我国华东、华中、华北、西北、东北地区有分布。日本及俄罗斯亦有。
>**用途**：可作牧草或造纸原料。

鼠尾粟
Sporobolus fertilis

禾本科 Gramineae
鼠尾粟属 *Sporobolus*

>**识别要点**：多年生草本。秆直立，质较坚硬，平滑无毛。叶鞘无毛，稀边缘和鞘口具短纤毛；叶片长15~20 cm，质较硬，通常内卷，平滑无毛或上部者基部疏生柔毛。圆锥花序紧缩，分枝直立，密生小穗。囊果熟时红褐色，长圆状倒卵形。花果期5~10月。>**分布**：见于禅源寺等地，生于山坡林缘、路边草丛或水沟边。我国华东、华中及西南等地有分布。日本、印度、越南等地亦有。
>**用途**：可作饲料；秆供编织。

普通小麦
Triticum aestivum

禾本科 Gramineae
小麦属 *Triticum*

> **识别要点：** 越年生草本。秆直立，丛生，中空，通常具6~7节。叶鞘通常短于节间；叶片线状披针形；穗状花序直立，长5~10 cm（芒除外）。颖果卵形或长圆柱形。花果期4~6月。> **分布：** 栽培于天目山低海拔地区。世界各地广泛栽培。
> **用途：** 主要粮食作物之一。

玉蜀黍
（玉米）
Zea mays

禾本科 Gramineae
玉蜀黍属 *Zea*

> **识别要点：** 一年生草本。秆高1~4 m，常不分枝，基部各节具气生支柱根。叶鞘具横脉；叶片宽大，长披针形，边缘波状褶皱，具强壮中脉。顶生大型雄性圆锥花序，雄性小穗孪生；雌花序腋生，被鞘状苞片包藏，雌蕊具细长花柱，常伸出于苞鞘外。颖果近球形，熟时超出颖片或稃片。花果期9~10月。> **分布：** 栽培于山麓农家。原产于美洲。全世界温带和热带地区广泛栽培。> **用途：** 重要的粮食作物之一；秆、叶可作青饲料或造纸。

青绿薹草
Carex breviculmis

莎草科 Cyperaceae
薹草属 *Carex*

>**识别要点**：多年生草本。根状茎短缩，木质化。秆丛生，纤细，三棱形，棱上粗糙，基部有纤维状细裂的褐色叶鞘。叶较秆短；叶片线形，扁平，质硬，边缘粗糙。顶生者雄性，通常近等高于其下的雌小穗；其余雌性。小坚果矩圆披针形，长约1.7 mm，有三棱，顶端具环。花果期4~5月。>**分布**：见于朱陀岭，生于海拔400 m的林下草丛中。我国东北、华北、华东等地有分布。朝鲜、日本、俄罗斯等地亦有。
>**用途**：可作牧草或草坪草。

阿穆尔莎草
Cyperus amuricus

莎草科 Cyperaceae
莎草属 *Cyperus*

>**识别要点**：一年生草本。秆常丛生，纤细，扁三棱形，平滑，基部叶较多。叶短于秆，叶片线形，扁平，边缘平滑。苞片叶状，长于花序；聚伞花序简单，穗状花序宽卵形；穗轴无毛，鳞片红褐色，先端具芒。小坚果倒卵球形，三棱状，与鳞片近等长，黑褐色。花果期8~9月。
>**分布**：见于禅源寺，生于海拔350 m的水沟边。我国安徽、浙江、四川、云南等地有分布。日本、朝鲜、俄罗斯亦有。>**用途**：田园杂草。

风车草
Cyperus involucratus

莎草科 Cyperaceae
莎草属 *Cyperus*

> **识别要点**：多年生草本。根状茎短粗，须根坚硬。秆稍粗壮，钝三棱形。叶状总苞片14~24枚，近等长，可达30 cm。多次复出长侧枝；聚伞花序具多数第一次辐射枝；小穗密集于第二次辐射枝上端，椭圆形或长圆状披针形；鳞片覆瓦状紧密排列，膜质。小坚果卵状三棱形。花果期8~11月。
> **分布**：栽培于禅源寺和九狮村等地。原产于非洲东部和亚洲西南部。世界各地广泛栽培。> **用途**：观赏植物；茎、叶可入药。

碎米莎草
Cyperus iria

莎草科 Cyperaceae
莎草属 *Cyperus*

> **识别要点**：一年生草本。秆丛生，扁三棱形，下部具多数叶，无毛。叶短于秆；叶片线形，扁平；叶鞘红棕色或棕紫色。叶状苞片3~5，长于花序；聚伞花序复出；穗状花序卵形或长圆状卵形；小穗轴近无翅。小坚果卵状三棱形。花果期7~9月。> **分布**：见于地藏殿和西关，生于山坡林缘或草丛中。全国各地广泛分布。日本、朝鲜、俄罗斯、澳大利亚以及美洲也有。> **用途**：常见杂草。

荸荠
Eleocharis dulcis

莎草科 Cyperaceae
荸荠属 *Eleocharis*

>**识别要点**：多年生草本。根状茎细长，匍匐，顶端膨大成球茎。秆丛生，圆柱形，具多数横膈膜。叶片缺如，只在秆的基部有2~3叶鞘；叶鞘近膜质，绿黄色、棕红色或褐色，鞘口斜截。小穗顶生，圆柱状，淡绿色，具多数花。小坚果宽倒卵球形，双凸状。花果期5~10月。>**分布**：栽培于大有村、武山村等地。全国各地均有栽培。朝鲜、越南、印度也有。
>**用途**：球茎富含淀粉，可食用或药用。

408

龙师草
Eleocharis tetraquetra

莎草科 Cyperaceae
荸荠属 *Eleocharis*

>**识别要点**：多年生草本。无根状茎，或有时具短匍匐状根状茎。秆多数，丛生，锐四棱柱形，直立，无毛。叶片缺如，仅秆基部有2~3叶鞘。小穗稍斜生，长圆形，顶端钝或急尖，基部渐狭，褐绿色，具多数花；柱头2。小坚果卵圆球形，微扁，三棱状，背面明显突起，淡褐色。花果期8~9月。
>**分布**：见于天目村，生于水沟边潮湿地带。我国华东、华南地区有分布。日本亦有。>**用途**：田园杂草。

棕榈

Trachycarpus fortunei

棕榈科 Palmae
棕榈属 *Trachycarpus*

> **识别要点**：常绿乔木，雌雄异株。茎圆柱形，有环纹，老叶鞘基纤维状，包被茎上。叶多簇生茎顶，叶片圆扇形，掌状深裂至中部或中下部，裂片硬直，条形，呈狭长褶皱。肉穗花序圆锥状；佛焰苞革质，被锈色绒毛；花小，淡黄色，单性。核果肾状球形至长椭圆形。花期5~6月，果期8~10月。> **分布**：见于忠烈祠等地，生于山地疏林下。我国长江以南各地都有分布。日本也有。
> **用途**：庭园观赏或道路绿化树种；果实可入药，称"棕榈子"。

菖蒲

Acorus calamus

天南星科 Araceae
菖蒲属 *Acorus*

> **识别要点**：多年生草本。根状茎芳香，外皮黄褐色，横走，肉质根多数，具毛发状须根。叶基生，基部对折成鞘状。叶片剑状线形。叶状佛焰苞剑状线形；肉穗花序锥状圆柱形。浆果红色，长圆形。花期6~7月，果期8月。> **分布**：栽培于山麓农家。全国各地均有分布。南北半球的温带和亚热带地区广泛分布。
> **用途**：可供观赏；根状茎可入药。

金钱蒲
Acorus gramineus

天南星科 Araceae
菖蒲属 *Acorus*

> **识别要点**：多年生草本。根茎较短，横走或斜伸，芳香，外皮淡黄色，上部多分枝，呈丛生状。根肉质，多数，长可达15 cm；须根密集。叶基对折，两侧膜质叶鞘棕色；叶片质地较厚，线形，绿色，先端长渐尖，无中肋。肉穗花序黄绿色，圆柱形。果实黄绿色。花果期5~8月。> **分布**：见于禅源寺、朱陀岭、香炉峰、狮子口和开山老殿等地，生于水旁湿地或石上。除我国东北地区外，分布几遍全国。> **用途**：可供观赏；根状茎可入药。

东亚磨芋
Amorphophallus kiusianus

天南星科 Araceae
磨芋属 *Amorphophallus*

> **识别要点**：多年生草本。块茎扁球形。叶片掌状3全裂，每裂片2歧分叉后再羽状深裂；叶柄长达1.5 m，具白色斑块。肉穗花序大，上部为雄花，下部为雌花；总花梗长25~45 cm，绿色，具白色斑块；附属器长圆锥状，散生紫色硬毛。浆果红色，后变蓝色。花期5~6月，果期7~8月。
> **分布**：见于天目山管理局、朱陀岭、开山老殿等地，生于山坡林下。我国江苏、浙江、湖北、四川等地有分布。日本亦有。> **用途**：块茎可食。

一把伞南星
Arisaema erubescens

天南星科 Araceae
天南星属 *Arisaema*

> **识别要点：** 多年生草本。块茎扁球形。叶1，稀2；叶片放射状分裂，裂片无柄，7~20，披针形至椭圆形；叶柄绿色，有时具褐色斑块，下部具鞘。总花梗短于叶柄，具褐色斑纹；附属器圆柱形或棒形，直立。浆果红色；种子1~2，球形，淡褐色。花期5~7月，果期8~9月。 > **分布：** 见于太子庵、倒挂莲花、仙人顶等地，生于林下、草坡、灌丛。我国安徽、浙江、江西、四川等地有分布。泰国、缅甸、尼泊尔、印度亦有。 > **用途：** 块茎可入药。

411

鄂西南星
（云台南星）
Arisaema silvestrii

天南星科 Araceae
天南星属 *Arisaema*

> **识别要点：** 多年生草本。块茎近球形或卵圆形。鳞叶3，膜质。叶2枚；叶片鸟趾状分裂，裂片7~11，长圆状倒披针形或披针形，先端渐尖，基部楔形，全缘或略呈波状；叶柄绿色，下部具鞘。佛焰苞绿色或白色；肉穗花序单性；雄花序棒状；先端附属物长圆柱状。花期4~5月。 > **分布：** 见于朱陀岭、狮子口、大树王、开山老殿、大横路等地，生于山坡路旁或林下。我国江苏、安徽、浙江、江西、福建、湖南、广东、河南、陕西有分布。 > **用途：** 块茎可入药。

芋
Colocasia esculenta

天南星科 Araceae
芋属 *Colocasia*

>**识别要点：** 多年生湿生草本。块茎卵形至长椭圆形，常生多数小球茎，富含淀粉。叶2~5枚簇生；叶片盾形，侧脉4对，斜伸至叶缘；叶柄长于叶片，绿色，基部鞘状抱茎。肉穗花序短于佛焰苞；雄花和雌花常被一段不育雄蕊分离。浆果绿色。花期8~9月。>**分布：** 栽培于天目村、九狮村等地。我国南北各地常有栽培。埃及、菲律宾、印度尼西亚等热带地区盛行栽培。>**用途：** 叶柄作猪饲料；块茎可食。

虎掌
Pinellia pedatisecta

天南星科 Araceae
半夏属 *Pinellia*

>**识别要点：** 多年生草本。块茎近圆球形，根密集，肉质；块茎四旁常生若干小球茎。叶1~3枚或更多；叶片鸟足状分裂，裂片6~11，披针形，渐尖，基部渐狭，楔形；叶柄淡绿色，下部具鞘。佛焰苞淡绿色，管部长圆形；肉穗花序顶生；浆果卵圆形，绿色。花期6~7月，果期9~11月。>**分布：** 见于太子庵、朱陀岭等地，生于山地林下、山谷或河谷阴湿处。我国江苏、安徽、浙江、福建、湖南、湖北、广西、四川、贵州、云南等地有分布。>**用途：** 块茎可入药。

半夏
Pinellia ternata

天南星科 Araceae
半夏属 *Pinellia*

> **识别要点**：多年生草本。块茎圆球形，具多数须根。叶2~5枚，稀1；叶柄基部常有珠芽；幼苗叶片卵状心形至戟形，全缘；成年植株叶片3全裂，裂片长椭圆形至披针形。总花梗长于叶柄；佛焰苞长圆形，顶端圆钝或锐尖。浆果卵圆形，黄绿色。花期5~7月，果期7~8月。
> **分布**：见于天目山管理局、禅源寺、朱陀岭、三里亭、横塘、仙人顶等地，生于草坡、荒地、疏林下。我国除西藏、青海、新疆、内蒙古外，其他各地均有分布。日本、朝鲜亦有。> **用途**：块茎可入药。

413

大薸
Pistia stratiotes

天南星科 Araceae
大薸属 *Pistia*

> **识别要点**：多年生漂浮草本。茎上节间极短缩。叶片形状因发育阶段而异，初为圆形或倒卵形，略具柄，后为倒卵状楔形、倒卵状长圆形或近线状长圆形，先端截形或浑圆，基部厚，几无柄，两面均被绒毛，基部尤为浓密；叶鞘托叶状，干膜质。佛焰苞极小，腋生，白色。浆果卵圆状。花期6~8月。> **分布**：栽培于山麓农家。我国长江流域及其以南地区有野生分布或栽培。全世界热带和亚热带地区广泛分布。> **用途**：可作饲料；药用或观赏。

谷精草
Eriocaulon buergerianum

谷精草科 Eriocaulaceae
谷精草属 *Eriocaulon*

> **识别要点**：多年生丛生草本。叶基生；叶片长披针状线形，有横脉。头状花序球状，顶生；总花梗多，长短不一；总苞片倒卵形或近圆形；花序托具长柔毛。雄花萼片3，合生呈佛焰苞状，先端具白色柔毛；雌花萼片3，合生，先端3裂。蒴果；种子长椭圆形，有网状花纹。花果期9~10月。
> **分布**：见于千亩田，生于向阳路边。我国长江流域及其以南地区有分布。日本亦有。 > **用途**：全草可入药。

鸭跖草
Commelina communis

鸭跖草科 Commelinaceae
鸭跖草属 *Commelina*

> **识别要点**：一年生草本。茎多分枝，基部匍匐而节上生根，上部上升。叶片卵形至披针形，先端急尖至渐尖，基部宽楔形，两面无毛或上面近边缘处微粗糙。聚伞花序单生于主茎或分枝的顶端；总苞片佛焰苞状，心状卵形；花瓣深蓝色。蒴果椭圆形，2瓣裂；种子椭圆形。花果期7~9月。
> **分布**：见于禅源寺、天目村、开山老殿和仙人顶等地，生于山坡路边或沟边潮湿处。我国四川、甘肃以东的南北各地均有分布。日本、朝鲜亦有。 > **用途**：全草可入药。

水竹叶
Murdannia triquetra

鸭跖草科 Commelinaceae
水竹叶属 *Murdannia*

> **识别要点：** 多年生水生草本。茎多分枝，基部匍匐。叶片线状披针形；叶鞘边缘具白色柔毛。聚伞花序退化成1花，生于分枝的顶端和近顶端的叶腋；苞片线状，萼片披针形；发育雄蕊3，退化雄蕊顶端不分裂而成戟形。蒴果椭圆形，两端稍钝；种子红灰色，有沟纹。花果期8~10月。> **分布：** 见于九狮村，生于湿地或浅水旁。我国华东、中南和西南各地有分布。印度亦有。> **用途：** 全草可入药。

杜若
Pollia japonica

鸭跖草科 Commelinaceae
杜若属 *Pollia*

> **识别要点：** 多年生草本。茎直立或上升。叶常聚集于茎顶；叶片长椭圆形，先端渐尖，基部渐狭成柄状。顶生圆锥花序伸长，由疏离轮生的聚伞花序组成；总花梗与花梗被白色短柔毛。浆果状果实圆球形或卵形，熟时蓝色。花期6~7月，果期8~10月。> **分布：** 见于五里亭、七里亭、狮子口，生于山坡林下或沟边潮湿处。我国安徽、浙江、江西、福建、台湾、湖南、湖北等省有分布。日本、朝鲜亦有。> **用途：** 全草可入药。

凤眼蓝
（凤眼莲）

Eichhornia crassipes

雨久花科 Pontederiaceae
凤眼蓝属 *Eichhornia*

> **识别要点**：浮水草本。须根发达，棕黑色；茎极短；长匍匐枝淡绿色或带紫色。叶基生，莲座状排列，一般5~10枚；叶片常圆形至浅心形，全缘，叶柄膨大呈葫芦状气囊。穗状花序顶生；花被片6裂，蓝紫色，在蓝色的中央有鲜黄色的斑点。蒴果卵形。花期7~10月，果期8~11月。> **分布**：天目山有归化，生于池塘、河渠静水处或水田中。原产于美洲热带。我国长江、黄河流域及华南地区均有分布。> **用途**：可作饲料和药用植物；繁殖迅速，可致水道堵塞。

鸭舌草

Monochoria vaginalis

雨久花科 Pontederiaceae
雨久花属 *Monochoria*

> **识别要点**：一年生沼生或水生草本。全株光滑无毛。茎直立或斜上。叶基生和茎生；叶片形状和大小变化较大，由心状宽卵形、长卵形至披针形。总状花序从叶柄中部抽出，该处叶柄扩大成鞘状；花通常3~5朵，蓝色。蒴果卵形至长圆形；种子多数，椭圆形，灰褐色。花期6~9月，果期7~10月。> **分布**：见于告岭村等地，生于水田、水沟及池沼中。我国黄河流域及其以南地区有分布。日本、马来西亚、印度亦有。> **用途**：饲料或药用植物。

灯心草
Juncus effusus

灯心草科 Juncaceae
灯心草属 *Juncus*

> **识别要点：** 多年生草本。根状茎粗壮横走；茎丛生，直立，淡绿色。叶基生，基部红褐至黑褐色；叶片退化为芒刺状。聚伞花序假侧生，含多花，排列紧密或疏散；花淡绿色；花被片狭披针形；子房3室。蒴果长圆形，顶端钝或微凹，黄褐色；种子卵状长圆形，黄褐色。花期3~4月，果期4~7月。> **分布：** 见于禅源寺、一里亭、三里亭和告岭村，生于沟边及山坡路边潮湿处。全国各地广泛分布。全世界温暖地区均有。> **用途：** 茎为编织原料；茎髓可入药或作灯芯。

417

百部
Stemona japonica

百部科 Stemonaceae
百部属 *Stemona*

> **识别要点：** 多年生缠绕草本。块根肉质，纺锤状，多数簇生。茎上部蔓生状，长达1 m，常缠绕他物上升。叶轮生，纸质或薄革质，卵状披针形或卵状长圆形。花序柄贴生于叶片中脉；花单生或排成聚伞状花序；花柄纤细。蒴果卵形；种子椭圆形，紫褐色。花期5~6月，果期6~7月。> **分布：** 见于武山村、禅源寺、朱陀岭、西游村、西关等地，生于山坡灌丛草地或林缘。我国华东、华中、华南及西南各地均有分布。日本亦有。> **用途：** 块根可入药。

薤白
(小根蒜)
Allium macrostemon

百合科 Liliaceae
葱属 *Allium*

>**识别要点**：多年生草本。鳞茎近球形，基部常具小鳞茎；外皮带黑色，纸质或膜质，不破裂。基生叶数枚，半圆柱状线形，中空。伞形花序杂有肉质珠芽；珠芽暗紫色，基部也有小苞片；花被片粉红色，卵状长圆形；子房近球形。花果期5~6月。>**分布**：见于太子庵、禅源寺、三里亭等地，生于荒野、路旁或山坡草丛。全国各地广泛分布。日本、朝鲜和俄罗斯也有。>**用途**：鳞茎可入药或食用。

韭
Allium tuberosum

百合科 Liliaceae
葱属 *Allium*

>**识别要点**：多年生草本。鳞茎簇生，近圆柱状；外皮暗黄色至黄褐色，破裂成纤维状，呈网状或近网状。叶条形，扁平，实心，比花葶短。花葶圆柱状，常具2纵棱；伞形花序半球状或近球状，具多但较稀疏的花；小花梗近等长，基部具小苞片；花被片白色。蒴果倒卵形。花果期8~10月。
>**分布**：栽培于山麓农家。原产于亚洲东南部。世界各地广泛栽培。>**用途**：叶、花葶可作蔬菜；种子可入药。

老鸦瓣
Amana edulis

百合科 Liliaceae
老鸦瓣属 *Amana*

> **识别要点**：多年生草本。鳞茎皮纸质，内面密被长柔毛。茎长10~25 cm，通常不分枝，无毛。叶2枚，长条形，远比花长，上面无毛。花单朵顶生，靠近基部处具2枚对生苞片，苞片狭条形；花大，钟状；花被片6，离生，白色，矩圆状披针形。蒴果近球形，具长喙。花期3~4月，果期4~5月。
> **分布**：天目山常见种，生于山坡草地及路边草丛中。我国江苏、安徽、浙江、江西、湖北、湖南、山东等省有分布。日本及朝鲜亦有。> **用途**：鳞茎可入药或提取淀粉。

天门冬
Asparagus cochinchinensis

百合科 Liliaceae
天门冬属 *Asparagus*

> **识别要点**：多年生常绿草本或亚灌木。肉质块根纺锤状或长椭圆形。茎攀缘，多分枝，高达2 m。叶退化成三角状，基部有木质倒生刺；叶状枝通常3枚成簇，线形，长1~3 cm或更长，宽1~2 mm，扁平，镰刀状。花淡黄绿色，通常2朵与叶状枝同生一簇。浆果球形，熟时红色。花期5月，果期8月。
> **分布**：见于天目村、朱陀岭、一里亭等地，生于山坡或沟边。我国华东、华中及西南等地有分布。日本、朝鲜、越南和老挝亦有。> **用途**：块根可入药。

绵枣儿
Barnardia japonica

百合科 Liliaceae
绵枣儿属 *Barnardia*

> **识别要点**：多年生草本。鳞茎卵圆形或卵状椭圆形，皮黑褐色或褐色。叶通常2枚；叶片线形或倒披针形，先端渐尖，基部渐狭。花葶通常1枚，常于叶枯萎后生出。总状花序顶生；苞片膜质，线形；花被片淡紫红色至白色。蒴果倒卵形；种子黑色，长圆状狭倒卵形。花果期9~10月。> **分布**：见于朱陀岭、石门、告岭等地，生于山坡草地、林缘及路旁。除内蒙古、青海、新疆、西藏外，我国各地均有分布。朝鲜、日本也有。> **用途**：全草可入药。

荞麦叶大百合
Cardiocrinum cathayanum

百合科 Liliaceae
大百合属 *Cardiocrinum*

> **识别要点**：多年生高大草本。茎无毛。除基生叶外，离茎基部约25 cm处开始有茎生叶，最下面几枚常聚集在一处，其余散生；叶纸质，卵状心形或卵形，先端急尖，基部近心形。顶生总状花序有花3~5朵；花被片条状倒披针形。蒴果近球形，红棕色；种子扁平。花期6~7月，果期8~10月。
> **分布**：见于横坞、禅源寺、太子庵、香炉峰等地，生于山坡林下阴湿处或沟边草丛中。我国江苏、安徽、浙江、江西、湖北、湖南有分布。> **用途**：鳞茎可入药。

少花万寿竹
Disporum uniflorum

百合科 Liliaceae
万寿竹属 *Disporum*

> **识别要点：** 多年生草本。根状茎肉质，横出。茎直立，上部具叉状分枝。叶薄纸质至纸质，矩圆形、卵形、椭圆形至披针形。花黄色、绿黄色或白色，1~3朵着生于分枝顶端；花被片近直出，倒卵状披针形。浆果椭圆形或球形，具种子3；种子直径约5 mm，深棕色。花期4~5月，果期7~10月。
> **分布：** 天目山常见种，生于山坡林下或灌丛中。我国华东、华中、华南、西南地区以及河北、陕西有分布。日本及朝鲜亦有。> **用途：** 根状茎及根可入药。

421

浙贝母
Fritillaria thunbergii

百合科 Liliaceae
贝母属 *Fritillaria*

> **识别要点：** 多年生草本。鳞茎扁球形，通常由2枚肥厚的鳞片组成。下部和上部的叶互生或近对生，中部的叶轮生；叶片线状披针形或倒披针形。总状花序有花2~9，花被片淡黄绿色，倒卵形或椭圆形。花期3~4月，果期4~5月。> **分布：** 栽培于山麓农家。我国江苏、安徽、浙江、湖南等地有分布。日本亦有。
> **用途：** 鳞茎可入药。

萱草
Hemerocallis fulva

百合科 Liliaceae
萱草属 *Hemerocallis*

>**识别要点**：多年生草本。根状茎极短；中下部具纺锤状膨大的肉质块根。叶基生，排成2列；叶片宽线形至线状披针形，通常鲜绿色，背面呈龙骨状突起。花葶粗壮；二歧蝎尾状聚伞花序；花早上开放晚上凋谢，橘红色至橘黄色。蒴果长圆形，具钝3棱；种子黑色，有棱角。花果期6~8月。>**分布**：见于武山村、禅源寺、雨华亭、半月池等地，生于山坡林下或沟边阴湿处。我国秦岭以南地区均有分布。日本及欧洲南部亦有。>**用途**：根可入药，有小毒；花可食用。

紫萼
Hosta ventricosa

百合科 Liliaceae
玉簪属 *Hosta*

>**识别要点**：多年生草本。根状茎粗短。叶基生；叶片卵状心形、卵圆形或卵形，先端骤尖，基部心形至圆形。花葶上具1~2枚无花的苞片；总状花序有花10~30；苞片膜质，白色，长圆状披针形；花淡紫色，无香味。蒴果圆柱状，具3棱；种子黑色。花果期8~10月。>**分布**：见于太子庵、里曲湾、五里亭、半月池、大树王、开山老殿等地，生于山坡林下、林缘或草丛中。我国江苏、安徽、浙江、江西、福建等省有分布。>**用途**：观赏植物；根状茎可入药。

野百合
Lilium brownii

百合科 Liliaceae
百合属 *Lilium*

> **识别要点：** 多年生草本。鳞茎球形；鳞片披针形，无节，白色。叶散生，通常自下而上渐小，披针形、窄披针形至条形，先端渐尖，基部渐狭，全缘，两面无毛。花单生或几朵排成近伞形；花喇叭形，有香气，乳白色。蒴果矩圆形，有棱，具多数种子。花期5~6月，果期7~9月。
> **分布：** 见于火焰山、朱陀岭、七里亭、半月池、仙人顶等地，生于山坡林缘、路边、溪旁。我国安徽、浙江、江西等省有分布。> **用途：** 鳞茎可入药或食用。

卷丹
Lilium tigrinum

百合科 Liliaceae
百合属 *Lilium*

> **识别要点：** 多年生草本。鳞茎扁球形；鳞片宽卵形，白色。叶互生，无柄，上部叶腋常有珠芽；叶片矩圆状披针形至披针形。总状花序有花3~10朵，花橘红色，下垂；花被片6，披针形，内面散生紫黑色斑点，开放后向外反卷；雄蕊四面张开。蒴果狭长卵形。花期7~8月，果期9~10月。> **分布：** 见于香炉峰、半月池、开山老殿等地，生于山坡灌丛、草地。我国江苏、安徽、浙江、江西、广西、四川、西藏等地有分布；日本及朝鲜亦有。> **用途：** 鳞茎可入药或食用。

山麦冬
Liriope spicata

百合科 Liliaceae
山麦冬属 *Liriope*

> **识别要点**：多年生草本。根状茎短，有细长的地下走茎。叶基生，无柄；叶片宽线形，先端急尖或钝，叶缘具细锯齿；叶鞘边缘膜质。花葶近圆形；总状花序花较多；花淡紫色，常2~5朵簇生于苞片腋内。种子近圆球形，小核果状。花期6~8月，果期9~10月。> **分布**：见于朱陀岭、告岭村等地，生于山坡林下或路边草地，亦常栽培于庭院。除西藏、新疆、内蒙古和东北外，我国其他地区均有分布和栽培。日本、越南也有。> **用途**：观赏植物；块根入药。

鹿药
Maianthemum japonicum

百合科 Liliaceae
鹿药属 *Maianthemum*

> **识别要点**：多年生草本。根状茎圆柱状，横生，有时呈结节状。茎中部以上被粗伏毛。叶互生，4~9枚，卵状椭圆形或狭矩圆形，顶端近渐尖，两面疏被粗毛或近无毛，具短柄。圆锥花序有花10~20余朵，被毛；花两性，白色。浆果近球形，熟时红色。花期5~6月，果期8~9月。> **分布**：见于香炉峰、开山老殿、横塘和仙人顶等地，生于山坡林下阴湿处。我国湖南、安徽、江苏、浙江和台湾等省有分布。日本、朝鲜和俄罗斯亦有。> **用途**：根状茎可入药。

麦冬
Ophiopogon japonicus

百合科 Liliaceae
沿阶草属 *Ophiopogon*

> **识别要点**：多年生草本。根状茎粗短，须根顶端或中部膨大成纺锤状块根；茎很短。叶基生成丛，禾叶状，先端渐尖，边缘具细锯齿。花葶短于叶簇；总状花序具8~10朵花；花稍下垂；花被片卵状披针形、披针形或近矩圆形，白色或稍带紫色。种子近球形，蓝黑色。花期6~8月，果期8~10月。
> **分布**：见于天目村、朱陀岭、开山老殿、千亩田等地，生于林下阴湿处或沟边草地。我国江苏、安徽、浙江、江西等地有分布。日本、越南及印度亦有。 > **用途**：块根可入药。

425

多花黄精
Polygonatum cyrtonema

百合科 Liliaceae
黄精属 *Polygonatum*

> **识别要点**：多年生草本。根状茎结节状；茎弯拱。叶互生；叶片椭圆形至长圆状披针形，先端急尖至渐尖，平直，基部圆钝，两面无毛。伞形花序腋生，有花2~7朵，下弯；苞片线形，早落。花被绿白色，合生成管状。浆果熟时蓝黑色。种子3~9粒。花期5~6月，果期8~10月。 > **分布**：见于禅源寺、留椿屋、青龙山、里曲湾、三里亭等地，生于山坡林下阴湿处或沟边。我国华东、华中、华南和西南地区均有分布。
> **用途**：根状茎入药。

吉祥草
Reineckea carnea

百合科 Liliaceae
吉祥草属 *Reineckea*

>**识别要点**：多年生草本。根状茎细长，横生在浅土中或露出地面呈匍匐状。叶常簇生于根状茎顶端；叶片条形至倒披针形，先端渐尖，下部渐狭至柄状。花葶侧生，从下部叶腋抽出，远短于叶簇；穗状花序上部的花有时仅具雄蕊。浆果圆球形，熟时红色或紫红色；种子白色。花果期10~11月。
>**分布**：见于禅源寺、青龙山、朱陀岭等地，生于山坡林下阴湿处或水沟边。我国江苏、安徽、浙江、江西、湖北等地有分布。日本亦有。>**用途**：根状茎及全草入药；亦可栽培作观赏。

万年青
Rohdea japonica

百合科 Liliaceae
万年青属 *Rohdea*

>**识别要点**：多年生草本。根状茎粗壮。基生叶厚革质，长圆形、披针形或倒披针形，先端急尖，下部稍狭，基部稍扩展，抱茎。花葶侧生，远短于叶簇；顶生穗状花序长椭圆形；花淡黄色，无柄，肉质，半球形。浆果圆球形，熟时红色。花期6~7月，果期8~10月。>**分布**：见于里曲湾、忠烈祠、香炉峰、七里亭和仙人顶等地，生于山坡林下阴湿处或灌丛草地。我国江苏、安徽、浙江、江西等地有分布。日本亦有。>**用途**：根状茎入药；也可栽培供观赏。

菝葜
Smilax china

百合科 Liliaceae
菝葜属 *Smilax*

> **识别要点**：攀缘灌木。根状茎横走，粗壮，坚硬；茎疏生倒钩状刺。叶片革质，宽2~7 cm，近卵形或椭圆形，先端凸尖至骤尖，基部宽楔形或圆形，有时微心形，下面淡绿色。伞形花序具多花；花黄绿色。浆果球形，熟时红色，有时具白粉。花期4~6月，果期6~10月。> **分布**：天目山常见种，生于山坡林下或灌丛中。除西北、东北和西藏外，我国黄河以南地区有分布。日本、越南、泰国等地亦有。> **用途**：根状茎可入药或酿酒。

小果菝葜
Smilax davidiana

百合科 Liliaceae
菝葜属 *Smilax*

> **识别要点**：攀缘灌木。根状茎短粗，表面通常黑褐色。茎带紫红色，具刺；分枝密，小枝多刺。叶片厚纸质，常椭圆形，先端微凸至短渐尖，基部楔形至圆形，下面淡绿色。伞形花序生于叶尚幼嫩的小枝上；花序托膨大，近球形；花黄绿色。浆果熟时暗红色。花期4~5月，果期9~11月。> **分布**：见于告岭等地，生于山坡林下或灌丛中。我国江苏、安徽、浙江、江西有分布。越南、老挝、泰国亦有。> **用途**：根状茎可入药。

土茯苓
Smilax glabra

百合科 Liliaceae
菝葜属 *Smilax*

> **识别要点：** 常绿攀缘灌木。根状茎坚硬，多分枝，块根状，有时近念珠状；茎无刺。叶革质，长圆状披针形至披针形，先端骤尖至渐尖，基部圆形或楔形。伞形花序具多数花，花序梗极短或无；花绿白色，六棱状扁球形。浆果球形，熟时紫黑色，具白粉。花期7~8月，果期10~11月。
> **分布：** 见于禅源寺、白虎山、七里亭、开山老殿等地，生于山坡林下、林缘或灌丛中。我国长江流域及其以南地区有分布。越南、泰国、印度亦有。> **用途：** 根状茎可入药。

鞘柄菝葜
Smilax stans

百合科 Liliaceae
菝葜属 *Smilax*

> **识别要点：** 直立或披散状灌木。茎分枝，稍具棱，无刺。叶纸质，圆形、卵形或卵状披针形，先端凸尖或急尖，基部圆形或楔形，下部苍白色；叶柄无卷须。伞形花序具1~3花；花黄绿色或稍带淡红色。浆果球形，熟时黑色，具白粉。花期5~6月，果期10月。> **分布：** 见于开山老殿等地，生于海拔1000 m以上的山坡林下或灌丛中。我国黄河流域及其以南地区有分布。日本亦有。> **用途：** 根状茎可入药。

白穗花
Speirantha gardenii

百合科 Liliaceae
白穗花属 *Speirantha*

> **识别要点：** 多年生草本。根状茎圆柱形，斜生。叶基生，4~8枚，叶片倒披针形、披针形或长椭圆形，先端渐尖，下部渐狭成柄。花葶侧生，短于叶簇；总状花序顶生；苞片白色或稍带红色；花白色；花被片披针形。浆果近圆球形。花期5~6月，果期7月。> **分布：** 栽培于山麓农家。我国安徽、浙江和江西有分布。> **用途：** 栽培供观赏。

429

中国油点草
Tricyrtis chinensis

百合科 Liliaceae
油点草属 *Tricyrtis*

> **识别要点：** 多年生草本。茎直立，稍曲折，具短糙毛。叶片长椭圆形至宽椭圆形，先端渐尖或急尖，基部心形抱茎或圆形而近无柄。二歧聚伞花序顶生或生于上部叶腋；花序轴和花梗生有淡褐色短糙毛；花被片白色或淡红色，内面具多数紫红色斑点。蒴果直立，长圆形；种子扁卵形。花果期8~9月。> **分布：** 见于禅源寺、七里亭、香炉峰、开山老殿、千亩田等地，生于山坡林下。我国江苏、安徽、浙江、江西、福建等地有分布。日本亦有。> **用途：** 全草可入药。

延龄草
Trillium tschonoskii

百合科 Liliaceae
延龄草属 *Trillium*

> **识别要点**：多年生草本。茎丛生于粗短的根状茎上。叶片菱状圆形或菱形，近无柄。花单生于茎顶；花被片卵状披针形，外轮花被片绿色，内轮花被片白色，少有淡紫色。浆果圆球形，黑紫色，有多数种子。花期4~6月，果期7~8月。
> **分布**：见于武山村、仙人顶、阳山坪等地，生于山坡林下阴湿处或沟边。我国安徽、浙江、四川、云南、西藏等地有分布。日本、不丹、朝鲜及印度亦有。 > **用途**：根状茎可入药。

430

毛叶藜芦
Veratrum grandiflorum

百合科 Liliaceae
藜芦属 *Veratrum*

> **识别要点**：多年生草本。鳞茎不明显膨大，包裹茎基部的叶鞘仅残存纤维状纵脉，无横脉。茎下部叶片宽椭圆形，先端钝或急尖，基部抱茎，上面无毛。圆锥花序基部分枝，长可达14 cm；花被片6，绿白色，长圆形或椭圆形，边缘有明显的啮蚀状牙齿。蒴果椭圆形；种子具翅。花果期7~8月。
> **分布**：见于仙人顶，生于海拔1200~1500 m的山顶灌丛草地。我国浙江、江西、台湾、湖北、湖南、四川、云南有分布。
> **用途**：根可入药。

牯岭藜芦
Veratrum schindleri

百合科 Liliaceae
藜芦属 *Veratrum*

> **识别要点**：多年生草本。鳞茎近圆柱状或卵状圆柱形，包裹基部的叶鞘残存网状纵脉和横脉。基生叶1~4片，长椭圆形或披针形；茎生叶披针形。圆锥花序；花被片伸展或反折，淡黄绿色、绿白色或淡褐色；雄花和两性花同株或全为两性花。蒴果椭圆形或卵状椭圆形。花果期7~9月。> **分布**：见于三里亭、香炉峰、狮子口、半月池、开山老殿、横塘等地，生于山坡林下阴湿处。我国江苏、安徽、浙江、江西、福建和广西等地有分布。> **用途**：根可入药；全草可作杀虫药。

凤尾丝兰
Yucca gloriosa

百合科 Liliaceae
丝兰属 *Yucca*

> **识别要点**：常绿灌木状草本。茎明显，有时分枝，上有近环状的叶痕。叶近莲座状排列于茎或分枝的近顶端；叶片剑形，质厚而坚挺，先端具尖刺。花葶从叶丛中抽出，高大而粗壮；圆锥花序大型，无毛；花乳白色，近钟形，下垂；花被片基部稍合生，卵状菱形。蒴果卵球形。花期9~11月。> **分布**：栽培于山麓农家。原产于北美洲东部和东南部。我国长江以南各地常见栽培。
> **用途**：叶可制缆绳；栽培供观赏。

忽地笑
Lycoris aurea

石蒜科 Amaryllidaceae
石蒜属 *Lycoris*

>**识别要点**：多年生草本。鳞茎卵形。秋季出叶；叶片剑形，向基部渐狭，顶端渐尖，中间淡色带明显。花茎高约60 cm；总苞片2枚，披针形；伞形花序有花4~8朵；花黄色；花被裂片背面具淡绿色中肋，高度反卷和皱缩。蒴果具三棱，室背开裂；种子少数，近球形，黑色。花期8~9月，果期10月。
>**分布**：见于红庙和一里亭；生于山坡水沟阴湿处。我国甘肃、陕西、浙江、江西、台湾等地有分布。南亚、中南半岛和日本亦有。>**用途**：鳞茎入药；栽培供观赏。

中国石蒜
Lycoris chinensis

石蒜科 Amaryllidaceae
石蒜属 *Lycoris*

>**识别要点**：多年生草本。鳞茎卵球形。春季出叶；叶片带状，先端圆钝，绿色，中间具淡色条纹。总苞片2枚，倒披针形；伞形花序有花5~6朵；花黄色；花被筒长1.7~2.5 cm；雄蕊与花被近等长或略伸出于花被外；花丝黄色。花期7~8月，果期9~10月。>**分布**：见于倒挂莲花、雨华亭、朱陀岭、里曲湾、开山老殿、地藏殿、大镜坞等地，生于山坡林下阴湿处或岩石上。我国浙江、江苏和河南有分布。
>**用途**：鳞茎可入药。

石蒜
Lycoris radiata

石蒜科 Amaryllidaceae
石蒜属 *Lycoris*

>**识别要点**：多年生草本。鳞茎近圆球形，皮紫褐色。秋季出叶，至次年夏天枯死；叶片狭带状，先端钝，深绿色，中间有粉绿色带。伞形花序有花4~7；花鲜红色，高度反卷和皱缩；花被筒长0.5 cm，绿色，裂片狭倒披针形。花期8~10月，果期10~11月。>**分布**：见于朱陀岭、一里亭、大树王等地，生于阴湿山坡、沟边石缝及山地路边。我国江苏、安徽、浙江、山东等多省有分布。日本、朝鲜和尼泊尔亦有。>**用途**：观花植物；鳞茎可入药。

433

水仙
Narcissus tazetta var. *chinensis*

石蒜科 Amaryllidaceae
水仙属 *Narcissus*

>**识别要点**：多年生草本。鳞茎卵球形。叶片宽线形，扁平，钝头，全缘，粉绿色。花茎几与叶等长；伞形花序有花4~8朵；佛焰苞状总苞膜质；花梗长短不一；花被管细，近三棱形；花被裂片6，阔椭圆形，顶端具短尖头，白色，芳香；副花冠浅杯状，浅黄色，长不及花被片的一半。花期春季。>**分布**：栽培于山麓农家。我国浙江、福建和海南等省有分布。日本和韩国亦有。>**用途**：观花植物；鳞茎可入药。

葱莲
Zephyranthes candida

石蒜科 Amaryllidaceae
葱莲属 *Zephyranthes*

> **识别要点**：多年生草本。鳞茎卵形，具有明显的颈部。叶片狭线形，较圆，肥厚，亮绿色。花茎中空；花单生于花茎顶端；花白色，外面常略带淡红色；花梗包藏于佛焰苞状总苞片内；花被管几无；花被片6，先端钝或具短尖头。蒴果近球形，3瓣开裂；种子黑色，扁平。花期8~10月。> **分布**：栽培于山麓农家。原产于南美。我国长江流域及其以南地区有栽培。亚洲、太平洋和北美亦有栽培或归化。> **用途**：观赏植物；全草可入药。

日本薯蓣
Dioscorea japonica

薯蓣科 Dioscoreaceae
薯蓣属 *Dioscorea*

> **识别要点**：多年生缠绕草质藤本，雌雄异株。块茎圆柱形，垂直生长；茎右旋，具细纵槽，无毛。单叶在茎下部互生，中部以上对生；叶片纸质，变异大，叶腋内有珠芽。果序下弯；蒴果不反折，三棱状；种子广卵形，四周有膜质翅。花期6~9月，果期7~10月。> **分布**：见于半月池、地藏殿等地，生于海拔200~1500 m的山坡林缘或草丛中。我国江苏、安徽、浙江等多省有分布。日本、朝鲜亦有。> **用途**：块茎可入药。

射干
Belamcanda chinensis

鸢尾科 Iridaceae
射干属 *Belamcanda*

>**识别要点**：多年生草本。根状茎粗壮，鲜黄色，呈结节状；茎直立。叶互生，嵌叠状2列，剑形，基部鞘状抱茎，先端渐尖，无中脉。伞房花序顶生，叉状分枝，顶端有数朵花聚生；花橙红色，散生暗红色或紫褐色斑点。蒴果倒卵形；种子圆球形，黑色，有光泽。花期6~8月，果期7~9月。
>**分布**：见于禅源寺、东坞坪和七里亭等地，生于海拔300~800 m的林缘、岩石旁及溪边草丛中。我国各省山地均有分布。日本、印度等国亦有。>**用途**：根状茎入药。

435

蝴蝶花
Iris japonica

鸢尾科 Iridaceae
鸢尾属 *Iris*

>**识别要点**：多年生草本。根状茎直立扁圆形或纤细横走。基生叶暗绿色，有光泽，近地面处带紫红色，剑形，中脉不明显。花茎直立，高于叶片，顶生稀疏总状聚伞花序；花淡紫色或淡蓝色；花被片内面有鸡冠状突起。蒴果倒卵形；种子黑褐色，无附属物。花期3~4月，果期5~6月。>**分布**：见于禅源寺、朱陀岭等地，生于海拔330~450 m的林缘阴湿处或路边、水沟边阴湿地带。我国江苏、安徽、浙江、江西等省有分布。日本亦有。>**用途**：全草入药；栽培供观赏。

鸢尾
Iris tectorum

鸢尾科 Iridaceae
鸢尾属 *Iris*

> **识别要点**：多年生草本。根状茎粗壮，坚硬，浅黄色，二歧分枝，斜伸。叶基生，黄绿色，稍弯曲，中部略宽，剑形，具数条不明显的纵脉。花茎光滑；花蓝紫色，较大，直径约10 cm；花柱分枝扁平。蒴果长圆形至椭圆形；种子黑褐色。花期4~5月，果期6~8月。> **分布**：见于禅源寺等地，生于海拔330~450 m的草丛中。我国江苏、安徽、浙江等多省有野生或栽培。日本、缅甸亦有。
> **用途**：观赏植物；根状茎可入药。

芭蕉
Musa basjoo

芭蕉科 Musaceae
芭蕉属 *Musa*

> **识别要点**：多年生草本。茎直立；有根状茎和假茎。叶片长圆形，宽可达40 cm，先端钝圆，基部圆或稍呈肾状，中脉明显，粗大，侧脉多数，平行，表面鲜绿色，有光泽。花序生于上部叶腋间，下垂；花轴粗壮；大苞片佛焰状，红褐色或紫色。浆果三棱状长圆形。花期8~9月，果期翌年5~6月。
> **分布**：栽培于忠烈祠等地。原产于日本和朝鲜。我国秦岭至淮河以南有露地栽培。> **用途**：观赏植物。

蘘荷
Zingiber mioga

姜科 Zingiberaceae
姜属 *Zingiber*

> **识别要点：** 多年生草本。根状茎不明显，根末端膨大成块状，淡黄色，具辛辣味。叶片披针形或披针状椭圆形，先端尾尖，基部收缩成短柄状。穗状花序椭圆形；苞片披针形，带红色，具紫色脉纹。蒴果倒卵形，内果皮鲜红色；种子椭圆形，黑色，被白色假种皮。花期7~8月，果期9~11月。
> **分布：** 见于天目村、禅源寺等地，生于海拔260~1100 m的低山竹林下、阴湿山地或水沟边。我国江苏、安徽、浙江等省有分布。日本亦有。> **用途：** 根状茎可作蔬菜或入药。

粉美人蕉
Canna glauca

美人蕉科 Cannaceae
美人蕉属 *Canna*

> **识别要点：** 多年生草本。根状茎块状；茎绿色。叶片披针形，顶端急尖，基部渐狭，绿色，被白粉，边缘绿白色，透明。总状花序疏花，单生或分叉，稍高出叶上；苞片圆形，褐色；花黄色，无斑点；园艺品种花色繁多，粉色、橙红或带花色斑点；花柱狭披针形。蒴果长圆形。花果期3~12月。
> **分布：** 栽培于山麓农家。原产于南美洲及西印度群岛。我国各地均有栽培。> **用途：** 观赏植物。

美人蕉
Canna indica

美人蕉科 Cannaceae
美人蕉属 *Canna*

> **识别要点**：多年生草本。全株无毛。茎、叶绿色。根状茎块状。叶片矩圆形或卵状长圆形，先端尖，基部阔楔形至圆形。总状花序疏花；总苞片绿色，苞片绿白色，宽卵形；萼片披针形；外轮退化雄蕊鲜红色。蒴果卵状长圆形，绿色，具软刺。花果期3~12月。> **分布**：栽培于山麓农家。原产于热带美洲。我国各地均有栽培。> **用途**：观赏植物。

再力花
Thalia dealbata

竹芋科 Marantaceae
水竹芋属 *Thalia*

> **识别要点**：多年生挺水草本。根状茎块状。叶基生，2~5片；叶片硬纸质，卵状披针形，浅灰蓝色，全缘；叶柄无毛，长0.6~2.5 cm，连同叶鞘均具粉霜；叶枕黄棕色至红色或紫红色。复穗状花序直立，密集簇生；总苞片多数，开花时易脱落；萼片紫色；花冠筒短柱状，浅紫色；侧生退化雄蕊花瓣状。蒴果圆球状。花期5~9月，果期6~10月。
> **分布**：栽培于禅源寺等地。原产于热带美洲。我国多地有栽培。
> **用途**：观赏植物。

白及
Bletilla striata

兰科 Orchidaceae
白及属 *Bletilla*

> **识别要点**：地生草本。假鳞茎扁球形。茎粗壮、劲直。叶4~6枚，常披针形，先端渐尖，基部收狭成鞘并抱茎。总状花序常不分枝；花大，紫红色或粉红色；萼片和花瓣近等长，狭长圆形，先端急尖。合蕊柱长18~20 mm，柱状，具狭翅，稍弓曲。花期4~5月，果期7~9月。> **分布**：见于禅源寺、红庙、朱陀岭等地，生于海拔300~1000 m的阔叶林与针叶林下。我国华东、中南、西南等地有分布。日本、朝鲜亦有。> **用途**：观花植物；假鳞茎可入药。

反瓣虾脊兰
Calanthe reflexa

兰科 Orchidaceae
虾脊兰属 *Calanthe*

> **识别要点**：地生草本。假鳞茎粗短，有时不明显。叶片4~5枚，基生，椭圆形，先端锐尖，基部渐狭为柄，两面无毛，花时全体展开。花葶1或2个，远高于叶，被短毛；总状花序疏生多花；花粉红色；开放后萼片和花瓣反折。蒴果椭圆状，常下垂。花期5~7月，果期8月。> **分布**：见于五里亭、七里亭、香炉峰和开山老殿，生于海拔500~1200 m的阔叶林下、山谷溪边。我国安徽、浙江、江西、湖北、台湾等省有分布。日本、朝鲜亦有。> **用途**：全草药用；栽培供观赏。

金兰
Cephalanthera falcata

兰科 Orchidaceae
头蕊兰属 *Cephalanthera*

> **识别要点**：地生草本。茎下部有鞘。叶4~7枚，椭圆形、椭圆状披针形或卵状披针形，先端急尖或钝，基部渐狭抱茎。花黄色，直立，稍展开；唇瓣上面具5~7条纵褶。蒴果狭椭圆形。花期4~6月，果期8~9月。> **分布**：见于后山门、香炉峰、开山老殿等地，生于海拔400~1100 m的林下或沟谷旁。我国华东、华中及西南多地有分布。日本、朝鲜亦有。> **用途**：全草可入药。

独花兰
Changnienia amoena

兰科 Orchidaceae
独花兰属 *Changnienia*

> **识别要点**：多年生草本。假鳞茎近椭圆形或宽卵球形，肉质，被膜质鞘。叶1枚，叶片宽卵状椭圆形至宽椭圆形，先端急尖或短渐尖，基部圆形或近截形，背面紫红色。花苞片小，脱落；花单朵，白色而带淡红色或淡紫色晕；唇瓣3裂，具紫红色斑点。花期4月，果期5月。> **分布**：见于开山老殿、大镜坞和广竹窠，生于海拔600~1000 m腐殖质丰厚的土壤上。我国安徽、浙江、江西和四川等省有分布。> **用途**：全草入药；花大美丽，供观赏。

蕙兰
Cymbidium faberi

兰科 Orchidaceae
兰属 *Cymbidium*

> **识别要点**：地生草本。假鳞茎不明显。叶5~8枚，基部常对折成V形，边缘常有粗锯齿。花葶从假鳞茎基部外侧叶腋中抽出，近直立，被多枚鞘；总状花序有花5~11朵；花黄绿色，有紫红色斑，具香气；萼片常狭倒卵形。蒴果狭椭圆形。花期3~5月，果期6~9月。> **分布**：见于阳和峰、小横路、西茅蓬，生于海拔400~1100 m的林下阴湿透光处。我国华东、华中及西南地区有分布。印度、尼泊尔亦有。> **用途**：根皮入药；花供观赏。

441

扇脉杓兰
Cypripedium japonicum

兰科 Orchidaceae
杓兰属 *Cypripedium*

> **识别要点**：地生草本。具细长横走的根状茎和许多较粗厚的纤维根。茎直立，基部常有数枚鞘；茎被褐色长柔毛。叶常2枚，近对生，位于植株近中部；叶片扇形，上半部边缘波状，基部近楔形。花序具1花；萼片、花瓣、唇瓣淡黄绿色。蒴果近纺锤形，疏被柔毛。花期4~5月，果期6~10月。> **分布**：见于里曲湾、香炉峰、仙人顶等地，生于海拔900~1500 m的林下灌丛、林缘、溪谷旁。我国江苏、安徽、浙江、江西等省有分布。日本亦有。> **用途**：根状茎可入药；栽培供观赏。

尖叶火烧兰
Epipactis thunbergii

兰科 Orchidaceae
火烧兰属 *Epipactis*

> **识别要点**：地生草本。根状茎粗短；茎直立，无毛，基部具2~4枚鳞片状鞘。叶6~8枚，互生；叶片卵状披针形，先端渐尖或尾尖。总状花序有花3~10朵，开后下垂；苞片叶状，椭圆形，较花长，向上部逐渐变短；花瓣宽卵形，稍斜歪，先端急尖。蒴果长椭圆形。花期6~7月，果期8~9月。> **分布**：见于半月池，生于海拔1000 m的林下。我国仅浙江省有分布。日本、朝鲜也有。> **用途**：不明。

大花斑叶兰
Goodyera biflora

兰科 Orchidaceae
斑叶兰属 *Goodyera*

> **识别要点**：地生草本。根状茎匍匐，具节，节上生根；茎直立，绿色。叶4~5枚；叶片卵形或椭圆形，上面绿色，具白色均匀细脉连成的网状脉纹，背面淡绿色。花葶很短，被短柔毛；总状花序通常具2朵花；花苞片披针形；花瓣白色，无毛，稍斜菱状线形。花期6~7月，果期10月。> **分布**：见于三里亭、五世同堂和开山老殿等地，生于海拔300~1100 m的林下阴湿处。我国华东、华中及西南地区有分布。日本、朝鲜和印度等国亦有。> **用途**：全草可入药。

毛莛玉凤花
（毛葶玉凤花）
Habenaria ciliolaris

兰科 Orchidaceae
玉凤花属 *Habenaria*

>**识别要点**：地生草本。块茎长圆形。茎粗，近中部具5~6枚叶。叶片椭圆状披针形或长椭圆形。总状花序顶生，有花6~15朵；花葶具棱，棱上被长柔毛；花白色或绿白色；花瓣斜披针形，不裂；唇瓣常3裂，线形或丝状。花果期7~9月。>**分布**：见于红庙、朱陀岭和里曲湾等地，生于海拔300~500 m的林下或沟边阴湿处。我国华东、华中及西南地区有分布。越南亦有。>**用途**：块茎可入药。

线叶十字兰
Habenaria linearifolia

兰科 Orchidaceae
玉凤花属 *Habenaria*

>**识别要点**：地生草本。全株无毛。块茎卵形或球形。叶多枚疏生；中下部叶5~7枚，线形，基部成抱茎的鞘。总状花序有花8~20朵；苞片披针形至卵状披针形；花白色或淡绿色；中萼片舟形、卵形或宽卵形；唇瓣距较长，末端渐膨大。花期7~9月，果期10月。>**分布**：见于千亩田，生于海拔1250 m的山沟草丛。我国东北、华北、华中及华东地区有分布。日本、朝鲜、俄罗斯亦有。
>**用途**：不明。

绶草
Spiranthes sinensis

兰科 Orchidaceaee
绶草属 *Spiranthes*

>**识别要点**：地生草本。植株细弱。根簇生，指状，白色，肉质。茎较短，近基部生2~5枚叶。叶形变异较大，线形、狭长圆形至倒披针形，先端急尖或渐尖。总状花序穗状，呈螺旋状扭曲，具多数密生小花，粉红色或白色。花期5~7月，果期7~9月。>**分布**：见于一里亭、红庙、朱陀岭和西关，生于海拔400~700 m的山坡林下、灌丛草地。全国各地山区均有分布。日本、朝鲜和澳大利亚等国也有。>**用途**：全草可入药，称"盘龙参"。

中文名索引

* 表示该物种收录于本书配套的数字课程 http://abook.hep.com.cn.54394

A

阿拉伯婆婆纳 338
阿穆尔莎草 406
* 矮桃
* 艾
* 艾蒿
凹头苋 92
* 凹叶厚朴
凹叶景天 152

B

八宝 150
八角枫 277
* 八角金盘
* 巴郎耳蕨
芭蕉 436
菝葜 427
* 白苞蒿
白背叶 223
* 白菜
白耳菜 156
白花败酱草 356
* 白花夹竹桃
* 白花泡桐
* 白花重瓣木槿
白及 439
白接骨 342
白鹃梅 172
* 白蜡树
白蔹 281
白栎 58
白莲蒿 366
白茅 394
白木通 115
白木乌桕 225
白皮松 29
白穗花 429
白檀 298
白棠子树 316
白英 330
白榆 64
白术 367
百部 417
* 百两金
百日菊 386
百蕊草 77

柏木 37
* 败酱
* 稗
* 斑地锦
* 斑叶兰
板栗 52
半边莲 362
半边月
半蒴苣苔 341
半夏 413
* 半枝莲
枹栎 58
* 薄叶景天
薄叶润楠 137
* 薄叶山矾
* 薄叶鼠李
* 宝盖草
抱石莲 21
豹皮樟 136
北美车前
北美独行菜 147
荸荠 408
蓖麻 226
薜荔 67
蒿蓄 81
蝙蝠葛 121
鞭叶耳蕨 20
扁担杆 255
扁豆 199
* 变豆菜
* 博落回
薄荷 323

C

* 菜豆
* 菜瓜
* 蚕豆
* 蚕茧草
* 蚕茧蓼
苍耳 385
糙叶树 59
糙叶五加 281
草绣球 153
侧柏 39
* 插田泡
* 茶

茶荚蒾 354
茶条槭 240
檫木 140
菖蒲 409
长柄冷水花 74
* 长柄山蚂蝗
长春花 307
* 长萼鸡眼草
长萼堇菜 269
长萼瞿麦 99
* 长梗冬青
* 长梗黄精
长喙紫茎 263
* 长叶地榆
长叶冻绿 249
长叶石栎 55
长柱紫茎 263
长籽柳叶菜 279
长鬃蓼 83
车前 345
扯根菜 156
柽柳 267
橙红荩藤 313
池杉 36
齿果酸模 87
* 赤豆
赤胫散 85
赤杨叶 300
翅果菊 378
翅荚香槐 195
* 重瓣木芙蓉
重齿当归 284
重阳木 220
臭椿 216
臭独行菜 147
臭节草 211
* 臭辣树
雏菊 367
楮 66
* 垂柳
* 垂盆草
垂丝海棠 174
* 垂丝卫矛
垂序商陆 96
垂枝泡花树 243
* 垂珠花

春榆 63
椿叶花椒 214
刺柏 38
* 刺儿菜
刺果毛茛
刺槐 204
* 刺葡萄
刺楸 283
刺头复叶耳蕨 18
刺苋 93
刺叶桂樱 173
刺榆 61
* 葱
葱莲 434
楤木 280
丛枝蓼 85
粗榧 41
粗毛牛膝菊 375
* 簇花茶藨子
酢浆草 209
翠菊 368
翠云草 3

D

大苞景天 152
大巢菜 207
大车前 345
* 大豆
* 大萼香茶菜
* 大果冬青
大花斑叶兰 442
大花臭草 396
大花金鸡菊 371
* 大花美人蕉
大花威灵仙 106
大戟 222
* 大久保对囊蕨
大狼杷草 368
大丽花 373
大麦 393
大薸 413
大青 318
大头橐吾 379
大蝎子草 72
大血藤 117
大芽南蛇藤 233

445

*大叶柴胡
*大叶冬青
　大叶勾儿茶 246
　大叶胡枝子 201
　大叶金腰 154
　大叶榉树 65
　大叶桂线莲 107
　大叶苎麻 70
　大油芒 404
　袋果草 362
*丹参
*丹桂
　单花莸 318
　单叶铁线莲 107
　淡竹叶 396
　弹刀子菜 333
*倒挂铁角蕨
　稻 398
　稻槎菜 378
　灯台树 289
　灯心草 417
*滴水珠
　地耳草 265
　地肤 90
　地锦 253
　地锦草 221
　地苓 278
*地榆
　棣棠花 173
　点地梅 295
　吊石苣苔 342
　丁香杜鹃 292
*丁香蓼
　顶花板凳果 229
　东方荚果蕨 16
　东风菜 366
*东京樱花
　东南茜草 349
　东亚磨芋 410
　东亚五味子 127
　东亚羽节蕨 13
*冬瓜
　冬青 231
　冬青卫矛 235
*豆腐柴
　豆梨 180
　独蒜兰 440
　杜衡 78
*杜鹃
　杜若 415
　杜仲 164
　短柄川榛 50
　短柄枹 58

　短萼黄连 109
　短毛独活 287
　短穗铁苋菜 219
　短穗竹 402
　短尾柯 55
　短叶赤车 74
　短叶罗汉松 40
*短叶水蜈蚣
　对萼猕猴桃 260
　钝齿铁角蕨 16
　钝药野木瓜 117
　盾果草 315
　盾叶莓 186
*多花勾儿茶
*多花胡枝子
　多花黄精 425
　多裂翅果菊 378
*多头苦荬菜
　多型苜蓿 202
　多须公 374

E

　娥眉鼠刺 155
　鹅肠菜 100
　鹅观草 392
　鹅毛竹 403
　鹅掌楸 124
　鄂西南星 411
　鄂西清风藤 244
*耳叶鸡矢藤
*二乔玉兰
　二球悬铃木 164
　二色五味子 127

F

　法国梧桐 164
*番茄
*番薯
　翻白草 177
　繁缕 102
　反瓣虾脊兰 439
　返顾马先蒿 334
*饭包草
　饭汤子 354
　方竹 391
　飞蛾藤 312
*非洲凤仙花
　榧树 42
　费菜 151
　芬芳安息香 301
　粉防己 122
*粉花绣线菊
　粉美人蕉 437

*粉团
　风车草 407
　风龙 121
*风轮菜
　枫香树 162
　枫杨 48
　凤尾丝兰 431
　凤仙花 245
　凤丫蕨 11
　凤眼蓝 416
　凤眼莲 416
*伏地卷柏
*扶芳藤
*拂子茅
*浮萍
*福建柏
　附地菜 316
　复羽叶栾树 242

G

*甘蓝
*甘薯
*橄榄槭
*刚竹
　杠板归 84
　高粱泡 185
　哥兰叶 233
　格药柃
*葛蓝葡萄
　葛麻姆 204
　葛枣猕猴桃 260
　珙桐 276
　狗脊 17
*狗尾草
*狗牙根
　枸骨 232
　枸橘 212
　枸杞 328
　构树 66
　谷精草 414
*谷蓼
　牯岭凤仙花 246
　牯岭勾儿茶 247
　牯岭藜芦 431
　牯岭蛇葡萄 251
　牯岭野豌豆 207
　鼓子花 311
*瓜木
*瓜叶乌头
　瓜子金 218
　贯众 18
　栝楼 360
　冠盖藤 157

　光萼石楠 176
*光滑柳叶菜
　光里白 5
　光亮山矾 298
　光叶毛果枳椇 248
*光叶石楠
　光紫黄芩 326
*广布野豌豆
*广东丝瓜
　广玉兰 125
　贵州娃儿藤 311
　桂花 304
　过路黄 296

H

　还亮草 109
　孩儿参 100
　海金沙 6
　海金子 159
　海桐 160
*海仙花
*海州常山
*海州香薷
　含笑花 126
　寒莓 183
　蕲菜 149
　汉防己 121
*旱稗
*旱芹
　杭州榆 63
　杭子梢 193
　合欢 190
　合萌 190
　合轴荚蒾 354
　何首乌 81
　河北木蓝 197
　荷花 103
　荷花木兰 125
　荷青花 142
　盒子草 357
　鹤草 101
　黑麦草 395
　黑松 31
　黑藻 389
　黑足鳞毛蕨 19
*红白忍冬
　红柴枝 244
　红淡比 262
*红豆
　红毒茴 123
*红枫
　红盖鳞毛蕨 19
　红果山胡椒 133

红果榆 65
*红花檵木
红蓼 84
红脉钓樟 135
红楠 138
红睡莲 103
*红腺悬钩子
*红叶李
*红叶石楠
*红羽毛枫
荭蓼 84
篌竹 400
厚萼凌霄 339
厚壳树 314
厚皮菜 87
厚皮香 264
厚朴 123
忽地笑 432
*胡萝卜
胡麻 340
胡桃楸 47
胡颓子 273
胡枝子 199
*葫芦
*湖北鹅耳枥
湖北海棠 174
湖北山楂 170
湖北紫荆 194
槲寄生 77
槲栎 57
蝴蝶花 435
虎刺 346
虎耳草 158
虎尾铁角蕨 15
虎掌 412
虎杖 86
花点草 73
花椒 215
花榈木 203
花叶滇苦菜 383
*花叶络石
*花叶蔓长春花
花叶青木 289
*华北鸦葱
*华东菝葜
*华东椴
华东木蓝 198
华东楠 137
华东唐松草 114
华东杏叶沙参
华东野核桃 47
华空木 189
*华南铁角蕨

华千金榆 49
华桑 70
华山矾 298
华山松 28
华泽兰 374
华中对囊蕨 12
*华中介蕨
*华中铁角蕨
华中五味子 127
*华重楼
*华紫珠
化香树 48
画眉草 393
槐 206
槐树 206
槐叶蘋 24
槐叶决明 205
黄鹌菜 386
*黄菖蒲
*黄独
*黄瓜
黄海棠 264
黄花蒿
*黄花落叶松
*黄花美人蕉
黄堇 142
黄连木 230
*黄山杜鹃
黄山花楸 187
黄山栎 59
黄山松 31
黄山溲疏 154
黄山玉兰 128
黄水枝 159
*黄睡莲
黄檀 195
黄杨 229
灰绿龙胆 306
*回回苏
茴茴蒜 112
*茴香
蕙兰 441
活血丹 321
火棘 179
*火炭母
藿香 319
藿香蓟 363

J

*鸡肠繁缕
鸡冠花 94
*鸡桑
鸡矢藤 349

鸡屎藤 349
鸡树条 353
鸡眼草 198
鸡仔木 350
*鸡爪槭
积雪草 285
*及己
吉祥草 426
*棘茎楤木
蕺菜 44
荠菜 144
戟叶耳蕨 20
戟叶堇菜 268
戟叶蓼 86
蓟 371
檵木 163
加拿大一枝黄花 383
*加杨
夹竹桃 308
荚蒾 353
尖连蕊茶 261
尖叶火烧兰 442
尖叶唐松草 114
*尖叶眼子菜
剪刀股 377
剪红纱花 99
建始槭 239
*剑叶金鸡菊
渐尖毛蕨 13
*箭头蓼
江南卷柏 2
江南散血丹 329
*江南油杉
江浙山胡椒 132
*姜
*豇豆
降龙草 341
交让木 228
绞股蓝 358
*接骨草
接骨木 352
*节节草
*结缕草
结香 272
睫毛牛膝菊 375
*截叶铁扫帚
*芥菜
*金边黄杨
金疮小草 319
金灯藤 312
金柑 211
金光菊 381
金橘 211

金兰 440
金缕梅 162
金毛耳草 348
金钱蒲 410
金钱松 32
金荞麦 80
金色狗尾草 403
金丝桃 266
金松 35
金挖耳 369
金线草 79
金线吊乌龟 122
金镶玉竹 399
金星蕨 14
*金叶大花六道木
*金叶女贞
*金银忍冬
金樱子 182
*金盏花
*金盏菊
*金盏银盘
*金钟花
堇菜 267
锦带花 355
锦鸡儿 193
*荩草
井栏边草 9
九头狮子草 343
韭 418
救荒野豌豆 207
桔梗 363
菊三七 375
菊芋 376
榉树 65
具柄冬青 232
*聚花荚蒾
*蒟草
卷柏 3
卷丹 423
*决明
蕨 8
*爵床
*君迁子

K

看麦娘 389
柯 56
柯孟披碱草 392
刻叶紫堇 141
*空心藨
*空心菜
*空心泡
苦参 205

447

* 苦瓜
苦枥木 302
* 苦荬菜
苦树 216
* 苦蘵
苦楮 53
* 宽卵叶长柄山蚂蝗
* 宽叶胡枝子
* 宽叶金粟兰
阔叶箬竹 394
* 阔叶山麦冬
阔叶十大功劳 119

L

拉拉藤 68
蜡瓣花 160
* 蜡梅
* 辣椒
* 辣蓼
梾木 290
* 兰香草
蓝果树 276
蓝花矢车菊 372
狼尾草 398
榔榆 64
老鹳草 210
老鼠矢 299
老鸦瓣 419
老鸦糊 317
老鸦柿 297
乐昌含笑 125
雷公鹅耳枥 50
雷公藤 236
* 棱角丝瓜
* 犁头叶堇菜
藜 88
李 179
* 鳢肠
荔枝草 326
栗 52
连香树 104
莲 103
莲子草 92
楝 217
* 楝叶吴萸
粱 402
* 两歧飘拂草
两型豆 191
蓼子草 82
裂苞铁苋菜 219
* 林泽兰
* 鳞毛肿足蕨
檽木 175

* 凌霄
领春木 104
流苏树 301
柳杉 33
六角莲 118
六月雪 350
* 龙柏
* 龙胆
龙葵 330
龙师草 408
龙芽草 165
* 龙爪槐
龙珠 331
* 楼梯草
* 庐山桦
庐山楼梯草 72
庐山石韦 23
庐山香科科 327
* 鹿蹄草
鹿药 424
路边花 355
露花 95
露珠草 278
* 卵叶山罗花
卵叶石岩枫 224
* 乱草
轮叶八宝 150
轮叶蒲桃 277
轮叶沙参 361
* 罗汉松
萝卜 148
萝藦 310
络石 308
* 落花生
落新妇 153
落羽杉 35
* 绿豆
绿穗苋
绿叶地锦 252
绿叶甘橿 134
绿叶胡枝子 200
绿叶爬山虎 252
葎草 68

M

麻栎 56
麻叶绣线菊 188
马齿苋 360
马齿苋 96
马兜铃 78
马棘 197
* 马兰
马铃薯 331

马松子 259
* 马唐
* 马蹄金
马尾松 30
马银花 293
麦冬 425
* 麦李
* 满江红
满山红 292
曼陀罗 328
蔓剪草 309
蔓长春花 309
* 芒
芒萁 5
猫儿屎 116
猫乳 249
猫爪草 113
毛白杨 45
毛柄连蕊茶 261
毛梾 291
* 毛脉翅果菊
* 毛泡桐
毛漆树 231
毛蕊花 337
毛蕊铁线莲 108
毛山荆子 175
毛葶玉凤花 443
毛萼玉凤花 443
毛药花 320
* 毛叶老鸦糊
毛叶藜芦 430
* 毛叶山樱花
毛轴碎米蕨 10
毛竹 400
茅栗 52
茅莓 186
梅 166
梅花 166
* 美国山核桃
* 美丽胡枝子
美人蕉 438
美洲商陆 96
米心水青冈 55
* 米仔兰
密花孩儿草 343
蜜甘草 226
* 绵穗苏
绵枣儿 420
庙台枫 241
明党参 285
* 墨西哥鼠尾草
母草 332
牡丹 111

牡丹马齿苋 97
* 牡丹木槿
* 牡蒿
* 牡荆
木防己 120
木芙蓉 257
木瓜 168
木荷 263
木槿 258
* 木蜡树
木莓 187
木通 115
木犀 304
* 墓头回

N

南赤飑 358
南丹参 325
南荻 397
南方糙苏 324
南方红豆杉 41
* 南方狸藻
南方六道木 355
* 南方露珠草
南方千金榆 49
南方兔儿伞 384
* 南瓜
南京椴 256
南苜蓿 202
* 南山堇菜
南蛇藤 234
南天竹 120
南五味子 124
南烛 294
尼泊尔沟酸浆 334
尼泊尔蓼 83
泥胡菜 376
* 泥花草
拟南芥 143
拟鼠麹草 380
* 茑萝
* 宁波溲疏
牛蒡 365
牛鼻栓 161
牛繁缕 100
牛筋草 392
牛泷草 278
* 牛奶子
* 牛尾菜
牛膝 91
牛至 323
糯米椴 256
糯米团 73

女娄菜 101
女萎 105
*女贞

P
爬山虎 253
爬藤榕 68
爬岩红 338
攀倒甑 356
盘叶忍冬 352
膀胱蕨 17
蓬莱葛 305
蓬蘽 184
披针叶茴香 123
枇杷 171
蘋 24
平枝栒子 169
*婆婆纳
朴树 61
铺地柏 38
匍茎通泉草 332
*葡萄
蒲儿根 382
蒲公英 385
*普通凤丫蕨
普通小麦 405
*普陀鹅耳枥

Q
*七姐妹
*七星莲
七叶树 241
七子花 351
桤木 49
*漆姑草
*奇蒿
芪 144
芪苞
*千金藤
千金子 395
千里光 381
千屈菜 274
*千日红
*千叶蓍
前胡 288
荞麦 80
荞麦叶大百合 420
鞘柄菝葜 428
*茄
*窃衣
青冈 53
*青花椒
青灰叶下珠 225

青荚叶 291
青绿薹草 406
青皮木 76
青钱柳 47
青檀 62
青葙 93
青榨槭 239
清风藤 245
苘麻 257
*秋海棠
楸 339
*求米草
球序卷耳 98
*雀梅藤
*雀舌草

R
忍冬 351
日本安蕨 12
日本扁柏 36
日本冷杉 27
日本柳杉 33
日本毛连菜 380
*日本珊瑚树
*日本蛇根草
日本薯蓣 434
日本水龙骨 22
日本菟丝子 312
*日本晚樱
日本五针松 30
日本小檗 118
*日本绣线菊
日本续断 357
*日本樱花
日本紫珠 317
柔毛路边青 172
柔弱斑种草 314
肉花卫矛 235
如意草 267
*软条七蔷薇
锐齿槲栎
锐角槭 238

S
洒金桃叶珊瑚 289
*赛山梅
*三花悬钩子
三尖杉 40
三角槭 238
*三角形冷水花
三角紫叶酢浆草 209
三裂叶薯 313
*三脉紫菀

三桠乌药 134
*三叶海棠
三叶委陵菜 178
三枝九叶草 119
三籽两型豆 191
桑 69
*桑草
*扫帚菜
*色木槭
沙梨 180
*山茶
山矾 299
*山拐枣
山合欢 191
山核桃 46
山胡椒 133
山槐 191
山鸡椒 137
山檑 135
*山冷水花
山罗花 333
山罗花 333
山麻杆 220
山麦冬 424
山莓 184
山葡萄 253
*山柿
山桐子 270
山油麻 62
*山茱萸
杉木 34
珊瑚朴 60
扇脉杓兰 441
芍药 110
少花马蓝 344
少花万寿竹 421
少蕊败酱 356
*佘山羊奶子
*蛇床
蛇含委陵菜 178
蛇莓 171
射干 435
深山含笑 126
肾蕨 21
*生菜
省沽油 237
湿地松 29
*蓍
*十大功劳
石斑木 181
石胡荽 370
石栎 56
石榴 275

石龙芮 112
石楠 176
*石莽芒
石蒜 433
石韦 23
*石岩枫
石竹 98
矢车菊 372
*柿
匙叶黄杨 228
绶草 444
*瘦风轮
*书带蕨
*疏花野青茅
*疏穗野青茅
*蜀葵
鼠耳芥 143
*鼠尾草
鼠尾粟 404
*薯蓣
树参 280
*栓皮栎
*双蝴蝶
水花生 91
水晶兰 292
*水蓼
*水马桑
*水芹
水杉 34
*水苏
*水蓑衣
*水田碎米荠
水仙 433
*水榆花楸
水竹叶 415
*丝瓜
丝穗金粟兰 44
四川山矾 298
四川石杉 2
四叶葎 347
四照花 290
松风草 211
松蒿 335
*苏丹凤仙花
苏铁 26
粟米草 95
*酸模
酸模叶蓼 82
*蒜
算盘子 223
碎米荠 145
碎米莎草 407

T
台湾赤飙 359
*台湾独蒜兰
太平莓 185
弹裂碎米荠 145
太子参 100
*唐松草
桃 165
*蹄叶囊吾
天胡荽 287
天葵 113
天门冬 419
*天名精
天目地黄 335
天目木姜子 136
天目木兰 128
天目槭 240
天目琼花 353
天目山蟹甲草 379
天目铁木 51
田麻 255
田皂角 190
*甜瓜
*甜槠
贴梗海棠 169
铁冬青 233
铁马鞭 201
铁杉 32
铁苋菜 219
铁线蕨 11
葶苈 146
*通泉草
通脱木 283
铜钱树 248
透骨草 337
透茎冷水花 75
秃瓣杜英 254
秃叶黄檗 213
秃叶黄皮树 213
土茯苓 428
土荆芥 90
土人参 97
团扇蕨 6

W
瓦韦 22
*豌豆
晚红瓦松 151
万年青 426
*万寿菊
王瓜 359
网络鸡血藤 192
网络崖豆藤 192

威灵仙 106
微毛血见愁 327
卫矛 234
*蕹菜
*莴苣
*莴笋
乌饭树 294
乌桕 227
乌蔹 8
乌蔹莓 252
乌头 105
乌药 131
*无齿镰羽贯众
*无刺枸骨
*无花果
无患子 242
无毛毛叶石楠 177
无心菜
吴茱萸 214
吴茱萸五加 282
梧桐 258
*蜈蚣草
*蜈蚣凤尾蕨
*蜈蚣兰
*五加
*五角枫
五节芒 397
*五叶地锦
雾水葛 76

X
*西府海棠
*西瓜
*西洋梨
*稀花蓼
溪洞碗蕨 7
喜旱莲子草 91
喜树 275
*细齿水蛇麻
*细齿叶柃
*细风轮菜
细梗胡枝子 202
细茎双蝴蝶 307
细穗藜 89
细辛 79
*细叶青冈
细叶水团花 346
*细柱五加
*虾脊兰
狭叶山胡椒 132
狭叶香港远志 218
*下江忍冬
夏枯草 325

夏蜡梅 130
夏天无 140
仙人掌 271
显子草 399
*苋
线叶十字兰 443
*线叶旋覆花
腺梗豨莶 382
香椿 217
*香附子
*香瓜
香果树 347
*香薷
香蒲 388
香青 364
香樟
蘘荷 437
响叶杨 45
*向日葵
小巢菜 206
小二仙草 279
*小飞蓬
小根蒜 418
小构树 66
小果蘘荽 427
小果蔷薇 182
小花扁担杆
小槐花 203
*小黄紫堇
*小蜡
小藜 88
小连翘 265
小毛茛 113
*小蓬草
小窃衣 288
小叶白辛树 300
小叶冷水花 75
小叶栎 57
小叶女贞 304
小叶青冈 54
*小叶石楠
小叶银缕梅 163
*小鱼仙草
*小鸢尾
孝顺竹 390
*缬草
薤白 418
心叶华葱芥 149
心叶日中花 95
星宿菜 296
杏 166
杏香兔儿风 364
荇菜 306

*秀丽械
*绣球
*绣球荚蒾
绣球绣线菊 188
萱草 422
玄参 336
悬铃叶苎麻 71
旋覆花 377
*旋花
旋蒴苣苔 341
穴子蕨 7
*雪里蕻
雪柳 302
雪松 27

Y
鸭儿芹 286
鸭舌草 416
鸭跖草 414
崖花海桐 159
烟草 329
烟管头草 369
延龄草 430
延羽卵果蕨 15
盐肤木 230
*芫荽
*扬子毛茛
羊角槭 241
*羊角藤
羊乳 361
*羊蹄
羊踯躅 293
阳芋 331
杨梅 46
杨梅叶蚊母树 161
*洋葱
野艾蒿 365
野百合 423
野慈姑 388
野大豆 196
野菰 340
野胡萝卜 286
*野蓟
野豇豆 208
野菊 370
野老鹳草 210
*野漆
*野蔷薇
野荞麦 80
野山葛 204
野山楂 170
野柿 297
野茼蒿 372

野桐 224	*油柿	枣 250	诸葛菜 148
野线麻 70	油桐 227	*蚤缀	*猪毛蒿
野鸦椿 236	*有柄石韦	皂荚 196	*猪殃殃
野燕麦 390	柚 212	泽漆 221	竹柏 39
野迎春 303	鱼腥草 44	泽珍珠菜 295	*竹节蓼
野芝麻 321	禹毛茛 111	窄基红褐柃 262	竹灵消 310
野雉尾金粉蕨 10	*愉悦蓼	*粘毛蓼	竹叶花椒 215
野珠兰 189	榆树 64	獐耳细辛 110	苎麻 71
*叶下珠	*虞美人	樟 130	柱果铁线莲 108
*腋毛勾儿茶	*羽毛枫	掌叶复盆子 183	砖子苗
一把伞南星 411	*羽毛槭	杖藜 89	锥栗 51
*一串红	羽叶长柄山蚂蝗 197	柘 69	*梓
一点红 373	*羽衣甘蓝	柘树 69	梓木草 315
一年蓬 374	玉兰 129	浙贝母 421	*梓树
一叶萩 222	玉米 405	浙江楠 139	紫背金盘 320
*一枝黄花	玉蜀黍 405	浙江山梅花 157	紫弹树 60
宜昌胡颓子 273	*玉簪	*浙江柿	紫萼 422
宜昌英莲	*玉竹	浙江蝎子草 72	紫萼蝴蝶草 337
*艺林凤仙花	芋 412	*浙江新木姜子	紫花八宝
异色泡花树 243	郁李 167	浙江樟 131	紫花地丁 269
异色五味子 127	郁香野茉莉 301	*浙皖粗筒苣苔	紫花堇菜 268
*异叶败酱	鸢尾 436	浙玄参 336	紫花前胡 284
*异叶地锦	元宝草 266	针毛蕨 14	*紫花香薷
异叶蛇葡萄 251	芫花 272	珍珠莲 67	紫金牛 294
益母草 322	圆柏 37	芝麻 340	紫堇 141
薏苡 391	圆齿碎米荠 146	*知风草	紫荆 194
阴地蕨 4	*圆叶牵牛	栀子 348	紫茉莉 94
阴行草 336	圆叶鼠李 250	*直立婆婆纳	紫楠 139
茵芋 213	月季花 181	枳 212	*紫萍
*银边黄杨	*月季石榴	枳椇 247	紫萁 4
银粉背蕨 9	*粤瓦韦	中国繁缕 102	紫苏 324
银缕梅 163	*云锦杜鹃	中国旌节花 270	紫藤 208
银杏 26	云南黄馨 303	中国石蒜 432	紫薇 274
印度蔊菜 149	云山青冈 54	中国绣球 155	*紫叶李
樱桃 168	云杉 28	中国油点草 429	紫玉兰 129
鹰爪枫 116	云实 192	中华常春藤 282	*紫云英
蘡薁 254	云台南星 411	中华胡枝子 200	紫竹 401
迎春花 303	芸薹 144	中华猕猴桃 259	棕榈 409
迎春樱桃 167		中华秋海棠 271	钻地风 158
蝇子草 101		中华绣线菊 189	钻叶紫菀 384
瘿椒树 237	Z	舟山新木姜子 138	醉蝶花 143
*映山红	再力花 438	*周毛悬钩子	醉鱼草 305
硬毛地笋 322	*旱落通泉草	皱皮木瓜 169	*柞木
油菜 144	旱熟禾 401	*朱砂根	
*油茶	*旱竹	珠芽艾麻	

451

学名索引

* 表示该物种收录于本书配套的数字课程 http://abook.hep.com.cn.54394

A

* *Abelia* × *grandiflora* 'Francis Mason'
Abies firma 27
Abutilon theophrasti 257
Acalypha australis 219
Acalypha supera 219
Acer acutum 238
Acer buergerianum 238
Acer davidii 239
* *Acer elegantulum*
Acer henryi 239
* *Acer palmatum*
* *Acer palmatum* 'Atropurpureum'
* *Acer palmatum* 'Dissectum Ornatum'
* *Acer palmatum* var. *dissectum*
* *Acer pictum* subsp. *mono*
Acer sinopurpurascens 240
Acer tataricum subsp. *ginnala* 240
Acer yanjuechi 241
* *Achillea millefolium*
Achyranthes bidentata 91
Aconitum carmichaelii 105
* *Aconitum hemsleyanum*
Acorus calamus 409
Acorus gramineus 410
Actinidia chinensis 259
Actinidia polygama 260
Actinidia valvata 260
Actinostemma tenerum 357
* *Adenophora petiolata* subsp. *huadungensis*
Adenophora tetraphylla 361
* *Adenophora trachelioides*
Adiantum capillus-veneris 11
Adina rubella 346
Aegineta indica 340
Aeschynomene indica 190
Aesculus chinensis 241
Agastache rugosa 319

Ageratum conyzoides 363
* *Aglaia odorata*
Agrimonia pilosa 165
Ailanthus altissima 216
Ainsliaea fragrans 364
Ajuga decumbens 319
Ajuga nipponensis 320
Akebia quinata 115
Akebia trifoliata subsp. *australis* 115
Alangium chinense 277
* *Alangium platanifolium*
Albizia julibrissin 190
Albizia kalkora 191
* *Alcea rosea*
Alchornea davidii 220
Aleuritopteris argentea 9
* *Allium cepa*
* *Allium fistulosum*
Allium macrostemon 418
* *Allium sativum*
Allium tuberosum 418
Alniphyllum fortunei 300
Alnus cremastogyne 49
Alopecurus aequalis 389
Alternanthera philoxeroides 91
Alternanthera sessilis 92
Amana edulis 419
Amaranthus blitum 92
* *Amaranthus hybridus*
Amaranthus spinosus 93
* *Amaranthus tricolor*
Amorphophallus kiusianus 410
Ampelopsis glandulosa var. *heterophylla* 251
Ampelopsis glandulosa var. *kulingensis* 251
Amphicarpaea edgeworthii 191
Amygdalus persica 165
Anaphalis sinica 364
Androsace umbellata 295

Angelica biserrata 284
Angelica decursiva 284
Anisocampium niponicum 12
Antenoron filiforme 79
Aphananthe aspera 59
* *Apium graveolens*
Arabidopsis thaliana 143
* *Arachis hypogaea*
Arachniodes aristata 18
* *Aralia echinocaulis*
Aralia elata 280
Arctium lappa 365
* *Ardisia crenata*
* *Ardisia crispa*
Ardisia japonica 294
* *Arenaria serpyllifolia*
Arisaema erubescens 411
Arisaema silvestrii 411
Aristolochia debilis 78
Armeniaca mume 166
Armeniaca vulgaris 166
* *Artemisia annua*
* *Artemisia anomala*
* *Artemisia argyi*
* *Artemisia japonica*
* *Artemisia lactiflora*
Artemisia lavandulifolia 365
* *Artemisia scoparia*
Artemisia stechmanniana 366
* *Arthraxon hispidus*
Asarum forbesii 78
Asarum sieboldii 79
Asparagus cochinchinensis 419
* *Asplenium austrochinense*
Asplenium incisum 15
* *Asplenium normale*
* *Asplenium sarelii*
Asplenium tenuicaule var. *subvarians* 16
* *Aster indicus*
Aster scabra 366
* *Aster trinervius* subsp. *ageratoides*

452

Astilbe chinensis 153
* *Astragalus sinicus*
Asystasia neesiana 342
Atractylodes macrocephala 367
Aucuba japonica var. *variegata* 289
Avena fatua 390
* *Azolla pinnata* subsp. *asiatica*

B

Bambusa multiplex 390
Barnardia japonica 420
* *Begonia grandis*
Begonia grandis subsp. *sinensis* 271
Belamcanda chinensis 435
Bellis perennis 367
* *Benincasa hispida*
Berberis thunbergii 118
* *Berchemia barbigera*
* *Berchemia floribunda*
Berchemia huana 246
Berchemia kulingensis 247
Beta vulgaris var. *cicla* 87
* *Bidens biternata*
Bidens frondosa 368
Bischofia polycarpa 220
Bletilla striata 439
Boea hygrometrica 341
Boehmeria japonica 70
Boehmeria nivea 71
Boehmeria tricuspis 71
Boenninghausenia albiflora 211
Bostrychanthera deflexa 320
Bothriospermum zeylanicum 314
Botrychium ternatum 4
* *Brassica juncea* var. *multicep*
* *Brassica oleracea* var. *acephala*
* *Brassica oleracea* var. *capitata*
* *Brassica rapa* var. *glabra*
Brassica rapa var. *oleifera* 144
* *Briggsia chienii*
Broussonetia kazinoki 66
Broussonetia papyrifera 66
Buddleja lindleyana 305
* *Bupleurum longiradiatum*
Buxus harlandii 228
Buxus sinica 229

C

Caesalpinia decapetala 192
* *Calamagrostis epigeios*
* *Calanthe discolor*
Calanthe reflexa 439
* *Calendula officinalis*
Callerya reticulata 192
* *Callicarpa cathayana*
Callicarpa dichotoma 316
Callicarpa giraldii 317
* *Callicarpa giraldii* var. *subcanescens*
Callicarpa japonica 317
Callistephus chinensis 368
Calycanthus chinensis 130
* *Calystegia sepium*
Calystegia silvatica subsp. *orientalis* 311
Camellia cuspidata 261
Camellia fraterna 261
* *Camellia japonica*
* *Camellia oleifera*
* *Camellia sinensis*
* *Campsis grandiflora*
Campsis radicans 339
Camptotheca acuminata 275
Campylotropis macrocarpa 193
* *Canna × generalis*
Canna glauca 437
Canna indica 438
* *Canna indica* var. *flava*
Capsella bursa-pastoris 144
* *Capsicum annuum*
Caragana sinica 193
Cardamine hirsuta 145
Cardamine impatiens 145
* *Cardamine lyrata*
Cardamine scutata 146
Cardiandra moellendorffii 153
Cardiocrinum cathayanum 420
Carex breviculmis 406
* *Carpesium abrotanoides*
Carpesium cernuum 369
Carpesium divaricatum 369
Carpinus cordata var. *chinensis* 49
* *Carpinus hupeana*
* *Carpinus putoensis*
Carpinus viminea 50

Carya cathayensis 46
* *Carya illinoinensis*
* *Caryopteris incana*
Caryopteris nepetifolia 318
Castanea henryi 51
Castanea mollissima 52
Castanea seguinii 52
* *Castanopsis eyrei*
Castanopsis sclerophylla 53
Catalpa bungei 339
* *Catalpa ovata*
Catharanthus roseus 307
Cayratia japonica 252
Cedrus deodara 27
Celastrus gemmatus 233
Celastrus orbiculatus 234
Celosia argentea 93
Celosia cristata 94
Celtis biondii 60
Celtis julianae 60
Celtis sinensis 61
Centella asiatica 285
Centipeda minima 370
Cephalanthera falcata 440
Cephalotaxus fortunei 40
Cephalotaxus sinensis 41
Cerastium glomeratum 98
* *Cerasus × yedoensis*
Cerasus discoidea 167
* *Cerasus glandulosa*
Cerasus japonica 167
Cerasus pseudocerasus 168
* *Cerasus serrulata* var. *lannesiana*
* *Cerasus serrulata* var. *pubescens*
Cercidiphyllum japonicum 104
Cercis chinensis 194
Cercis glabra 194
Chaenomeles sinensis 168
Chaenomeles speciosa 169
Chamaecyparis obtusa 36
Changium smyrnioides 285
Changnienia amoena 440
Cheilanthes chusana 10
Chenopodium album 88
Chenopodium ficifolium 88
Chenopodium giganteum 89
Chenopodium gracilispicum 89
* *Chimonanthus praecox*
Chimonobambusa

453

quadrangularis 391
Chionanthus retusus 301
Chloranthus fortunei 44
* Chloranthus henryi
* Chloranthus serratus
Chrysanthemum indicum 370
Chrysosplenium
　macrophyllum 154
Cinnamomum camphora 130
Cinnamomum
　chekiangense 131
Circaea cordata 278
* Circaea erubescens
* Circaea mollis
* Cirsium arvense var.
　integrifolium
Cirsium japonicum 371
* Cirsium maackii
* Citrullus lanatus
Citrus japonica 211
Citrus maxima 212
Citrus trifoliata 212
Cladrastis platycarpa 195
Clematis apiifolia 105
Clematis chinensis 106
Clematis courtoisii 106
Clematis henryi 107
Clematis heracleifolia 107
Clematis lasiandra 108
Clematis uncinata 108
Clerodendrum
　cyrtophyllum 318
* Clerodendrum trichotomum
Cleyera japonica 262
* Clinopodium chinense
* Clinopodium gracile
* Cnidium monnieri
Cocculus orbiculatus 120
Codonopsis lanceolata 361
Coix lacryma-jobi 391
Colocasia esculenta 412
* Comanthosphace ningpoensis
Commelina benghalensis
Commelina communis 414
* Coniogramme intermedia
Coniogramme japonica 11
Coptis chinensis var.
　brevisepala 109
Corchoropsis crenata 255
Coreopsis grandiflora 371

* Coreopsis lanceolata
* Coriandrum sativum
Cornus controversa 289
Cornus kousa subsp.
　chinensis 290
Cornus macrophylla 290
* Cornus officinalis
Cornus walteri 291
Corydalis decumbens 140
Corydalis edulis 141
Corydalis incisa 141
Corydalis pallida 142
* Corydalis raddeana
Corylopsis sinensis 160
Corylus heterophylla var.
　brevipes 50
Cotoneaster horizontalis 169
Crassocephalum
　crepidioides 372
Crataegus cuneata 170
Crataegus hupehensis 170
Cryptomeria japonica 33
Cryptomeria japonica var.
　sinensis 33
Cryptotaenia japonica 286
* Cucumis melo
* Cucumis melo subsp. agrestis
* Cucumis sativus
* Cucurbita moschata
Cunninghamia lanceolata 34
Cupressus funebris 37
Cuscuta japonica 312
Cyanus segetum 372
Cycas revoluta 26
Cyclobalanopsis glauca 53
* Cyclobalanopsis gracilis
Cyclobalanopsis
　myrsinifolia 54
Cyclobalanopsis sessilifolia 54
Cyclocarya paliurus 47
Cyclosorus acuminatus 13
Cymbidium faberi 441
Cynanchum chekiangense 309
Cynanchum inamoenum 310
* Cynodon dactylon
Cyperus amuricus 406
* Cyperus cyperoides
Cyperus involucratus 407
Cyperus iria 407
* Cyperus rotundus

Cypripedium japonicum 441
Cyrtomium fortunei 18

D

Dahlia pinnata 373
Dalbergia hupeana 195
Damnacanthus indicus 346
Daphne genkwa 272
Daphniphyllum
　macropodum 228
Datura stramonium 328
Daucus carota 286
* Daucus carota var. sativa
Davidia involucrata 276
Decaisnea insignis 116
Delphinium
　anthriscifolium 109
Dendropanax dentiger 280
Dennstaedtia wilfordii 7
* Deparia okuboana
Deparia shennongense 12
Deutzia glauca 154
* Deutzia ningpoensis
* Deyeuxia effusiflora
Dianthus chinensis 98
Dianthus longicalyx 99
* Dichondra micrantha
Dicranopteris pedata 5
* Digitaria sanguinalis
Dinetus racemosus 312
* Dioscorea bulbifera
Dioscorea japonica 434
* Dioscorea polystachya
* Diospyros japonica
* Diospyros kaki
Diospyros kaki var.
　silvestris 297
* Diospyros lotus
* Diospyros oleifera
Diospyros rhombifolia 297
Diplopterygium laevissimum 5
Dipsacus japonicus 357
Disporum uniflorum 421
Distylium myricoides 161
Draba nemorosa 146
Dryopteris erythrosora 19
Dryopteris fuscipes 19
Duchesnea indica 171
Dysosma pleiantha 118
Dysphania ambrosioides 90

E

* *Echinochloa crus-galli*
* *Eclipta prostrata*
* *Edgeworthia chrysantha* 272
* *Ehretia acuminata* 314
* *Eichhornia crassipes* 416
* *Elaeagnus argyi*
* *Elaeagnus henryi* 273
* *Elaeagnus pungens* 273
* *Elaeagnus umbellata*
* *Elaeocarpus glabripetalus* 254
* *Elatostema involucratum*
* *Elatostema stewardii* 72
* *Eleocharis dulcis* 408
* *Eleocharis tetraquetra* 408
* *Eleusine indica* 392
* *Eleutherococcus henryi* 281
* *Eleutherococcus nodiflorus*
* *Eleutherococcus trifoliatus* 281
* *Elsholtzia argyi*
* *Elsholtzia splendens*
* *Elymus kamoji* 392
* *Emilia sonchifolia* 373
* *Emmenopterys henryi* 347
* *Epilobium amurense* subsp. *cephalostigma*
* *Epilobium pyrricholophum* 279
* *Epimedium sagittatum* 119
* *Epipactis thunbergii* 442
* *Equisetum ramosissimum*
* *Eragrostis ferruginea*
* *Eragrostis japonica*
* *Eragrostis pilosa* 393
* *Erigeron annuus* 374
* *Erigeron canadensis*
* *Eriobotrya japonica* 171
* *Eriocaulon buergerianum* 414
* *Eucommia ulmoides* 164
* *Euonymus alatus* 234
* *Euonymus carnosus* 235
* *Euonymus fortunei*
* *Euonymus japonicus* 235
* *Euonymus japonicus* var. *albomarginatus*
* *Euonymus japonicus* var. *aureamarginatus*
* *Euonymus oxyphyllus*
* *Eupatorium chinense* 374
* *Eupatorium lindleyanum*

Euphorbia helioscopia 221
Euphorbia humifusa 221
* *Euphorbia maculata*
Euphorbia pekinensis 222
Euptelea pleiosperma 104
* *Eurya muricata*
* *Eurya nitida*
Eurya rubiginosa var. *attenuata* 262
Euscaphis japonica 236
Exochorda racemosa 172

F

Fagopyrum dibotrys 80
Fagopyrum esculentum 80
Fagus engleriana 55
Fallopia multiflora 81
* *Fatoua pilosa*
* *Fatsia japonica*
* *Ficus carica*
Ficus pumila 67
Ficus sarmentosa var. *henryi* 67
Ficus sarmentosa var. *impressa* 68
* *Fimbristylis dichotoma*
Firmiana simplex 258
Flueggea suffruticosa 222
* *Foeniculum vulgare*
* *Fokienia hodginsii*
Fontanesia phillyreoides subsp. *fortunei* 302
* *Forsythia viridissima*
Fortunearia sinensis 161
* *Fraxinus chinensis*
Fraxinus insularis 302
* *Fraxinus sieboldiana*
Fritillaria thunbergii 421

G

Galinsoga quadriradiata 375
Galium bungei 347
* *Galium spurium*
Gamblea ciliata var. *evodiifolia* 282
Gardenia jasminoides 348
Gardneria multiflora 305
* *Gentiana scabra*
Gentiana yokusai 306
Geranium carolinianum 210

Geranium wilfordii 210
Geum japonicum var. *chinense* 172
Ginkgo biloba 26
Girardinia diversifolia 72
Glechoma longituba 321
Gleditsia sinensis 196
Glochidion puberum 223
* *Glycine max*
Glycine soja 196
* *Gomphrena globosa*
Gonocarpus micranthus 279
Gonocormus minutum 6
Gonostegia hirta 73
Goodyera biflora 442
* *Goodyera schlechtendaliana*
Grewia biloba 255
* *Grewia biloba* var. *parviflora*
Gymnocarpium oyamense 13
Gynostemma pentaphyllum 358
Gynura japonica 375

H

Habenaria ciliolaris 443
Hamamelis mollis 162
* *Haplopteris flexuosa*
Hedera nepalensis var. *sinensis* 282
Hedyotis chrysotricha 348
* *Helianthus annuus*
Helianthus tuberosus 376
Helwingia japonica 291
Hemerocallis fulva 422
Hemiboea subcapitata 341
Hemiptelea davidii 61
Hemisteptia lyrata 376
Hepatica nobilis var. *asiatica* 110
Heptacodium miconioides 351
Heracleum moellendorffii 287
Hibiscus mutabilis 257
* *Hibiscus mutabilis* 'Plenus'
Hibiscus syriacus 258
* *Hibiscus syriacus* f. *paeoniflorus*
* *Hibiscus syriacus* var. *alboplenus*
Holboellia coriacea 116
* *Homalocladium platycladum*
Hordeum vulgare 393

455

* *Hosta plantaginea*
Hosta ventricosa 422
Houpoëa officinalis 123
* *Houpoëa officinalis* 'Biloba'
Houttuynia cordata 44
Hovenia acerba 247
Hovenia trichocarpa var. *robusta* 248
Humulus scandens 68
Huperzia sutchueniana 2
Hydrangea chinensis 155
* *Hydrangea macrophylla*
Hydrilla verticillata 389
Hydrocotyle sibthorpioides 287
* *Hygrophila ringens*
* *Hylodesmum oldhamii* 197
* *Hylodesmum podocarpum*
* *Hylodesmum podocarpum* subsp. *fallax*
Hylomecon japonica 142
Hylotelephium erythrostictum 150
* *Hylotelephium mingjinianum*
Hylotelephium verticillatum 150
Hypericum ascyron 264
Hypericum erectum 265
Hypericum japonicum 265
Hypericum monogynum 266
Hypericum sampsonii 266
* *Hypodematium squamuloso-pilosum*

I
Idesia polycarpa 270
Ilex chinensis 231
Ilex cornuta 232
* *Ilex cornuta* 'Fortunei'
* *Ilex latifolia*
* *Ilex macrocarpa*
* *Ilex macrocarpa* var. *longipedunculata*
Ilex pedunculosa 232
Ilex rotunda 233
Illicium lanceolatum 123
Impatiens balsamina 245
Impatiens davidii 246
* *Impatiens walleriana*
* *Impatiens yilingiana*
Imperata cylindrica 394

Indigofera bungeana 197
Indigofera fortunei 198
Indocalamus latifolius 394
Inula japonica 377
* *Inula linariifolia*
* *Ipomoea aquatica*
* *Ipomoea batatas*
Ipomoea cholulensis 313
* *Ipomoea purpurea*
* *Ipomoea quamoclit*
Ipomoea triloba 313
Iris japonica 435
* *Iris proantha*
* *Iris pseudacorus*
Iris tectorum 436
* *Isodon macrocalyx*
Itea omeiensis 155
Ixeris japonica 377
* *Ixeris polycephala*

J
Jasminum mesnyi 303
Jasminum nudiflorum 303
Juglans mandshurica 47
Juncus effusus 417
Juniperus chinensis 37
Juniperus formosana 38
Juniperus procumbens 38
* *Justicia procumbens*

K
Kadsura longipedunculata 124
Kalopanax septemlobus 283
Kerria japonica 173
* *Keteleeria fortunei* var. *cyclolepis*
Kochia scoparia 90
* *Kochia scoparia* f. *trichophylla*
Koelreuteria bipinnata 242
* *Kummerowia stipulacea*
Kummerowia striata 198
* *Kyllinga brevifolia*

L
Lablab purpureus 199
Lactuca indica 378
* *Lactuca raddeana*
* *Lactuca sativa*
* *Lactuca sativa* var. *angustata*
* *Lactuca sativa* var. *ramosa*
* *Lagenaria siceraria*

Lagerstroemia indica 274
* *Lamium amplexicaule*
Lamium barbatum 321
* *Laportea bulbifera*
Lapsanastrum apogonoides 378
* *Larix olgensis*
Laurocerasus spinulosa 173
Lemmaphyllum drymoglossoides 21
* *Lemna minor*
Leonurus japonicus 322
Lepidium didymum 147
Lepidium virginicum 147
* *Lepisorus obscurevenulosus*
Lepisorus thunbergianus 22
Leptochloa chinensis 395
Lespedeza bicolor 199
Lespedeza buergeri 200
Lespedeza chinensis 200
* *Lespedeza cuneata*
Lespedeza davidii 201
* *Lespedeza floribunda*
* *Lespedeza maximowiczii*
Lespedeza pilosa 201
* *Lespedeza thunbergii* subsp. *formosa*
Lespedeza virgata 202
* *Ligularia fischeri*
Ligularia japonica 379
* *Ligustrum* × *vicaryi*
* *Ligustrum lucidum*
Ligustrum quihoui 304
* *Ligustrum sinense*
Lilium brownii 422
Lilium tigrinum 423
Lindera aggregata 131
Lindera angustifolia 132
Lindera chienii 132
Lindera erythrocarpa 133
Lindera glauca 133
Lindera neesiana 134
Lindera obtusiloba 134
Lindera reflexa 135
Lindera rubronervia 135
* *Lindernia antipoda*
Lindernia crustacea 332
Liquidambar formosana 162
Liriodendron chinense 124
* *Liriope muscari*

Liriope spicata　424
Lithocarpus brevicaudatus　55
Lithocarpus glaber　56
Lithospermum zollingeri　315
Litsea auriculata　136
Litsea coreana var. *sinensis*　136
Litsea cubeba　137
Lobelia chinensis　362
Lolium perenne　395
Lonicera japonica　351
* *Lonicera japonica* var. *chinensis*
* *Lonicera maackii*
* *Lonicera modesta*
Lonicera tragophylla　352
Lophatherum gracile　396
Loropetalum chinense　163
* *Loropetalum chinense* var. *rubrum*
* *Ludwigia prostrata*
* *Luffa acutangula*
* *Luffa aegyptiaca*
Lychnis senno　99
Lycium chinense　328
* *Lycopersicon esculentum*
Lycopus lucidus var. *hirtus*　322
Lycoris aurea　432
Lycoris chinensis　432
Lycoris radiata　433
Lygodium japonicum　6
Lysimachia candida　295
Lysimachia christiniae　296
* *Lysimachia clethroides*
Lysimachia fortunei　296
Lysionotus pauciflorus　342
Lythrum salicaria　274

M

Machilus leptophylla　137
Machilus thunbergii　138
* *Macleaya cordata*
Maclura tricuspidata　69
Macrothelypteris oligophlebia　14
Magnolia grandiflora　125
Mahonia bealei　119
* *Mahonia fortunei*
Maianthemum japonicum　424
Mallotus apelta　223
* *Mallotus repandus*
Mallotus repandus var.
　scabrifolius　224
Mallotus tenuifolius　224
* *Malus* × *micromalus*
Malus halliana　174
Malus hupehensis　174
Malus mandshurica　175
* *Malus sieboldii*
Marsilea quadrifolia　24
* *Mazus caducifer*
Mazus miquelii　332
* *Mazus pumilus*
Mazus stachydifolius　333
Medicago polymorpha　202
Melampyrum roseum　333
* *Melampyrum roseum* var. *ovalifolium*
Melastoma dodecandrum　278
Melia azedarach　217
Melica grandiflora　396
Meliosma flexuosa　243
Meliosma myriantha var. *discolor*　243
Meliosma oldhamii　244
Melochia corchorifolia　259
Menispermum dauricum　121
Mentha canadensis　323
Mesembryanthemum cordifolia　95
Metaplexis japonica　310
Metasequoia glyptostroboides　34
Michelia chapensis　125
Michelia figo　126
Michelia maudiae　126
Mimulus tenellus var. *nepalensis*　334
Mirabilis jalapa　94
Miscanthus floridulus　397
Miscanthus lutarioriparius　397
* *Miscanthus sinensis*
Mollugo stricta　95
* *Momordica charantia*
Monachosorum maximowiczii　7
Monochoria vaginalis　416
Monotropa uniflora　292
* *Morinda umbellata* subsp. *obovata*
Morus alba　69
* *Morus australis*
Morus cathayana　70
* *Mosla dianthera*
* *Mosla scabra*
Murdannia triquetra　415
Musa basjoo　436
Myosoton aquaticum　100
Myrica rubra　46

N

Nageia nagi　39
Nandina domestica　120
Nanocnide japonica　73
Narcissus tazetta var. *chinensis*　433
Nelumbo nucifera　103
* *Neolitsea aurata* var. *chekiangensis*
Neolitsea sericea　138
Neoshirakia japonica　225
Nephrolepis cordifolia　21
Nerium oleander　308
* *Nerium oleander* 'Paihua'
Nicotiana tabacum　329
Nymphaea alba var. *rubra*　103
* *Nymphaea mexicana*
Nymphoides peltata　306
Nyssa sinensis　276

O

Odontosoria chinensis　8
* *Oenanthe javanica*
Ohwia caudata　203
Onychium japonicum　10
Ophiopogon japonicus　425
* *Ophiorrhiza japonica*
* *Oplismenus undulatifolius*
Opuntia dillenii　271
Origanum vulgare　323
Ormosia henryi　203
Orostachys japonica　151
Orychophragmus violaceus　148
Oryza sativa　398
Osmanthus fragrans　304
* *Osmanthus fragrans* var. *aurantiacus*
Osmunda japonica　4
Ostrya rehderiana　51
Oxalis corniculata　209
Oxalis triangularis　209

P

Pachysandra terminalis 229
Padus buergeriana 175
* *Paederia cavaleriei*
Paederia foetida 349
Paeonia lactiflora 110
Paeonia suffruticosa 111
Paliurus hemsleyanus 248
* *Papaver rhoeas*
Parasenecio matsudae 379
Parathelypteris glanduligera 14
* *Paris polyphylla* var. *chinensis*
Parnassia foliosa 156
Parrotia subaequalis 163
* *Parthenocissus dalzielii*
Parthenocissus laetevirens 252
* *Parthenocissus quinquefolia*
Parthenocissus tricuspidata 253
* *Patrinia heterophylla*
Patrinia monandra 356
* *Patrinia scabiosifolia*
Patrinia villosa 356
* *Paulownia fortunei*
* *Paulownia tomentosa*
Pedicularis resupinata 334
* *Pelatantheria scolopendrifolia*
Pellionia brevifolia 74
Pennisetum alopecuroides 398
Pentarhizidium orientale 16
Penthorum chinense 156
Peracarpa carnosa 362
Perilla frutescens 324
* *Perilla frutescens* var. *crispa*
Peristrophe japonica 343
Peucedanum praeruptorum 288
Phaenosperma globosa 399
* *Phaseolus vulgaris*
Phedimus aizoon 151
Phegopteris decursive-pinnata 15
Phellodendron chinense var. *glabriusculum* 213
Philadelphus zhejiangensis 157
Phlomis umbrosa var. *australis* 324

Phoebe chekiangensis 139
Phoebe sheareri 139
* *Photinia* × *fraseri*
* *Photinia glabra*
* *Photinia parvifolia*
Photinia serratifolia 176
Photinia villosa var. *glabricalycina* 176
Photinia villosa var. *sinica* 177
Phryma leptostachya subsp. *asiatica* 344
Phtheirospermum japonicum 335
Phyllanthus glaucus 225
Phyllanthus matsumurae 226
* *Phyllanthus urinaria*
Phyllostachys aureosulcata 'Spectabilis' 399
Phyllostachys edulis 400
Phyllostachys nidularia 400
Phyllostachys nigra 401
* *Phyllostachys sulphurea* var. *viridis*
* *Phyllostachys violascens*
Physaliastrum heterophyllum 329
* *Physalis angulata*
Phytolacca americana 96
Picea asperata 28
Picrasma quassioides 216
Picris japonica 380
Pilea angulata subsp. *petiolaris* 74
* *Pilea japonica*
Pilea microphylla 75
Pilea pumila 75
* *Pilea swinglei*
Pileostegia viburnoides 157
* *Pinellia cordata*
Pinellia pedatisecta 412
Pinellia ternata 413
Pinus armandii 28
Pinus bungeana 29
Pinus elliottii 29
Pinus massoniana 30
Pinus parviflora 30
Pinus taiwanensis 31
Pinus thunbergii 31
Pistacia chinensis 230
Pistia stratiotes 413

* *Pisum sativum*
Pittosporum illicioides 159
Pittosporum tobira 160
Plantago asiatica 345
Plantago major 345
* *Plantago virginica*
Platanus acerifolia 164
Platycarya strobilacea 48
Platycladus orientalis 39
Platycodon grandiflorus 363
* *Pleione formosana*
Poa annua 401
* *Podocarpus macrophyllus*
Podocarpus macrophyllus var. *maki* 40
* *Poliothyrsis sinensis*
Pollia japonica 415
Polygala hongkongensis var. *stenophylla* 218
Polygala japonica 218
Polygonatum cyrtonema 425
* *Polygonatum filipes*
* *Polygonatum odoratum*
Polygonum aviculare 81
* *Polygonum chinense*
Polygonum criopolitanum 82
* *Polygonum dissitiflorum*
* *Polygonum hydropiper*
* *Polygonum japonicum*
* *Polygonum jucundum*
Polygonum lapathifolium 82
Polygonum longisetum 83
Polygonum nepalense 83
Polygonum orientale 84
Polygonum perfoliatum 84
Polygonum posumbu 85
Polygonum runcinatum var. *sinense* 85
* *Polygonum sagittatum*
Polygonum thunbergii 86
* *Polygonum viscosum*
Polypodium niponica 22
* *Polystichum balansae*
Polystichum tripteron 20
Polystichum lepidocaulon 20
* *Populus* × *canadensis*
Populus adenopoda 45
Populus tomentosa 45
Portulaca oleracea 96
Portulaca oleracea

'Wildfire' 97
* *Potamogeton crispus*
* *Potamogeton oxyphyllus*
  Potentilla discolor 177
  Potentilla freyniana 178
  Potentilla kleiniana 178
  Pouzolzia zeylanica 76
* *Premna microphylla*
  Protowoodsia manchuriensis 17
  Prunella vulgaris 325
* *Prunus cerasifera* f. *atropurpurea*
  Prunus salicina 179
  Pseudognaphalium affine 380
  Pseudolarix amabilis 32
  Pseudostellaria heterophylla 100
  Pteridium aquilinum var. *latiusculum* 8
  Pteris multifida 9
* *Pteris vittata*
  Pterocarya stenoptera 48
  Pteroceltis tatarinowii 62
  Pterostyrax corymbosus 300
  Pueraria montana var. *lobata* 204
  Punica granatum 275
* *Punica granatum* 'Nana'
  Pyracantha fortuneana 179
* *Pyrola calliantha*
* *Pyrrosia lingua*
  Pyrrosia lingua 23
* *Pyrrosia petiolosa*
  Pyrrosia sheareri 23
  Pyrus calleryana 180
* *Pyrus communis* var. *sativa*
  Pyrus pyrifolia 180

Q

Quercus acutissima 56
Quercus aliena 57
* *Quercus aliena* var. *acutiserrata*
  Quercus chenii 57
  Quercus fabri 58
  Quercus serrata var. *brevipetiolata* 58
  Quercus stewardii 59
* *Quercus variabilis*

R

Ranunculus cantoniensis 111
Ranunculus chinensis 112
* *Ranunculus muricatus*
  Ranunculus sceleratus 112
* *Ranunculus sieboldii*
  Ranunculus ternatus 113
  Raphanus sativus 148
  Rehmannia chingii 335
  Reineckea carnea 426
  Reynoutria japonica 86
  Rhamnella franguloides 249
  Rhamnus crenata 249
  Rhamnus globosa 250
* *Rhamnus leptophylla*
  Rhaphiolepis indica 181
  Rhododendron farrerae 292
* *Rhododendron fortunei*
* *Rhododendron maculiferum* subsp. *anwheiense*
  Rhododendron molle 293
  Rhododendron ovatum 293
* *Rhododendron simsii*
  Rhus chinensis 230
* *Ribes fasciculatum*
  Ricinus communis 226
  Robinia pseudoacacia 204
  Rohdea japonica 426
  Rorippa indica 149
  Rosa chinensis 181
  Rosa cymosa 182
* *Rosa henryi*
  Rosa laevigata 182
* *Rosa multiflora*
* *Rosa multiflora* var. *carnea*
  Rubia argyi 349
* *Rubus amphidasys*
  Rubus buergeri 183
  Rubus chingii 183
  Rubus corchorifolius 184
* *Rubus coreanus*
  Rubus hirsutus 184
  Rubus lambertianus 185
  Rubus pacificus 185
  Rubus parvifolius 186
  Rubus peltatus 186
* *Rubus rosifolius*
* *Rubus sumatranus*
  Rubus swinhoei 187
* *Rubus trianthus*
  Rudbeckia laciniata 381
* *Rumex acetosa*
  Rumex dentatus 87
* *Rumex japonicus*
  Rungia densiflora 343

S

Sabia campanulata subsp. *ritchieae* 244
Sabia japonica 245
* *Sabina chinensis* 'Kaizuca'
* *Sageretia thea*
* *Sagina japonica*
  Sagittaria trifolia 388
* *Salix babylonica*
  Salvia bowleyana 325
* *Salvia japonica*
* *Salvia leucantha*
* *Salvia miltiorrhiza*
  Salvia plebeia 326
* *Salvia splendens*
  Salvinia natans 24
* *Sambucus javanica*
  Sambucus williamsii 352
* *Sanguisorba officinalis*
* *Sanguisorba officinalis* var. *longifolia*
* *Sanicula chinensis*
  Sapindus saponaria 242
  Sargentodoxa cuneata 117
  Sassafras tzumu 140
  Saxifraga stolonifera 158
  Schima superba 263
  Schisandra bicolor 127
  Schisandra elongata 127
  Schizophragma integrifolium 158
  Schoepfia jasminodora 76
  Sciadopitys verticillata 35
* *Scorzonera albicaulis*
  Scrophularia ningpoensis 336
* *Scutellaria barbata*
  Scutellaria laeteviolacea 326
  Sedum emarginatum 152
* *Sedum leptophyllum*
  Sedum oligospermum 152
* *Sedum sarmentosum*
  Selaginella moellendorffii 2
* *Selaginella nipponica*
  Selaginella tamariscina 3

Selaginella uncinata 3
Semiaquilegia adoxoides 113
Semiarundinaria densiflora 402
Senecio scandens 381
Senna sophera 205
* *Senna tora*
Serissa japonica 350
Sesamum indicum 340
Setaria italica 402
Setaria pumila 403
* *Setaria viridis*
Shibataea chinensis 403
Sigesbeckia pubescens 382
Silene aprica 101
Silene gallica 101
Sinalliaria limprichtiana 149
Sinoadina racemosa 350
Sinomenium acutum 121
Sinosenecio oldhamianus 382
Siphonostegia chinensis 336
Skimmia reevesiana 213
Smilax china 427
Smilax davidiana 427
Smilax glabra 428
* *Smilax riparia*
* *Smilax sieboldii*
Smilax stans 428
Solanum lyratum 330
* *Solanum melongena*
Solanum nigrum 330
Solanum tuberosum 331
Solidago canadensis 383
* *Solidago decurrens*
Sonchus asper 383
Sophora flavescens 205
Sophora japonica 206
* *Sophora japonica* 'Pendula'
* *Sorbus alnifolia*
Sorbus amabilis 187
Speirantha gardenii 429
Spiraea blumei 188
Spiraea cantoniensis 188
Spiraea chinensis 189
* *Spiraea japonica*
Spiranthes sinensis 444
* *Spirodela polyrhiza*
Spodiopogon sibiricus 404
Sporobolus fertilis 404
* *Stachys japonica*

Stachyurus chinensis 270
Staphylea bumalda 237
Stauntonia leucantha 117
* *Stellaria alsine*
Stellaria chinensis 102
Stellaria media 102
* *Stellaria neglecta*
Stemona japonica 417
Stephanandra chinensis 189
Stephania cephalantha 122
* *Stephania japonica*
Stephania tetrandra 122
Stewartia rostrata 263
Strobilanthes oliganthus 344
* *Styrax confusus*
* *Styrax dasyanthus*
Styrax odoratissimus 301
Symphyotrichum subulatum 384
* *Symplocos anomala*
Symplocos lucida 298
Symplocos paniculata 298
Symplocos stellaris 299
Symplocos sumuntia 299
Syneilesis australis 384
Syzygium grijsii 277

T

* *Tagetes erecta*
Talinum paniculatum 97
Tamarix chinensis 267
Tapiscia sinensis 237
Taraxacum mongolicum 385
Tarenaya hassleriana 143
Taxodium distichum 35
Taxodium distichum var. *imbricatum* 36
Taxus wallichiana var. *mairei* 41
Ternstroemia gymnanthera 264
* *Tetradium glabrifolium*
Tetradium ruticarpum 214
Tetrapanax papyrifer 283
Teucrium pernyi 327
Teucrium viscidum var. *nepetoides* 327
Thalia dealbata 438
Thalictrum acutifolium 114
* *Thalictrum aquilegiifolium* var. *sibiricum*

Thalictrum fortunei 114
Thesium chinense 77
Thladiantha nudiflora 358
Thladiantha punctata 359
Thyrocarpus sampsonii 315
Tiarella polyphylla 159
Tilia henryana var. *subglabra* 256
* *Tilia japonica*
Tilia miqueliana 256
Toona sinensis 217
Torenia violacea 337
Torilis japonica 288
* *Torilis scabra*
Torreya grandis 42
* *Toxicodendron succedaneum*
* *Toxicodendron sylvestre*
Toxicodendron trichocarpum 231
Trachelospermum jasminoides 308
* *Trachelospermum jasminoides* 'Flame'
Trachycarpus fortunei 409
Trema cannabina var. *dielsiana* 62
Triadica sebifera 227
Trichosanthes cucumeroides 359
Trichosanthes kirilowii 360
Tricyrtis chinensis 429
Trigonotis peduncularis 316
Trillium tschonoskii 430
* *Tripterospermum chinense*
Tripterospermum filicaule 307
Tripterygium wilfordii 236
Triticum aestivum 405
Tsuga chinensis 32
Tubocapsicum anomalum 331
Tylophora silvestris 311
Typha orientalis 388

U

Ulmus changii 63
Ulmus davidiana var. *japonica* 63
Ulmus parvifolia 64
Ulmus pumila 64
Ulmus szechuanica 65
* *Utricularia australis*

V

Vaccinium bracteatum 294
* Valeriana officinalis
Veratrum grandiflorum 430
Veratrum schindleri 431
Verbascum thapsus 337
Vernicia fordii 227
* Veronica arvensis
Veronica persica 338
* Veronica polita
Veronicastrum axillare 338
Viburnum dilatatum 353
* Viburnum erosum
* Viburnum glomeratum
* Viburnum macrocephalum
* Viburnum odoratissimum var. awabuki
Viburnum opulus subsp. calvescens 353
* Viburnum plicatum
Viburnum setigerum 354
Viburnum sympodiale 354
* Vicia cracca
* Vicia faba
Vicia hirsuta 206
Vicia kulingana 207
Vicia sativa 207
* Vigna angularis
* Vigna radiata
* Vigna unguiculata
Vigna vexillata 208
Vinca major 309
* Vinca major 'Variegata'
Viola arcuata 267
Viola betonicifolia 268
* Viola chaerophylloides
* Viola diffusa
Viola grypoceras 268
Viola inconspicua 269
* Viola magnifica
Viola philippica 269
Viscum coloratum 77
* Vitex negundo var. cannabifolia
Vitis amurensis 253
Vitis bryoniifolia 254
* Vitis davidii
* Vitis flexuosa
* Vitis vinifera

W

* Weigela coraeensis
Weigela florida 355
* Weigela japonica var. sinica
Wisteria sinensis 208
Woodwardia japonica 17

X

Xanthium strumarium 385
* Xylosma congesta

Y

Youngia japonica 386
Yucca gloriosa 431
* Yulania × soulangeana
Yulania amoena 128
Yulania cylindrica 128
Yulania denudata 129
Yulania liliiflora 129

Z

Zabelia dielsii 355
Zanthoxylum ailanthoides 214
Zanthoxylum armatum 215
Zanthoxylum bungeanum 215
* Zanthoxylum schinifolium
Zea mays 405
Zehneria japonica 360
Zelkova schneideriana 65
Zephyranthes candida 434
Zingiber mioga 437
* Zingiber officinale
Zinnia elegans 386
Ziziphus jujuba 250
* Zoysia japonica

郑重声明

高等教育出版社依法对本书享有专有出版权。任何未经许可的复制、销售行为均违反《中华人民共和国著作权法》，其行为人将承担相应的民事责任和行政责任；构成犯罪的，将被依法追究刑事责任。为了维护市场秩序，保护读者的合法权益，避免读者误用盗版书造成不良后果，我社将配合行政执法部门和司法机关对违法犯罪的单位和个人进行严厉打击。社会各界人士如发现上述侵权行为，希望及时举报，本社将奖励举报有功人员。

反盗版举报电话　（010）58581999　58582371　58582488
反盗版举报传真　（010）82086060
反盗版举报邮箱　dd@hep.com.cn
通信地址　北京市西城区德外大街4号
　　　　　高等教育出版社法律事务与版权管理部
邮政编码　100120

防伪查询说明

用户购书后刮开勒口防伪涂层，利用手机微信等软件扫描二维码，会跳转至防伪查询网页，获得所购图书详细信息。也可将防伪二维码下的20位密码按从左到右、从上到下的顺序发送短信至106695881280，免费查询所购图书真伪。

反盗版短信举报

编辑短信"JB，图书名称，出版社，购买地点"发送至10669588128

防伪客服电话

（010）58582300